SCIENCE 101

PHYSICS 물리학

Barry Parker 지음

손영운 옮김

BooksHill
이치사이언스

물리학의 핵심 연구 주제는 물질, 에너지, 공간, 시간이다. 이들은 우리가 살고 있는 이 세상을 이루고 그 속에서 일어나는 모든 현상의 가장 기본이 되는 것들이다. 그래서 물리학은 '과학 중의 과학'이라고 할 수 있는 학문이다. 때문에 우리는 초등학교 3학년 때부터 물리학의 기본 개념이 되는 것들을 학교에서 배우고 익힌다.

우리가 사는 이 세상을 설명하는 가장 중요한 학문을 이처럼 부담스럽게 여기는 까닭은 무엇일까? 그것은 우리의 교육 과정이 물리를 딱딱한 수식과 기호, 그리고 어려운 개념들로 만들어서 공부하기 어려운 학문으로 느끼게 하기 때문이다. 물론 복잡한 자연 현상을 설명하는 물리학이 쉬운 개념들로만 이루어질 수는 없는 일일 것이다. 그렇지만 수식이나 기호가 잔뜩 나열된 수학적인 계산은 하나의 도구일 뿐 물리학의 본질은 아니다. 또 어려운 개념을 몰라도 얼마든지 우주와 자연에 대해 폭넓은 이해를 할 수 있다. 오히려 더 중요한 것은 물리학에 대한 흥미를 가지고, 물리학을 통해 자연과 우주를 정확하게 이해하는 방법을 습득하는 일이다.

사이언스 101: 물리학은 물리학 전반에 대한 이야기를 복잡한 수식과 기호의 사용을 최대한 배제하면서 이해하기 쉽게 정리한 책이다. 특히 물리학의 발전을 이룩한 천재 과학자들이 우리와 비슷한 보통 사람들이며, 이들이 만든 물리학이 결코 천재들만의 것이 아님을 보여주고 있어 다른 물리학 책보다 친근하다. 또한 일상생활에서 일어나는 현상과 도구에 중요한 개념을 연계시켜 설명했기 때문에, 물리학이 우리 생활과 매우 밀접한 관계가 있는 과학임을 독자 스스로 깨달을 수 있게 해준

다. 따라서 물리학을 전공으로 하지 않은 어른들은 물론 이제 과학의 세계로 접어든 초보 과학 생도들이나 중고등학교 학생들에게 이 책은 좋은 길잡이가 될 것이다.

사이언스 101: 물리학은 뉴턴의 고전 역학에서 현대 우주학에 이르기까지 방대한 물리학의 주제들을 골고루 다룬다. 따라서 이 책을 꼼꼼히 읽으면 물리학의 기본은 확실히 다질 수 있다. 그리고 다른 책에서는 대충 다룬 내용까지 자세히 설명하고, 어떤 주제는 전공자들도 쉽게 읽고 넘어가기 어려울 정도로 체계적이고 깊이 있게 서술되어 있다. 특히 방사성과 양자 물리학을 다루는 현대 물리학 분야에서는 최신 연구 결과들을 소개하여 물리학이 새롭게 나아갈 방향까지 제시하고 있다.

이 책은 미국 국립 자연사 박물관으로 유명한 스미스소니언 협회의 풍부한 자료를 바탕으로 만들었다. 특히 과학 분야에서는 독보적인 연구 네트워크를 갖추고 있다. 따라서 스미스소니언에서 출간된 책이라면 그 권위와 자료, 정보의 신뢰도는 세계 최고라고 말할 수 있을 것이다.

청소년이나 일반인들을 대상으로 출간된 과학책을 번역하면서 과학 전공자가 새로운 정보를 얻는 것은 드문 일이다. 그리고 실제로 이 책을 번역하면서 그동안 전혀 알지 못했던 새로운 과학 지식을 많이 얻었다. 번역자도 읽고 많은 공부가 된 책이라면 독자들은 더 많은 공부가 될 것이다. 자랑스럽게 권해 드리니 이 책을 읽고 물리학에 대한 새로운 자신감을 가졌으면 한다.

옮긴이 손 영 운

차 례

물리학의 세계에 오신 것을 환영합니다!

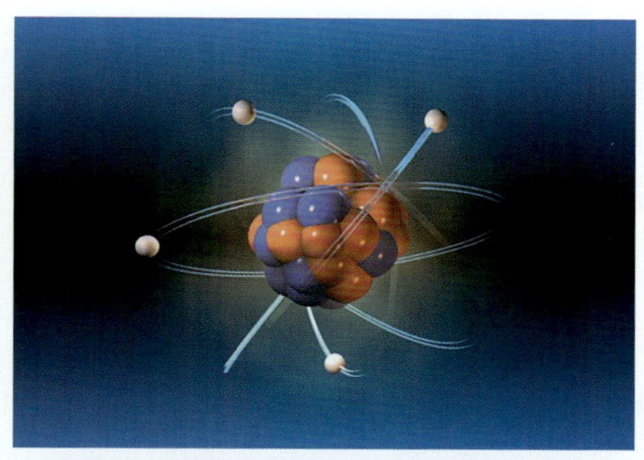

왼쪽 놀이 공원의 롤러코스터이다.
위 원자의 구조를 보여준다.
아래 푸른색 레이저이다.

물리학이란 어떤 학문일까? 간단히 말하면 물리학은 물질matter, 에너지 energy, 공간space, 시간time을 연구하는 과학이라고 할 수 있다. 물질, 에너지, 공간, 시간은 우리가 살고 있는 세계에서 일어나는 모든 현상의 기본이 되는 것들이다. 그래서 이것들을 연구하는 물리학은 모든 과학 의 기초라고 할 수 있다. 이러한 까닭으로 사람들은 물리학을 '과학의 왕'이라고 부르기도 한다.

물리학은 자연이 어떻게 작동하는지를 이해하는 데에 최종 목표를 두고 있다. 그리고 물리학이 다루는 세계를 잘 이해하려면 우선, 자연을 주의 깊게 관찰하고, 실험을 정확하게 할 수 있어야 한다. 이러한 활동으로 우리가 필요로 하는 자료를 얻을 수 있기 때문이다. 또한 관찰과 실험으 로 얻은 자료를 정확하게 분석하고, 이를 토대로 이론을 만들 수 있어야 한다. 이론을 바탕으로 한 예측은 이론을 보완하기도 하지만, 때로는 그 예측들이 서로 충돌하여 폐기되기도 한다. 이와 같은 과정은 우주의 기 본 법칙을 찾는 작업에도 적용된다.

물리학은 왜 중요할까? 물리학은 현대 사회에 꼭 필요한 학문이다. 물리학은 첨단 기술을 발전시키는 데 기초가 되는 과학 지식을 제공하고, 인간이 알고 있는 지식의 범위를 확장시켜 주는 탐험가와 같은 역할을 하기 때문이다. 또한 공학자나 화학자, 그리고 기상학자와 천문학자, 의학자들에게도 매우 중요한 학문이다. 자신의 분야를 연구하는 데 물리학이 크게 기여하기 때문이다. 그리고 물리학은 우리 인류의 삶이 윤택해질 수 있도록 많은 도움을 주었다. 특히 약품 개발에 많은 기여를 하여 인간의 생명을 연장시키는 데 큰 역할을 했다.

물리학은 우리의 미래와도 관계가 깊다. 물리학은 지구 온난화, 에너지 자원의 고갈, 대기권 오염 등과 같이 인류가 직면한 문제들을 해결하는 데 매우 필요한 학문이기 때문이다.

19세기 초 일부 과학자들은 물리학 분야의 위대한 발견들이 모두 이루어졌기 때문에 물리학은 더 이상 발전할 것이 없는 학문이라고 생각한 적이 있었다. 그러나 상대성 이론이나 양자 이론 등과 같은 위대한 발견들이 새로 등장하면서 잘못된 생각임이 드러났다.

물리학의 여러 갈래 물리학은 역학, 열역학, 전자기학, 광학 등 여러 가지 분야로 나눌 수 있다. 이 중에서 가장 오래된 분야는 17세기에 뉴턴이 발전시킨 역학이다. 역학은 운동, 힘, 에너지, 관성 등이 어떻게 고체나 액체에 작용하는지를 다룬 학문이다. 한편, 열역학은 열과 관련된 것을 연구하는 역학의 한 분야로, 열의 흐름이나 열이 물질의 속성에 끼치는 영향에 대한 것을 다룬다.

파동은 물리학에서 매우 중요한 연구 주제이다. 우리의 생활과 매우 밀접한 소리나 전자기파가 모두 파동이기 때문이다. 전자기파는 19세기에 전기와 자기가 서로 작용하면서 발생시키는 파동이라는 것을 알게 되

얼음이 녹고 있다.

부엌에서 사용하는 스토브이다. 천연가스를 원료로 사용한다.

었다. 그리고 빛도 전자파, 자외선, 적외선, X−선 등으로 이루어진 전자기파이다.

광학은 빛을 연구하는 학문이다. 광학은 빛이 여러 종류의 투명한 물질들을 통과할 때 일으키는 굴절 현상 등을 연구한다. 대표적인 것이 스펙트럼이다. 빛을 프리즘에 통과시키면 다양한 진동수로 분리되는데, 이를 스펙트럼으로 확인할 수 있다. 스펙트럼을 통해 우리는 매우 다양한 원소들의 특징을 이해할 수 있게 되었고, 이를 바탕으로 아주 멀리 떨어져 있는 별이나 그 외 천체들에 대한 다양한 정보를 지구에 앉아서 얻을 수 있게 되었다.

현대 물리학은 물리학에서 가장 흥미로운 분야이다. 현대 물리학은 원자 물리학, 양자 역학, 상대성 이론, 핵물리학, 고체 물리학 등 여러 분야로 나눌 수 있다. 이 중에서 양자 역학은 1920년대 말부터 연구되었으며, 현대 물리학에서 가장 기초가 되는 분야이다. 과학자들은 양자 역학을 통해 원자 핵 주변에서 전자가 움직이는 방식과, 전자가 궤도를 옮길 때 일어나는 현상에 대해 자세히 알게 되었다.

상대성 이론은 겉으로 전혀 연관성이 없어 보이는 질량과 에너지가 본질적으로 같은 것임을 밝혔고, 이것이 태양을 비롯한 별들의 에너지원이라는 사실을 알려 주었다. 또한 사람들이 중력을 새롭게 인식할 수 있도록 해주었다. 뉴턴은 중력을 원거리에서 작용하는 힘이라고 설명한 반면, 아인슈타인은 상대성 이론에서 중력을 휜 공간이라고 설명했기 때문이다. 또한 상대성 이론은 우주에 중성자별과 블랙홀이 존재한다는 사실을 알게 해주어, 우주를 좀 더 깊이 이해할 수 있게 되었다.

한편, 물리학을 다른 과학 분야에 적용하면 새로운 영역의 과학을 만들 수 있다. 예를 들면, 생물 물리학, 지구 물리학, 우주 물리학, 소립자 물리학 등이다. 지구를 연구하는 분야인 지구 물리학, 대기 물리학, 물리 해양학 등도 매우 중요한 영역들이다.

지금부터 이 책과 함께 고전 역학에서 양자 역학까지 우리 주변에 펼쳐진 자연의 세계를 이해하기 위해 부단히 노력한 천재들의 발자취를 따라가 보자.

빛의 스펙트럼이다.

ZER

뉴턴, 운동 그리고 고전 역학

왼쪽 고속 촬영 사진으로 본 스케이트보드의 운동 모습이다.
위, 아래 운동은 간헐천에서 솟아오르는 온천수와 폭포에서 볼 수 있듯이, 자연에서 널리 일어나고 있다.

초기 그리스 철학자들은 자연 세계를 이해하면서 몇 가지 중요한 발전을 이루었다. 하지만 주로 추상적인 사유에 머물렀다. 그리스 철학자들은 실험을 불신했고, 오로지 논리적 사고를 통해서만 모든 의문에 대한 해답을 얻을 수 있다고 생각했다.

16세기에 들어서야 그동안 사실이라고 받아들였던 개념들을 실험으로 확인하는 일이 이루어졌다. 대표적인 사람이 갈릴레이Galileo Galilei, 1564–1642였다. 그는 우리가 살고 있는 세계에서 일어나는 일을 사실로 받아들이기 전에 반드시 이를 증명하는 절차가 있어야 한다고 생각했다.

예를 들어, 대부분의 사람들은 무거운 물체가 가벼운 물체보다 빨리 떨어진다고 믿을 때, 갈릴레이는 그 사실을 믿지 않았다. 그는 실험을 했고, 그들의 생각이 틀렸음을 보여주었다. 갈릴레이는 이러한 방법으로 코페르니쿠스가 일으킨 과학 혁명을 발전시켰다.

과학 혁명은 영국의 뉴턴Sir Isaac Newton, 1642–1727에 의해 완성되었고, 그에 의해 물리학의 기반이 다져졌다. 뉴턴이 보여준 위대한 지성은 과학을 과학답게 만들었고, 물체의 운동을 다루는 고전 역학을 만들었다. 그리고 그의 고전 역학은 오늘날 우리가 배우는 물리학의 기본 토대가 되었다.

초기의 생각들

오래전 그리스 철학자들은 운동이라는 물리적 현상을 이해하기 위해 많은 고민을 했다. 지금까지 남아 있는 초기 그리스 철학자들의 저서를 보면, 돌이 떨어질 때 또는 돌을 던졌을 때의 운동, 물체를 밀거나 당겼을 때의 운동, 불과 연기의 운동, 물속에 있는 기포의 운동 등에 대해 그들이 어떤 생각을 했었나 엿볼 수 있다. 대표적으로 아리스토텔레스Aristotle, 기원전 384~322가 생각한 운동에 대해 알아보자.

아리스토텔레스 아리스토텔레스는 지구가 4개의 원소인 흙earth, 물water, 공기air, 불fire로 이루어져 있다고 생각했으며, 각 원소는 무게에 따라 '자연적인' 위치가 정해져 있다고 믿었다. 그는 원소들 중에 가장 무거운 것이 흙이고, 흙의 자연적 위치가 지구의 중심에서 가장 가깝다고 생각했다. 흙 다음으로는 물, 공기이고, 가장 가벼운 것이 불이라고 믿었다. 따라서 흙 위에 물, 물 위에 공기, 공기 위에 불이 있어야 한다고 생각했다.

이러한 개념 속에서 운동은 자연스러운 현상에 불과했다. 아리스토텔레스는 돌멩이를 들어 올린 후 떨어뜨리면, 공기를 지나 자신의 자연적 위치인 땅즉, 흙으로 돌아간다고 했다. 그러나 아리스토텔레스는 돌멩이를 하늘로 던지는 것은 자연적인 운동이 아니라고 했다. 돌멩이를 하늘로 던질 때 돌멩이에 주어진 힘은 공기로 전해지고, 공기가 돌멩이를 운반하게 되지만, 공기는 돌멩이를 멀리까지 운반하지 못한다고 했다. 그 이유는 돌멩이가 자연적인 운동을 하여 다시 흙으로 돌아오기 때문이다. 반면에 물체가 자연적인 위치로 돌아가기 위해 위쪽으로 떠오르는 경우도 있었다. 기포는 물속에서 떠오르고, 불은 공기 속에서 피어오른다고 생각했다. 아리스토텔레스는 이것 역시 자연적인 운동의 결과라고 생각했다. 기포, 즉 공기는 물보다 위쪽에 위

위 아리스토텔레스가 생각한 운동의 개념은 갈릴레이가 등장하기 전까지 서양 과학을 지배했다.
아래 아리스토텔레스는 이 세상에 존재하는 모든 것들은 4개의 원소인 물, 불, 흙, 공기로 이루어졌다고 믿었다.

아리스토텔레스는 모든 물체는 자연적인 위치가 정해져 있다고 생각했다. 돌이 땅으로 떨어지는 까닭은 원래 돌이 땅에 있었기 때문이다. 그러나 그는 돌을 위로 던졌을 때 일어나는 운동에 대해서는 제대로 설명하지 못했다.

치해야 하고, 불은 공기보다 위쪽에 위치하는 것이 자연스러운 일이기 때문이었다.

한편, 아리스토텔레스는 하늘에서 일어나는 운동은 다른 방식으로 설명했다. 태양이나 달, 별과 같은 천체들은 지구와 동일한 원소로 이루어진 것들이 아니기 때문에, 다른 방식으로 운동한다는 것이다. 그는 천체들은 에테르ether라고 하는 제5원소로 구성되어 있으며, 에테르로 구성된 천체의 자연적인 운동은 우주의 중심을 원점으로 하는 원운동이라고 했다. 그리고 그는 우주의 중심에 지구를 두었다. 하지만 아리스토텔레스는 제자리에 가만히 있는 것처럼 보이는 별의 움직임에 대해서는 제대로 설명하지 못했다.

갈릴레이 약 2,000년 동안, 서양 과학계에서 아리스토텔레스가 세운 운동 개념에 대해 반박한 사람은 아무도 없었다. 아리스토텔레스의 생각에 도전한 최초의 사람은 이탈리아의 물리학자이자 수학자인 갈릴레이였다. 1564년 이탈리아 피사에서 태어난 갈릴레이는 아리스토텔레스의 여러 주장에 대해 의문을 품었으며, 그 의문을 풀기 위해 실험을 하기로 결심했다.

아리스토텔레스는 무거운 물체가 가벼운 물체보다 빨리 떨어진다고 주장했다. 그는 그 예로 나뭇잎과 눈송이를 바위에 비교하여 설명했다. 하지만 그는 자신의 주장을 실험해 본 적은 없었다. 그러나 갈릴레이는 달랐다. 그는 자신의 주장을 입증하기 위해 실험을 했다. 갈릴레이는 먼저 대포알을 예로 들어 생각했다. 아리스토텔레스의 생각에 따르면, 일정한 속도로 떨어지는 대포알을 반으로 쪼개면, 속도가 반으로 줄어들어야 했다. 그러나 갈릴레이는 그렇지 않다고 확신했다. 갈릴레이는 간단한 실험을 한 후, 낙하할 때는 공기의 역할이 매우 크며, 공기가 없는 상황에서는 모든 물체가 동일한 속도로 낙하할 것이라는 결론에 도달했다. 하지만 불행하게도 갈릴레이는 진공 상태를 만들 수 없었기 때문에 이 이론을 대중들에게 입증할 방법이 없었다.

이탈리아의 물리학자이며 수학자였던 갈릴레이는 운동에 대한 체계적인 연구로 물리학의 토대를 마련했다.

뉴턴

뉴턴은 1642년 크리스마스에 영국의 울즈소프Woolsthorpe라는 작은 시골 마을에서 태어났다. 열 달을 채우지 못한 채 미숙아로 태어난 뉴턴은 태어나자마자 몸이 너무 허약하여 죽을 고비를 여러 차례 넘겨야 했다. 그의 아버지는 뉴턴이 태어나기 전에 세상을 떠났고, 그의 어머니는 뉴턴이 태어난 후 3년 만에 재혼을 했다. 어린 시절 뉴턴은 조부모와 함께 살았으며, 특별한 재능을 가진 아이가 아니었다. 뉴턴은 학교 공부보다 풍차나 물시계를 만드는 데에 더 많은 관심을 가졌다.

두 번째 남편이 세상을 떠난 후, 어머니는 뉴턴 곁으로 돌아왔다. 어머니는 아들이 학교에 다니는 것보다 농장 일을 돕는 것이 더 중요하다고 생각하여, 뉴턴이 계속 공부하는 것을 못마땅하게 생각했다. 그래서 뉴턴이 상급 학교로 진학할 때 반대를 했다. 하지만 뉴턴은 농장 일보다는 공부에 관심이 더 많았고, 어머니가 시킨 농장 일을 해야 할 시간에 나무 아래에서 책을 읽으며 시간을 보냈다. 다행히 뉴턴을 가르쳤던 여러 선생님들의 설득으로 그의 어머니는 마지못해 뉴턴을 케임브리지 대학교의 트리니티 대학에 입학시켰다.

뉴턴은 1660년에 대학에 입학하여, 1664년에 졸업했다. 그러나 대학 시절 그의 생활과 성적에 대해 알려진 것은 별로 없다. 1665년 영국에 흑사병이 돌아 뉴턴은 울즈소프에 있는 어머니의 농장으로 돌아왔다. 뉴턴은 농장에서 보내는 동안 운동의 법칙, 중력의 법칙 등을 발견했다. 미적분학을 개발한 것도 이 무렵이었다.

미적분학 뉴턴의 가장 중요한 업적 중 하나는 미적분이라는 강력한 수학적 도구를 개발한 것이다. 미적분은 물리에서 순간 변화율을 다룰 때, 넓이와 부피를 계산할 때 매우 중요했다. 약간의 시간적 차이는 있었지만, 독일에서 라이프니츠Gottfried Leibniz라는 수학자가 역시 동일한 개념을 개발했다. 그런데 뉴턴 지지자들이 라이프니츠가 뉴턴의 아이디어를 표절했다고 주장하면서 뉴턴과 라이프니츠 지지자들 사이에, 또 영국과 독일 사이에 분쟁이 일어났다. 뉴턴이 미적분

위 뉴턴이 과학에 기여한 가장 큰 업적 중의 하나는 수학으로 과학을 설명한 것이었다.

아래 뉴턴은 인류 역사상 가장 위대한 과학자였다.

학을 먼저 개발했다는 사실은 틀림없지만, 발표가 늦은 것도 사실이었다. 반면에 라이프니츠는 뛰어난 수학자였으며, 독자적으로 미적분학을 개발한 것도 틀림없는 사실이었다. 그는 뉴턴보다 먼저 과학계에서 미적분을 사용할 수 있도록 했다. 더군다나 라이프니츠가 개발한 표시법은 현재까지 쓰이는 것과 닮은 것으로 뉴턴이 개발한 것보다 우수했다.

오늘날 미적분학은 과학과 공학에 없어서는 안 될 매우 중요한 수학적인 도구가 되었다.

프린키피아 뉴턴의 역학을 사용하여 혜성의 주기를 정확하게 예측한 것으로 유명한 영국의 천문학자 에드먼드 핼리Edmond Halley, 1656~1742는 뉴

뉴턴의 생가는 영국의 링컨셔 울즈소프에 있다.

자신만의 언어로 과학을 말하다

뉴턴은 숨을 거둔 뒤에 웨스트민스터 대성당에 묻혔다. 그곳은 영국에서 가장 존경 받는 위인들만 묻힐 수 있는 곳이었다. 뉴턴은 역학, 광학, 수학, 천문학 등 여러 분야에 엄청난 업적을 남겼다. 특히 중력에 대한 이해는 물리학의 혁신을 일으켰다. 뉴턴은 어떻게 이처럼 위대한 발견들을 할 수 있었을까? 뉴턴은 "내가 다른 이들보다 멀리 볼 수 있는 것은, 거인의 어깨에 서 있었기 때문이다."라고 이야기했다. 이것은 그의 발견이 혼자만의 노력으로 된 것이 아니라 여러 선배 과학자들의 연구를 토대로 했음을 의미한다. 또한 뉴턴은 늘 주변의 세계에 경외심을 가졌다. 이것은, "세계가 나를 어떻게 보는지 알 수 없어도, 나는 언제나 나 자신을 바닷가에서 장난을 치는 어린아이로 생각했다. 흔히 찾을 수 있는 조개껍질이 아니라, 더 멋진 것들을 찾아다니다 보니, 내 앞에 진리의 바다가 펼쳐졌다."라는 그의 말을 통해 확인할 수 있다.

턴에게 그동안 발견한 수많은 과학적 사실들을 책으로 저술하여 세상에 알릴 것을 독려했다. 핼리의 고집스러운 요청에 뉴턴은 1687년부터 저술을 시작했다. 책의 제목은 《자연철학의 수학적 원리 Philosophiae Naturalis Principia Mathematica》였다. 흔히 간단히 줄여서 《프린키피아Principia》라고도 불리는 이 책을 뉴턴은 처음에 라틴 어로 썼다. 의도적으로 많은 사람들이 읽을 수 없도록 하기 위한 것이었다. 젊은 시절, 다른 사람들이 자신의 연구를 혹독하게 비평하고, 자신을 형편없는 사람으로 깎아내렸던 기분 나쁜 경험 때문이었다.

《프린키피아》는 역사적으로 가장 위대한 과학 서적이지만, 책을 완성하기까지는 어려움이 많았다. 평생 뉴턴을 숙명적인 라이벌로 여겼던 과학자 로버트 후크Robert Hooke가 뉴턴이 《프린키피아》에서 자신의 아이디어를 표절했다고 주장한 것이다. 뉴턴은 혹독한 비판을 받으며 저술을 중단하라는 협박을 받았지만, 핼리의 중재로 사건은 마무리되었다. 또한 뉴턴의 집필을 지원했던 영국의 왕립 협회와 출판업자가 자금난에 봉착하여 책을 출판할 수 없는 지경에 이르기도 했다. 이때에도 핼리가 대신 출판 대금을 조달하여 문제를 해결하였다. 우여곡절 끝에 뉴턴은《프린키피아》를 2,500부 출판하게 되었고, 유럽 전역의 과학자들은 한눈에 위대한 책이라는 것을 알았다.

말년에 뉴턴은 여러 가지 중요한 직책을 맡았다. 1689년에는 국회의원으로 선출되었으며, 1696년에는 영국 조폐국 감독관으로 임명되었고 1697년에 국장으로 승진했다. 1703년에는 왕립 협회장으로 선출되어 1727년에 숨을 거둘 때까지 그 자리에 머물렀다.

운동

자전거에서 비행기까지, 우주를 구성하는 아주 작은 원자에서 은하계에 이르기까지, 운동은 매우 다양한 형태로 존재한다. 대부분의 경우 운동은 매우 복잡하게 일어나고 있다. 이러한 운동을 제대로 이해하기 위해서는 운동이 가지고 있는 몇 가지 간단한 특성을 알아야 한다.

속력과 속도 우리 주위에서 볼 수 있는 가장 단순한 형태의 운동은 물체가 일정한 속력으로, 일정한 방향으로 달리는 것이다. 예를 들어, 어떤 자동차가 50 km/h의 일정한 속력으로 일직선인 고속도로를 달린다고 생각해 보자. 그 차를 타고 있으면 2시간 후에는 100 km를, 4시간 후에는 200 km를 이동하게 될 것이다. 그러나 실제 상황에서 자동차는 이와 같이 일정한 속력을 유지하기 어렵다. 어떤 시간 동안에는 60 km/h로 이동하다가, 또 어떤 시간 동안에는 40 km/h로 이동할 수도 있는 것이다. 또한 도로에는 커브 길이 있기 때문에 계속 직선으로 이동할 수 없다. 그러므로 목적지에 도착했을 때, 자동차의 속력은 자동차가 이동한 거리를 걸린 시간으로 나누어 평균 속력으로 계산한다.

위 자동차의 속도계는 자동차가 운행 중일 때의 속도를 나타낸다.
아래 속력, 속도, 가속도 등을 가장 쉽게 이해하려면 자동차의 운동과 연관시켜 생각하면 된다.

자동차가 달리는 동안 방향을 여러 번 바꾸었을 때는 속력의 개념을 사용할 수 없고, 속도의 개념을 사용한다. 속도는 속력에 방향을 포함한 개념으로, 특정한 지점이나 시간에 자동차의 속도를 나타낼 때에는 자동차의 속력에 이동하는 방향을 함께 나타내어야 한다.

속도를 계산할 때 속력을 구하는 것과 같은 방법을 사용할 수 있는데, 이때는 경과 시간을 매우 짧게 책정해야 한다. 예를 들어, 순간 속도를 구하고자 할 때는 경과 시간을 극단적으로 짧게 잡아야 한다. 이는 매우 어려운 일처럼 보이지만, 미적분학을 이용하면 간단하게 해결할 수 있다.

가속도 자동차를 운전할 때, 운전자는 필요에 따라 속도를 조절한다. 평균적으로 60 km/h의 속도로 가다가 어떤 구간에서는 속도를 증가시켜 80 km/h로 가기도 하고, 또 어떤 구간에서는 속도를 감소시켜 45 km/h로 가기도 한다. 이와 같은 속도의 변화를 가속도라 한다. 속력이 증가하는 것을 가속acceleration이라고 하고, 속력이 줄어드는 것을 감속deceleration이라고 한다. 가속도란, 속도의 변화를 경과 시간으로 나눈 것이다. 속도와 마찬가지로, 가속도를 전체 경과 시간으로 나누면 평균 가속도를 구할 수 있다. 하지만 일반적으로 우리가 구하는 것은 순간 가속도이기 때문에 계산에 필요한 것은 극히 짧은 경과 시간이다. 속도의 단위는 가속도를 시간으로 나눈 것으로, m/s^2, cm/s^2와 같은 단위를 사용한다.

벡터와 스칼라 속력은 크기만 있는 반면 속도는 크기와 방향을 모두 포함한다는 사실을 배웠다. 속도와 같이 크기와 방향을 모두 갖춘 물리량을 벡터라고 한다. 반면에 속력처럼 크기만 가진 물리량을 스칼라라고 한다. 벡터의 예로는 힘, 속도, 운동량을 들 수 있고, 스칼라의 예로는 온도, 에너지, 길이, 질량, 부피 등을 들 수 있다. 벡터를 표시할 때는 오른쪽 그림과 같이 화살표를 이용한다. 화살표의 방향은 벡터의 방향을 나타내고, 화살표의 길이는 그 크기를 나타낸다.

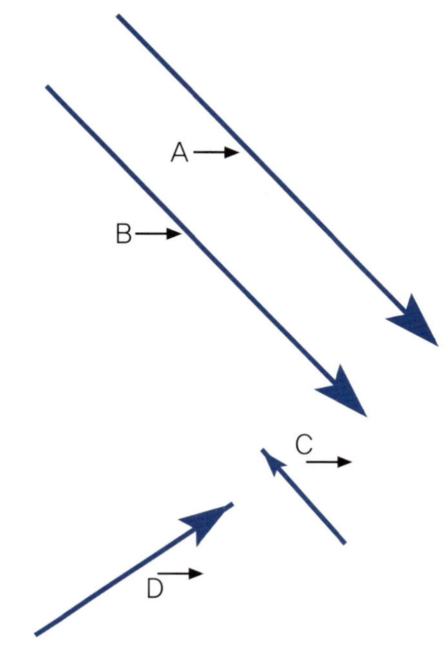

위 화살표에서 화살표 A와 화살표 B는 크기가 같고, 방향이 동일하므로 벡터값이 같다. 반면에 화살표 C와 화살표 D는 크기와 방향이 각각 다르므로 벡터값이 다르다.

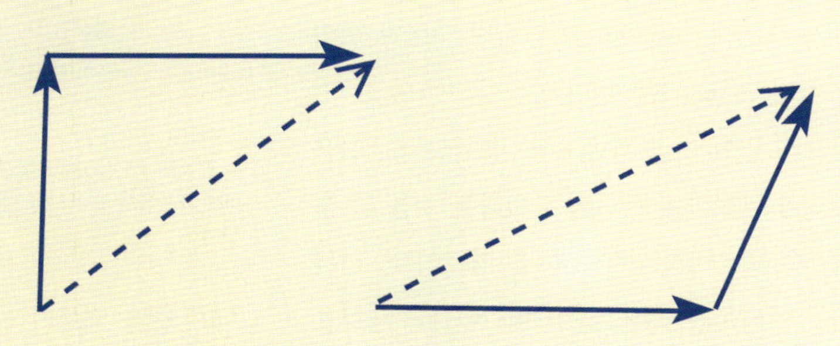

합력이란 두 개 이상의 벡터합으로, 위 그림에서는 점선에 해당한다.

벡터 더하기

속도를 더하거나 빼는 것처럼 벡터도 마찬가지로 더하거나 뺄 수 있다. 벡터의 방향이 같을 때는 더하면 되고, 방향이 반대일 때는 빼면 된다. 하지만 위 그림에서 왼쪽 그림처럼 두 벡터가 서로 수직일 때도 있다. 처음에는 북쪽을 향해 운동하다가, 나중에 동쪽을 향해 운동을 한 경우인데, 점선을 따라가면 같은 위치에 도달하는 것을 알 수 있다. 이 경우의 '합력'(벡터끼리의 합)은 점선으로 나타나는 화살표가 된다.

오른쪽 그림과 같이 수직이 아닌 벡터의 합도 구할 수 있다. 이 경우에도 왼쪽과 마찬가지로 합력은 점선으로 나타난다. 이런 방법은 다양한 형태의 벡터에도 동일하게 적용된다.

힘과 뉴턴의 운동 제1법칙

지금까지 운동에 대해 알아보았다. 운동을 연구하는 분야를 동역학kinetics이라고 한다. 운동은 힘의 작용으로 일어나고, 힘이 작용하지 않을 때 물체는 관성을 가진다.

힘 물체를 이동시키려면 당기거나 밀어야 한다. 물체를 당기거나 밀 때, 우리는 물체에 힘을 가한다고 한다. 물체에 힘을 주면 물체의 속도에 변화가 생기는데, 물체가 정지 상태에 있다면 운동하기 시작하고, 움직이고 있다면 주어진 힘의 양에 따라 속도가 달라진다.

속도의 변화는 곧 가속도를 의미하므로, 힘은 가속도와 밀접하게 관련되어 있다는 것을 알 수 있다. 속도와 마찬가지로 힘도 벡터이다. 힘의 단위를 이해하기 위해 '질량mass'이라는 새로운 개념을 이해해야 한다.

질량과 무게 무게가 무엇인지 모르는 사람은 없을 것이다. 우리는 몸무게를 알고 싶을 때 체중계에 올라선다. 체중계에 몸무게가 숫자로 나타나는 것은 우리 몸에 중력이 작용하고 있기 때문이다. 만약에 지구가 중력으로 우리를 끌어당기지 않는다면 몸무게를 측정할 수 없다. 무게는 물체가 속한 중력장gravitational field에 따라 달라진다. 예를 들어, 화성에 가서 몸무게를 재면 지구

위 정지해 있는 자동차를 힘주어 밀면 속도에 변화가 생긴다.
아래 체중계에 올라서면 몸무게를 잴 수 있는데, 이것은 우리가 지구 중력장에 속해 있기 때문이다.

에서 쟀을 때보다 몸무게가 감소할 것이고, 목성에 가서 재면 지구에서 쟀을 때보다 몸무게가 증가할 것이다. 화성은 지구보다 중력이 작고, 목성은 지구보다 중력이 크기 때문이다. 만약에 중력을 가진 천체와 아주 멀리 떨어져 있는 텅 빈 우주 공간에서 몸무게를 잰다면 무게는 0에 가까울 것이다.

무게와는 달리 중력장에 대해 독립적인 물체의 양을 질량이라고 한다. 물체의 질량을 측정할 때는 물체의 무게를 그 물체가 속한 중력장의 크기로 나누면 된다. 따라서 질량은 어느 곳에서 측정하더라도 동일한 값을 나타낸다. 우리 몸의 질량은 우리가 지구에 있든지, 화성에 있든지, 중력이 미치지 않는 텅 빈 우주 공간에 있든지 상관없이 같다. 질량의 단위로는 kg 또는 g이 있다.

질량에 가속도를 곱한 값을 힘이라고 한다. 그러므로 힘의 단위는 'kg·m/sec² = kg × m/sec²' 또는 'g·cm/sec² = g × cm/sec²'로 나타낸다.

관성 질량과 매우 밀접한 관계를 맺고 있는 것 중에 관성이 있다. 관성은 일상생활에서도 흔히 볼 수 있다. 가령 멈춰 있는 자동차를 움직이려면 힘을 주어야 한다. 그 이유는 정지 상태에 있는 자동차는 계속 정지하려는 성질을 가지고 있기 때문이다. 이와 같이 물체는 현재의 상태를 계속 유지하려는 경향을 가지는데 이것을 관성이라고 한다.

관성이 물체가 가지고 있는 성질 중의 하나라는 사실을 처음 발견한 과학자는 갈릴레이였다. 갈릴레이는 관성이란 운동 상태를 변화시키려고 할 때의 저항이고, 가벼운 물체보다 무거운 물체를 미는 것이 더 힘들다는 사실을 통해 무거운 물체의 관성이 더 크다는 것을 알았다. 그러나 갈릴레이는 관성의 개념을 완벽하게 이해하지는 못했다.

뉴턴의 운동 제1법칙 관성을 처음으로 완벽하게 이해한 과학자는 뉴턴이었다. 뉴턴의 운동 제1법칙은 관성에 관한 것으로, 관성의 법칙이라고도 한다. 관성의 법칙은 '물체는 외부에서 힘을 받지 않으면 정지 상태나 등

스케이트를 타고 있으면 관성 때문에 천천히 멈추게 된다.

속 직선 운동 상태를 유지한다.'로 요약된다.

언뜻 보면 이것은 상식에서 벗어난 말처럼 보인다. 정말로 등속 운동을 하고 있는 물체는 영구히 운동을 지속시킬 수 있을까? 만약에 이것이 사실이라면, 자동차가 60 km/h로 달리고 있을 때, 가속 페달에서 발을 떼어도 영구적으로 60 km/h를 유지하면서 달려야 할 것이다. 그러나 페달에서 발을 떼는 순간 자동차의 속도는 줄어들기 시작한다. 이것은 마찰이나 공기 저항과 같은 외부 힘이 자동차에 작용하기 때문에 일어난 결과이다.

뉴턴의 운동 제1법칙은 외부 힘이 작용하지 않을 때의 경우이다. 이것은 스케이트를 신고 얼음판 위를 달리는 운동에서 가장 쉽게 볼 수 있다. 스케이트를 타다가 얼음판을 미는 힘을 중지한 후에도 사람은 멈추기 전까지 매우 먼 거리를 이동한다. 그러나 이 경우에도 작지만 마찰이 작용하기 때문에 결국에는 정지하게 된다.

합력

속도가 벡터인 것처럼 힘도 벡터이므로, 덧셈과 뺄셈을 할 수 있다. 아래 그림에 나타난 것처럼 어린아이가 그네를 타고 있다고 생각해 보자. 그네를 뒤에서 잡아당기게 되면, 그림에서 볼 수 있듯이 여러 개의 힘이 작용한다. 아이와 그네의 무게는 아래로 작용하고, 줄을 당기는 힘은 오른쪽으로 작용하며, 그네를 잡고 있는 힘은 비스듬하게 왼쪽 위로 작용하고 있다. 이때 힘의 균형은 어떻게 나타낼 수 있을까?

아래의 맨 오른쪽 그림에서 볼 수 있는 것처럼 닫힌 삼각형으로 표현할 수 있다. 이를 이용하면 작용하는 힘 중 두 개만 알고 있어도, 나머지 작용하는 다른 힘을 구할 수 있다.

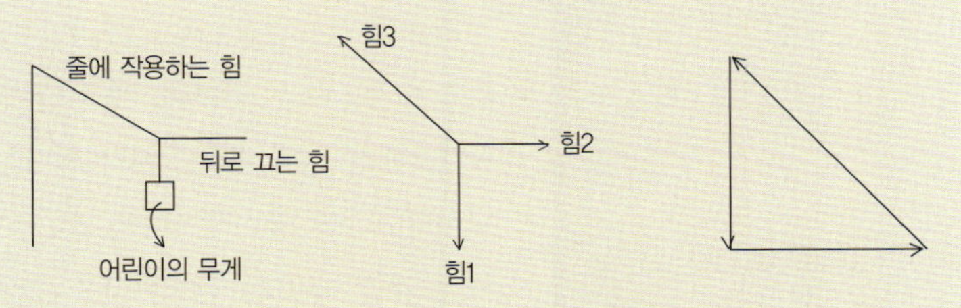

무게를 가진 물체가 줄에 매달려 있으면 여러 개의 힘이 작용하게 된다.

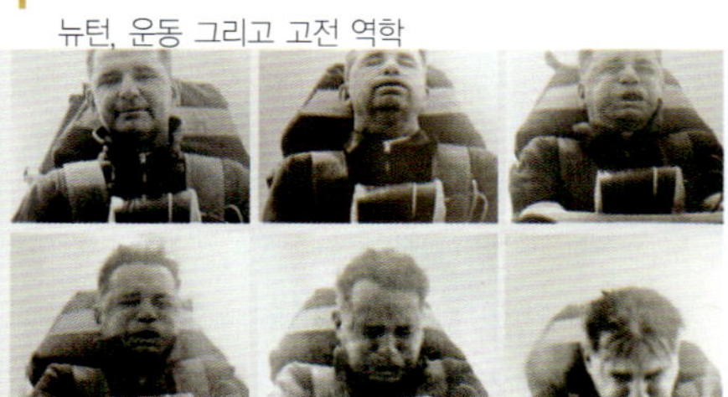

가속도와 뉴턴의 운동 제2법칙

우리는 앞에서 힘과 가속도는 서로 밀접한 관계를 맺고, 물체에는 여러 힘이 작용하며, 이 힘들은 수학적으로 더하거나 뺄 수 있다는 것을 알았다. 물체에 작용하는 여러 힘은 하나의 힘으로 나타낼 수 있는데, 이 힘을 알짜힘 net force 이라고 한다.

알짜힘이 가속도에 미치는 영향을 간단한 실험을 통해 알아보자. 마찰이 없는 매끄러운 표면에 질량이 다른 여러 개의 벽돌이 놓여있다. 이 벽돌들을 밀거나 당기고자 할 때, 우리가 가하는 힘은 용수철저울로 측정할 수 있다. 가장 가벼운 벽돌을 당기면, 정지 상태에 있던 벽돌은 가속도를 얻는다. 이것보다 질량이 좀 더 큰 벽돌을 같은 힘으로 당겨보자. 벽돌은 가속도를 얻겠지만, 그 가속도의 크기는 처음보다 줄었다는 것을 알 수 있다. 우리는 이 실험을 통해 질량이 무거운 물체일수록 얻을 수 있는 가속도가 작다는 것을 알 수 있다. 이와 같은 현상이 일어나는 까닭은 무엇일까? 그 해답은 뉴턴의 운동 제2법칙에서 알 수 있다.

물체에 작용하는 힘에 의해 생긴 가속도는 그 힘의 크기에 정비례하고, 물체의 질량에 반비례한다. 이때 정비례한다는 말은, A가 증가할 때 B도 증가한다는 뜻이다. 예를 들어, A가 2배가 되면, B도 2배가 된다는 말이다. 한편 반비례한다는 것은 A가 증가할 때 B는 감소한다는 뜻으로, 예를 들어 A가 2배가 될 때 B는 반으로 줄어드는 경우를 말한다.

위 가속도의 급격한 변화가 인체에 미치는 영향을 볼 수 있다.
아래 토네이도가 건물을 덮치는 것은 매우 짧은 시간 동안 큰 힘이 작용하는 예이다.

당구공이 다른 당구공과 부딪히면, 정지해 있던 당구공에 힘을 주어 가속하게 만든다.

충격량

어린아이가 그네를 탈 때, 그네에는 일정한 힘이 작용한다. 하지만 우리 주위에는 힘이 일정하게 작용하지 않는 경우가 더 많다. 예를 들어, 큰 힘이 매우 짧은 시간에 작용하는 경우가 있는데, 야구 선수가 방망이로 공을 칠 때, 빠른 속도로 달리는 차가 정지해 있는 차와 충돌할 때, 토네이도가 집을 덮칠 때가 이에 해당한다. 이때 힘은 매우 크지만, 굉장히 짧은 시간 동안만 작용한다.

위와 같은 경우에는 충격량이라는 개념을 사용하는데, 충격량은 물체에 작용한 힘과 그 힘이 작용한 시간의 곱으로 나타낸다. 충격량은 크기와 방향을 가진 물리량이며, 방향은 힘의 방향과 같다. 충격량의 단위는 $N \cdot s^{kg \cdot m/s}$이다.

운동량

충격량과 힘이 관련되어 있고, 이 힘에 의해 운동이 일어난다면, 일정한 충격량은 같은 양의 운동을 일으킨다고 생각할 수 있다. 하지만 이것은 충격을 받은 물체의 속도는 질량에 대해 독립적이기 때문에 잘못된 생각이라고 할 수 있다.

물체의 충격량은 그 물체의 질량과 관계가 깊은데, 물체의 질량과 속도를 곱한 값을 그 물체의 운동량이라고 한다. 운동량은 속도와 같은 방향을 가지는 물리량이며, 단위는 $kg \cdot m/s$이다.

뉴턴의 제2법칙에 따르면 힘은 질량과 가속도의 곱이기 때문에, 충격량은 질량과 관계가 있다. 즉, 충격량은 질량과 가속도를 곱한 값에 충격의 영향이 작용한 시간을 곱한 값이다. 그런데 속도는 가속도에

시간을 곱한 값이므로 질량과 속도를 곱하여 얻는 물리량, 즉 운동량이라는 새로운 물리량을 생각할 수 있다. 이 운동량의 변화가 충격량이다.

따라서 물체가 충돌하거나 폭발할 때와 같이 힘이나 속도가 급격히 변하는 복잡한 운동에서는 힘의 크기를 측정하기 어렵지만, 운동량의 변화를 구하여 충격량을 구할 수 있다. 그리고 충격량을 구하면 힘의 크기도 쉽게 알아낼 수 있다.

날아오는 공을 방망이로 치면, 방망이는 공에 충격을 준다.

방망이로 공치기

방망이로 공을 치는 경우에 운동량 개념을 적용해 볼 수 있다. 공이 홈플레이트를 넘어 날아오고, 사람이 방망이로 공을 친다고 생각해 보자. 방망이로 공을 칠 때, 잠시나마 두 물체 모두 어느 정도 일그러진다. 이때 방망이는 공에 충격을 가하게 되고, 방망이에 의해 공의 운동 방향과 속도가 변하기 때문에, 방망이가 공의 운동량을 변화시켰다고 할 수 있다.

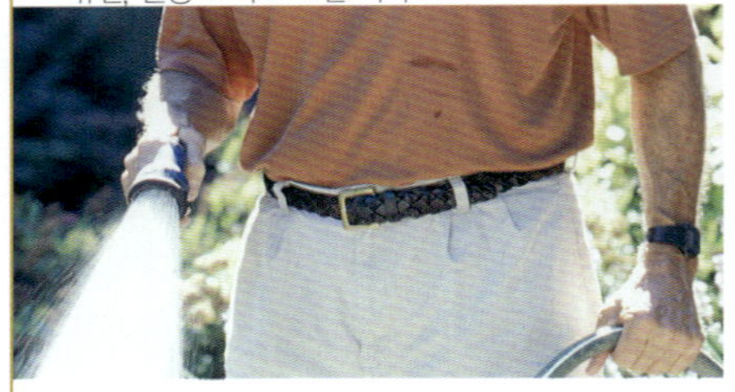

운동량과 뉴턴의 운동 제3법칙

위 물이 나오는 호수를 들고 있으면, 호스를 들고 있는 손에 반대 방향의 힘이 느껴지는데 이것이 반작용이다.
아래 뉴턴의 운동 제3법칙을 설명하기 좋은 예로 로켓이 우주로 발사되는 것을 들 수 있다. 로켓 뒤로 분사되는 가스는 로켓이 앞으로 나갈 수 있는 추진력을 만들어준다.

운동량이라는 개념은 뉴턴의 제3법칙과 관련이 있다. 힘은 언제나 쌍으로 작용한다. 힘을 주는 물체가 있으면 힘을 받는 물체가 있는 것이다. 또한 움직이는 물체에서만 힘이 나타나는 것이 아니다. 바닥에 놓인 추도 힘을 받거나 주고 있기 때문이다.

바닥에 가만히 놓여 있는 추를 생각해 보자. 크기가 같은 두 종류의 힘이 서로 반대 방향으로 작용하는 것을 알 수 있다. 추는 무게 때문에 바닥에 힘을 주고 있고, 바닥도 물체에 같은 양 만큼의 힘을 위쪽 방향으로 주고 있다. 우리가 무엇인가를 밀 때도 같은 현상이 일어난다. 우리가 물체를 밀면서 물체에 힘을 줄 때, 물체는 우리가 준 힘과 같은 크기의 힘을 다시 우리에게 주는 것이다. 뉴턴은 이러한 사실을 깨닫고, 이를 운동 제3법칙 작용과 반작용의 법칙이라고도 한다으로 정리했다.

물체가 다른 물체에 힘을 주면, 힘을 받은 물체는 크기가 같고, 방향이 반대인 힘을 처음 물체에게 준다. 이러한 두 힘을 흔히 작용과 반작용 힘이라고 한다. 물이 나오는 호스를 들고 있을 때, 손에 반대 방향으로 작용하는 힘을 느낄 수 있는데, 이 힘이 바로 반작용이다.

작용과 반작용의 개념을 더 쉽게 이해하기 위해 로켓 추진력을 생각해 보자. 반작용이 일어나지 않으면 로켓을 우주로 쏘아 올릴 수 없을 것이다. 로켓이 발사될 수 있는 것은 뒤로 분사되는 가스로 인해 로켓이 앞으로 갈 수 있는 추진력을 얻기 때문이다. 연료가 점화될 때, 연료는 팽창하면서 내부 벽에 힘을 가하게 되는데, 로켓의 내부 벽은 가스에 동일한 크기의 힘을 반대 방향으로 주게 한다. 이 힘에 의해 가스는 가속도를 얻으면서 로켓 뒤로 분사되고, 로켓은 이와 반대 방향으로 가속도를 얻게 되는 것이다.

운동량의 보존 운동량 보존의 법칙을 알아보기 위해, 두 자동차가 충돌

두 자동차가 충돌하면, 충돌 과정에서 운동량은 보존된다.

한 상황을 상상해 보자. 설명을 간단히 하기 위해 두 자동차는 마주보는 상태에서 부딪혔으며, 운동량이 같다고 가정한다. 물론 이 경우 운동량은 방향이 서로 반대이다. 또한 두 자동차의 질량이 서로 다를 수 있기 때문에 운동량의 크기가 같아도 서로의 속력은 다를 수 있다. 가령 느리게 달리던 캐딜락Cadillac과 빨리 달리던 폭스바겐Volkswagen이 부딪혔다고 생각해 보자. 두 자동차가 충돌하게 되면 운동을 즉시 멈추게 된다.

이때, 서로의 운동량은 어떻게 될까? 멈추었으니 운동량은 사라진 것일까? 이 경우 운동량에는 아무 변화가 일어나지 않았다. 충돌이 있기 전에 크기가 같고 방향이 반대인 운동량을 가졌으므로 알짜 운동량은 0이었다. 그러므로 충돌이 일어난 후에도 알짜 운동량은 0이 되는 것이다.

이와 비슷한 실험을 여러 번 해보면, 실험 전후의 운동량이 항상 서로 같다는 사실을 알 수 있다. 우리는 여기서 운동량 보존의 법칙이라는 중요한 원리를 알 수 있다. 운동량 보존의 법칙이란 물체들의 총운동량은 항상 일정하다는 것이다. 다시 말해 외부의 영향이 없다는 가정하에 여러 물체가 관련된 상호 작용에서 그 작용 전후의 총운동량은 같다는 것이다.

그러면 이 법칙이 뉴턴의 제3법칙과 어떤 관련이 있는지 생각해 보자. 자동차의 충돌이 일어났을 때, 각각의 자동차는 서로에게 충격을 가했고, 충격을 가할 때 양의 힘을 서로 반대 방향으로 주었다. 그리고 두 자동차 모두 충돌의 경과 시간이 같았기 때문에, 서로가 가한 힘의 크기도 같다. 따라서 두 자동차의 충격량=운동량 변화량도 같아야 한다. 이렇게 되면 이 체계system에서 총운동량은 변하지 않았고 운동량 보존의 법칙, 서로 주고받은 힘의 크기는 같았으며 방향은 반대라는 뉴턴의 제3법칙이 적용된다.

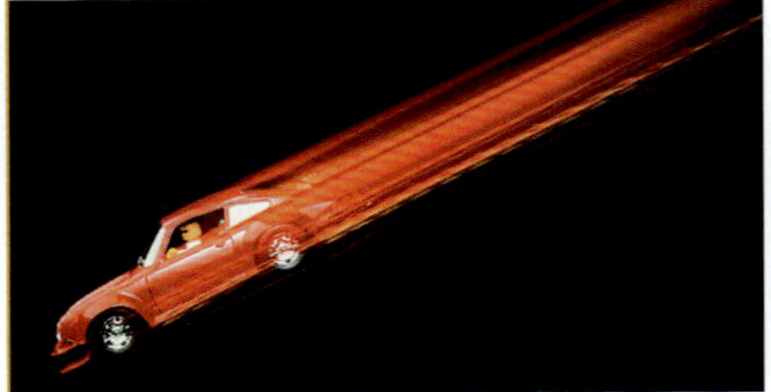

중력

아리스토텔레스의 우주관에 따르면 지구에서 일어나는 모든 운동은 '자연스러운natural' 일이 었으므로 중력이라는 개념이 필요 없었다. 돌이 땅에 떨어지는 것은 자연적 위치로 돌아가는 것이기 때문이다. 그리고 아리스토텔레스는 천체의 운동이 지구에서 일어나는 물체의 운동과 다른 것은 천체가 제5원소로 구성되었기 때문이라고 생각하여 이를 설명하기 위해 고민하지 않았다.

하지만 독일의 수학자이자 천문학자인 케플러Johannes Kepler, 1571–1630는 달랐다.

그는 우주에 존재하는 물체에 관심이 많았으며, 이들이 지구로 떨어지지 않는 이유에 의문을 품었다. 그리고 그는 우주에 신비로운 힘이 작용

우주 비행사 3명이 우주의 '무게 없음의 상태 •'를 경험하고 있다. 그들은 중력의 작용을 받지 않아서 살짝 밀기만 해도 선실 안에서 자유롭게 떠다닐 수 있다. 선실에 있는 모든 물건은 어딘가에 고정되어 있지 않으면 마찬가지로 떠다니게 된다.

위 갈릴레이는 땅으로 떨어지는 물체를 연구할 때, 높은 곳에서 아래로 직접 떨어뜨리지 않았다. 그림에서 보이는 장난감 자동차처럼 경사면 아래로 굴리면서 낙하 속도를 늦추었다.
아래 나뭇잎은 넓이가 넓고 납작하므로 공기 저항을 받으면 낙하 속도가 느려진다.

하고 있다고 생각했으며, 이 힘은 지구에서 볼 수 있는 힘과 비슷한 것일 수도 있다고 생각하기 시작했다.

갈릴레이 역시 중력에 관심이 많았다. 아주 가벼운 눈송이나 깃털 등을 제외하고 대부분의 물체들은 왜 같은 속도로 떨어지는지 의문을 품었다. 그는 물체가 떨어지는 속도를 측정하려고 했지만 그리할 수 없었다. 왜냐하면 그에게는 시간을 잴 수 있는 기기가 없었던 것이다. 결국 그가 할 수 있었던 최선의 방법은 자신의 맥박을 이용하는 것이었다. 그는 자신이 선택한 시간 측정법의 오차를 줄이기 위해 물체의 낙하 속도를 줄

이고, 물체를 경사면에서 굴렸다. 물체는 여전히 힘, 즉 중력의 작용을 받지만, 경사면에서 굴림으로써 그 시간을 측정할 수 있게 된 것이다. 이 실험을 통해 갈릴레이는 공의 재질이나 질량에 상관없이 경사면에서 굴러 내려가는 데에 걸리는 시간이 동일하다는 것을 알게 되었다. 또한 그는 공이 구르는 속도가 증가하는 비율, 즉 가속도도 질량과 상관없이 일정하다는 것을 발견했다.

갈릴레이는 이 외에도 진자와 비슷한 장치를 발명하기도 했다. 그가 만든 진자는 긴 줄이나 끈에 추를 매단 것이었다. 갈릴레이는 이 진자를 통해 줄 끝에 매달린 추의 질량을 바꿔도 진자 운동에는 아무런 영향을 미치지 않는다는 사실을 깨닫게 되었다. 진자의 주기, 즉 추가 한 번 흔들리는 데에 걸리는 시간은 추의 질량에 아무런 영향도 받지 않았다. 진자의 주기에 변화를 주는 것은 오로지 줄의 길이뿐이었다. 줄이 길수록 주기가 길어졌고, 줄이 짧을수록 주기는 짧아졌다.

갈릴레이는 중력 가속도를 정확하게 측정할 수 없었으나, 오늘날은 정확한 실험을 통해 중력은 약 9.8 m/sec^2의 가속도를 가지고, 이를 g로 표기한다. 중력 가속도의 낙하하는 물체의 속도는 1초 후에 9.8 m/sec, 2초 후에는 19.6 m/sec, 3초 후에는 29.4 m/sec가 된다는 것을 의미한다. 따라서 물체가 낙하를 시작한 지 1초 동안에는 9.8 m 만큼 낙하하고, 그 다음 2초 동안에는 19.6 m 낙하한다. 따라서 2초 후에 이 물체는 원래 위치에서 29.4 m 아래에 있는 것이다.

지구에서 운동하는 물체의 중력 가속도는 지구의 질량과 관계가 깊다. 지구보다 질량이 큰 목성에서는 중력이 지구보다 더 크고, 질량이 작은 화성에서는 중력이 지구보다 작다.

다른 행성, 다른 무게 사람의 몸무게는 지구의 중력 가속도에 따라 정해진다. 목성과 같이 큰 행성에서는 몸무게도 더 많이 나온다. 목성의 중력은 지구의 2.34배이기 때문에 지구에서 100 kg·f라면, 목성에서는 234 kg·f가 된다. 반면에 화성의 중력은 지구의 38 %밖에 되지 않기 때문에, 화성에서는 몸무게가 38 kg·f가 된다. 태양의 경우, 지구보다 크기가 330,000배 크기 때문에, 몸이 타버리기 전에 몸무게를 측정할 수 있다면 어마어마한 수치가 나올 것이다.

전해지는 이야기에 의하면, 갈릴레이는 이탈리아에 있는 피사의 사탑에서 물체를 떨어뜨리면서 실험했다고 한다.

피사의 사탑

갈릴레이에 대한 가장 유명한 이야기는 피사의 사탑에서 각각 질량이 다른 공을 떨어뜨린 후, 낙하 속도가 동일하다는 사실을 발견했다는 것이다. 아리스토텔레스는 무거운 물체가 가벼운 물체보다 낙하 속도가 빠르다고 주장했는데, 이것은 갈릴레이의 이 실험에 의해 부정되었다. 하지만 갈릴레이가 실제로 이 실험을 했다는 증거는 찾아보기 어렵다. 다만 몇 해 이른 1586년에 네덜란드의 시몬 스티븐이 유사한 실험을 했다는 기록이 남아있다.

• 흔히 무중력이라고 하면, 중력이 없는 것으로 생각할 수 있는데 사실은 무게가 없는 상태이다. 그러므로 무중력이라는 용어는 잘못된 것으로 '무게 없음의 상태'로 표현함이 옳다(옮긴이).

마찰력

마찰은 우리의 일상생활에서 매우 중요한 역할을 한다. 자동차를 운전할 때, 길을 걸어갈 때, 스키나 스케이트를 탈 때, 심지어 소파에 앉아 텔레비전을 볼 때도 마찰은 작용한다.

한편 마찰은 때때로 일을 방해하기도 한다. 예를 들어, 자동차는 바퀴의 베어링에서 일어나는 마찰이나 공기와의 마찰 때문에 속력을 낼 때 많은 힘을 사용한다. 이러한 마찰 때문에 자동차의 연비가 줄어드는 것이다. 하지만 마찰이 전혀 없으면 자동차는 아예 움직일 수 없다. 자동차는 타이어와 도로 사이의 마찰로 움직이기 때문이다. 사람 역시 마찰이 없으면 서 있을 수 없다. 우리가 서 있는 신발 밑창과 땅바닥 사이에 마찰이 작용하고 있기 때문이다. 이 외에도 벽에 못이 박혀 있거나, 구동 벨트를 사용하는 기계 등에 마찰은 중요하게 작용하고 있다.

마찰이 일어나는 원인을 이해하려면 물체의 표면을 자세히 관찰하면 된다. 현미경으로 물체의 표면을 확대해서 보면, 우리 눈에는 매끈하게 보이는 물체의 표면도 매우 거친 경우가 많다. 이런 두 물체의 표면이 서로 맞닿으면 각각의 면에서 튀어나온 부분이 서로 마주치거나, 아니면 서로 닿지 않고 떠 있는 부분이 생긴다. 또는 한 면의 골과 다른 면의 마루가 맞닿아 서로 깊숙이 얽힌 부분이 생기기도 한다. 이 때문에 각 물체는 서로에게 힘을 가하게 되는데, 이 힘을 마찰력이라고 한다.

마찰력에는 여러 종류가 있다. 책상 위에 상자가 놓여있고, 이 상자를 밀거나 당길 때, 그 힘을 측정할 수 있는 저울이 있다고 가정하자. 상자에 작은 힘을 가하면 움직이지 않는데, 이것은 상자에 준 힘보다 상자와 책상 표면 사이에 작용하는 마찰력이 더 크기 때문이다. 충분한 힘으로 상자를 밀면 움직이는데, 이것은 상자에 준 힘이 마찰력보다 크기 때문이다. 하지만 마찰력은 계속 작용하고 있기 때문에, 힘도 계속 주어야 상

위 자동차 타이어와 도로 사이의 마찰로 인해 자동차가 앞으로 나갈 수 있다.
아래 상자를 밀 때, 상자와 바닥 사이의 마찰력보다 큰 힘을 가해야만 상자가 움직이게 된다.

기차가 움직이기 위해서는 바퀴와 레일 사이에 마찰이 있어야 한다. 그렇지 않으면 바퀴는 선로에서 미끄러지면서 앞으로 나가지 못하게 된다.

도로와 자동차 타이어 사이의 마찰은 여러 조건에 따라 달라진다. 눈이나 얼음이 도로를 덮고 있으면 마찰력은 매우 작아져서 쉽게 미끄러진다.

자가 계속 움직일 수 있다. 이 경우에는 두 종류의 마찰력이 작용했는데, 상자가 움직이기 전에 작용하는 마찰력은 정지 마찰력 force of static friction, 움직인 후에 작용하는 마찰력은 운동 마찰력 force of kinetic friction 이라 한다.

마찰의 성질 바닥에서 상자를 미는 활동을 통해 마찰이 가지고 있는 몇 가지 성질을 알아보자. 첫째로 마찰력의 방향은 물체가 맞닿는 표면과 평행하다. 둘째로 힘의 크기는 상자의 무게, 정확히는 그 무게와 동일한 크기로 상자를 향해 작용하는 수직 항력에 따라 달라진다. 셋째로 마찰력은 물체가 접촉하는 넓이와 상관이 없다. 넷째로 마찰력은 표면의 상태, 즉 거칠고 매끄러운 정도에 영향을 많이 받는데, 물체들은 매끄러운 표면에서 더 잘 움직인다. 마지막으로 마찰력은 열이 발생하지 않는 한, 물체의 속력 영향을 받지 않는다. 하지만 열이 발생하게 되면, 표면의 성질과 마찰의 크기가 변하게 된다.

마찰 계수 물체 표면의 '미끄러운 상태'를 나타낼 때에는 마찰 계수 μ로 표시한다를 이용한다. 마찰 계수는 마찰력을 물체와 표면 사이의 수직 항력으로 나눈 값이다. 이 계수는 물체와 바닥 모두의 표면에 따라 달라지는데, 얼음과 같은 물질들은 마찰 계수가 낮고, 고무와 같은 물질들은 마찰 계수가 높다.

자동차의 제동 거리

교통사고를 피하기 위해 급정거를 할 때, 여러 종류의 마찰력이 작용하게 된다. 이 중 가장 중요한 것은 타이어와 도로 사이의 마찰력인데, 이는 타이어의 상태(타이어의 마모 상태)와 도로의 건조함 정도(물기가 있는지, 얼음이 있는지) 등에 따라 큰 차이를 보인다. 건조한 도로에서 상태가 좋은 타이어의 마찰 계수는 0.9 정도가 되지만, 도로에 물기가 있을 때는 0.7 이하로 떨어진다. 도로에 결빙이 있는 경우에는 마찰 계수가 0.1 이하로 떨어지게 된다. 그렇기 때문에 제동 거리는 도로에 물기가 있을 때 길어지고, 얼음이 있는 경우는 그보다 훨씬 더 길어진다.

마찰 계수는 0과 1을 조금 넘기는 범위인데, 0은 마찰이 전혀 없는 표면을 말하고 1은 마찰이 매우 높은 표면을 나타낸다.

마찰 계수에는 두 종류가 있다. 하나는 정지 마찰 계수 μ_s이고, 나머지 하나는 운동 마찰 계수 μ_k이다. 간단한 예를 몇 가지 들면, 얼음 표면에 철이 있는 경우 $\mu_s = 0.2$, $\mu_k = 0.1$이고, 오크나무 위에 오크나무가 있는 경우는 $\mu_s = 0.54$, $\mu_k = 0.32$이고, 콘크리트 표면에 고무자동차 타이어의 경우처럼가 있는 경우는 $\mu_s = 0.90$, $\mu_k = 0.70$이다.

주기 운동

물리학에서 중요하게 다루는 운동 중에 제한된 범위 안에서 일어나는 운동도 있다. 대표적으로 앞뒤로 운동하는, 즉 진동하는 운동이다. 물체가 반복적인 운동을 지속적으로 할 때 이를 주기 운동이라고 한다. 주기 운동의 예로는 용수철 끝에 매달린 추가 위아래로, 혹은 좌우로 움직이는 운동을 들 수 있다.

주기 운동은 매우 복잡한 운동이다. 주기 운동이 일어나고 있는 것을 자세히 관찰하면, 운동 중 힘의 변화, 가속도와 속도의 변화가 지속적으로 일어나고 있음을 알 수 있다. 이처럼 주기 운동에는 변화하는 요인이 많기 때문에 이해하기가 쉽지 않다.

예를 들어서 용수철 끝에 추가 수직으로 매달려 있다고 생각해 보자. 추를 아래로 당기면 용수철은 평형 위치equilibrium position로 돌아가기 위해 위쪽으로 복원력을 주게 된다. 이때 용수철을 길게 늘어뜨릴수록 복원력은 커진다. 잠시 후 손을 놓으면, 용수철은 평형 위치를 향해 돌아가기 시작하면서 복원력이 감소하게 된다. 힘이 감소하기 때문에 가속도도 감소한다. 그러나 가속도가 감소해도 속도가 빨라지기 때문에 추는 평형 위치에 점점 더 빠른 속도로 접근하게 된다.

추가 평형 위치에 도달하면 복원력과 가속도는 0이 되지만, 추는 최대 속도maximum velocity에 이른다. 최대 속도에 이른 추는 속도가 너무 크기 때문에 멈출 수 없어단, 외부에서 힘을 받지 않는다는 조건하에서, 평형 위치를 지나 위쪽으로 계속 운동하게 된다.

그러나 추가 평형 위치를 지나고 나면 용수철은 다시 힘을 가지게 된다. 그러면 용수철은 추를 평형 위치로 끌어당기게 되는데, 이 힘은 가속도 사실 감속도라고 하는 게 더 정확하다를 발생시켜 추의 운동은 느려지게 된다. 추가 위쪽으로 계속 움직이면 용수철의 복원력은 점점 커지고, 추의 속도는 점점 작아진다. 그러다가 결국에는 멈추게 된다. 이런 상태를 가리켜 추가 최대 변위에 도달했다고 한다. 이 시점에서 용수철의 복원력이 추를 움직이던 힘보다 커지게 되고, 추를 다시 평형 위치로 당기기 시작한다. 이때 추가 평형 위치에 가까워질수록 복원력은 또다시 감소하게 된다. 추는 이런 운동을 계속 반복하게 되는데, 외부에서 작용하는 힘이 없는 한 영구적으로 반복하게 된다. 하지만 실제로는 마찰력과 같은 외부 힘이 작용하므로 결국 멈추게 된다.

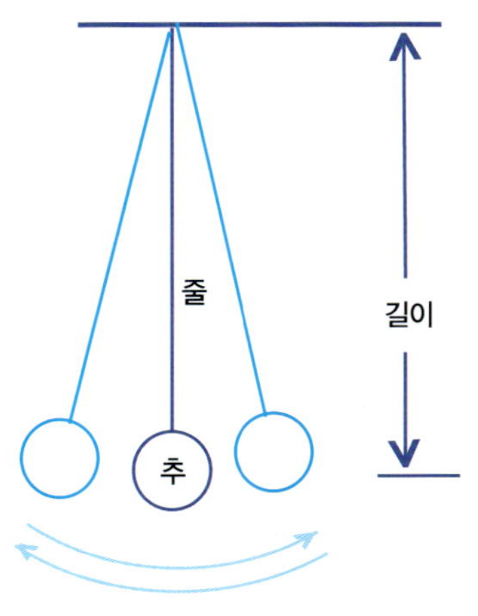

위 용수철 끝에 추를 매달면 주기 운동을 설명할 수 있다.
아래 단진자는 단진동 운동의 대표적인 예이다.

단진동 단진동은 가속도, 속도, 힘이 지속적으로 변하는 직선 운동을 말

메트로놈은 일정한 진동 주기를 가진다. 그래서 음악가들은 일정한 템포를 유지하기 위해 이것을 사용한다.

한다. 완벽하게 단진동 운동을 하는 것은 매우 적으나, 단진동 운동과 비슷한 운동을 하는 것들은 우리 주위에서 많이 볼 수 있다. 용수철 끝에 매달린 추를 잡아당겼다가 놓는 것이나, 팽팽한 고무줄을 당겼다가 손을 놓는 것 등이다.

진동 주기 용수철의 추가 평형 위치에서 가장 멀리 떨어진 최대 변위까지 갔다가 다시 평형 위치까지 돌아오는 데 걸리는 시간을 진동 주기라 한다. 흔히 T로 표기하고 초^s 단위로 나타낸다.

주기와 가장 밀접한 관련을 맺고 있는 것은 진동수이다. 진동수는 1초 동안에 진동이 일어난 횟수를 말한다. 그리고 주기는 진동수와 역수의 관계에 있다. 예를 들어, 주기가 10초라는 말은 한 번 진동하는 데 10초가 걸린다는 뜻이다. 따라서 이 물체는 1초 동안에 $1/10 = 0.1$회 진동하며 이때 진동수는 0.1이 된다. 주기가 10초이면, 진동수는 그의 역수 1/10 즉, 0.1이라는 뜻이다.

진자 운동과 비슷한 모양을 보이는 놀이기구이다. 이 기구는 처음에만 힘을 받고, 그 후에는 중력에 의해 앞뒤로 그네처럼 움직인다.

시계추와 같은 진자들은 17세기에 처음으로 사용되기 시작했다.

진자와 시계

단진동 운동에 대한 좋은 예로 진폭이 작은 진자를 들 수 있다. 이때 진폭이 너무 크면, 진자는 단진동 운동을 벗어나게 된다.

갈릴레이는 진자를 처음으로 연구하기 시작한 학자였다. 그는 진자가 매우 일정한 주기를 가지는 것을 발견했음에도 불구하고 시계에 그 원리를 도입하지는 못했다.

진자를 시계에 처음으로 도입한 사람은 네덜란드 과학자 크리스티안 호이겐스였다. 그가 1673년에 만들었던 시계는 진자의 불완전함을 고려한다면 매우 정교한 구조를 가졌다.

원운동

원운동은 물체가 원을 그리면서 운동하거나, 축을 중심으로 회전하는 운동을 말한다. 예를 들어, CD가 회전하는 운동을 생각해 보자. CD 중심에서 끝부분까지 줄을 그은 후, 줄 위에 A, B, C라는 3개의 점을 각각 찍자. 이때 A는 중심과 비교적 가깝게, B는 중간에, C는 끝부분에 찍자. CD가 돌기 시작하면, C지점의 선속력linear speed은 B보다 크고, B지점의 선속력은 A보다 크다. 여기서 알 수 있는 것은 회전 운동에서 속력은 물체가 중심에서 떨어져 있는 거리에 따라 달라진다는 것을 알 수 있다. 그러므로 회전 속력 rotational speed과 각속력angular speed을 계산할 때는 중심에서 물체가 있는 곳까지의 거리를 고려해야 한다.

각속력과 각가속도 각속력이란 물체가 정해진 시간 동안에 회전한 횟수나 각도를 말한다. 흔히 사용하는 단위로는 분당 회전수revs/min 또는 초당 회전수revs/sec가 있다. 물리학자들은 주로 라디안radian이라는 단위를 사용하는데 기호는 rad이다.

수학적 정의에 따르면 1 rad은 반지름 r인 원에서, 원주의 길이가 r에 해당되는 원호를 정했을 때의 중심각 크기를 말한다. 원을 한 바퀴 도는 각도인 $360°$는 2π rad이고, 반 바퀴 도는 각도인 $180°$는 π rad이다. 따라서 '1 rad = $360° \div 2\pi$'가 된다. π는 원주를 지름으로 나눈 값으로 약 3.146이다. 그러므로 1 rad은 $360° \div 2\cdot3.145 = 57.3°$가 된다.

라디안 단위를 이용하면 각속력을 초당 라디안rad/sec으로 표시할 수 있다. 각속력은 기호로는 ω로 쓰고, 오메가로 읽는다. 각속력에 방향의 개념을 포함시킨 것을 각속도라 한다. 각속력에 변화가 생기게 되면 각가속도가 되고, 각가속도란 각속도의 변화율이다. 기호로는 α로 나타내고, 단위로는 revs/sec²나 rads/sec²를 사용한다.

위 놀이 공원의 관람차는 원운동을 한다.
왼쪽 레코드판이 돌면서 원운동을 한다. 레코드판의 중심에서 멀리 떨어진 지점일수록 선속력이 빠르다.
오른쪽 볼트를 풀 때 가장 좋은 방법은 스패너를 이용하여 토크를 가하는 것이다. 이때, 볼트에서 손이 멀리 떨어져 있을수록, 토크가 커진다.

토크 토크 돌림힘이라고도 한다는 원운동을 발생시키는 힘으로 회전력이라고도 한다. 토크의 크기는 회전축으로부터의 거리와 힘을 준 지점 힘의 작용점의 위치에 따라 달라진다. 그러므로 토크는 회전축과 힘의 작용점 사이의 거리에, 회전축과 작용점을 잇는 직선에 수직한 힘의 크기를 곱한 값이 된다. 토크는 기호로 τ로 쓰고 타우 tau로 읽는다. 토크는 일상생활에서 손잡이를 돌릴 때나 병마개를 돌려서 열 때, 또는 스패너를 쓸 때 경험할 수 있다.

관성 모멘트 관성 모멘트는 회전축을 중심으로 회전하는 물체가 계속해서 회전을 지속하려고 하는 성질을 나타낸 것이다. 즉, 물체가 각운동을 할 때 저항을 측정한 값이라 할 수 있다.

관성 모멘트를 가장 쉽게 이해할 수 있는 방법은 직선 운동을 하는 물체와 비교를 하는 것이다. 뉴턴 제2법칙 가속도의 법칙에 의하면 힘은 질량에 가속도를 곱한 값이다. 따라서 원운동에서는 힘은 토크, 가속도는 각가속도라고 할 수 있다. 한 가지 차이점이라면, 직선 운동에서는 질량 m이 중요한 변수였고, 각운동에서는 질량과 함께 회전축으로부터의 거리가 중요한 변수이다. 왜냐하면 각운동에서는 질량의 위치가 매우 중요하기 때문이다. 축으로부터 거리가 각각 다른 위치에 있는 질량들은 각운동에 대해 각각 다른 효과를 가진다.

물체의 관성 모멘트를 계산할 때는 물체의 각 지점에 작용하는 관성 모멘트를 모두 합하면 된다. 회전축으로부터 각각 r_1, r_2, r_3 … 떨어진 지점의 질량이 각각 m_1, m_2, m_3 …라고 한다면 관성 모멘트의 값은 $I = m_1 r_1^2 + m_2 r_2^2 + m_3 r_3^2 + \cdots$ 가 된다.

또한 물체의 관성 모멘트는 모양에 따라서도 달라진다. 속이 꽉 찬 원기둥 solid cylinder과 속이 빈 파이프 hollow pipe의 관성 모멘트는 서로 다르고, 속이 꽉 찬 공 solid sphere은 속이 빈 공 hollow sphere과 관성 모멘트가 다르다. 각 경우에서 질량이 분포한 방식이 다르고, 중심에서 같은 거리만큼 떨어져 있어도 질량의 양이 다르기 때문이다.

각운동량 직선에서 일어나는 운동의 운동량을 질량과 속도의 곱으로 정의한 것처럼, 각운동에서는 각운동량을 회전체 각 부분의 운동량과 회전축으로부터의 거리를 곱한 값으로 나타낼 수 있다. 이것은 관성 모멘트와 각가속도를 곱한 양과 같다. 직선 운동에서 둘 이상의 물체 사이에 상호 작용이 일어난 후 운동량이 보존되었듯이, 각운동량도 마찬가지로 고

스케이트 선수가 공중회전을 선보인다. 선수가 가슴 쪽으로 손을 모으게 되면 각속력이 증가하게 된다.

립된 체계에서는 총각운동량이 유지된다.

예를 들어, 내가 양손에 추를 들고 레코드판 위에 서 있다고 가정해 보자. 누군가가 레코드판이 돌도록 힘을 가하면 나는 스스로 레코드판의 회전 속도를 조절할 수 있다. 추를 들고 있는 손을 바깥으로 뻗으면 레코드판의 회전 속도는 느려지고, 반면에 손을 가슴 쪽으로 모으면 레코드판의 속도는 빨라진다. 이러한 일은 각운동량이 보존되기 때문에 일어나는 현상이다. 추를 안쪽으로 당기면 회전축으로부터 추의 거리가 가까워져서 각가속도가 증가하게 되고, 추를 바깥쪽으로 밀면 회전축으로부터 추의 거리가 멀어져서 각가속도가 감소하기 때문이다. 피겨 스케이트 선수들이 공중회전을 할 때 팔을 몸 쪽으로 붙이는 것도 회전 속도를 증가시키기 위한 것이다.

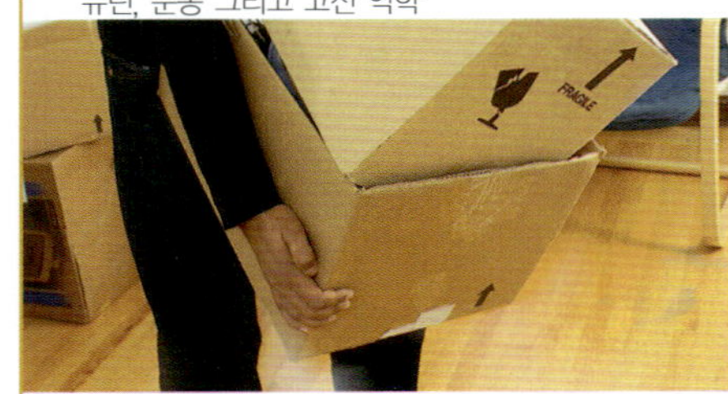

일과 도구

물리학에서 말하는 일은 우리가 생활 속에서 흔히 말하는 일과 개념이 다르다. 물리학에서 말하는 일이란 힘F과 거리d의 곱을 말한다. 여기서 말하는 거리란 힘의 방향과 같은 방향으로 이동한 거리이다. 만약에 힘이 주어진 방향과 다른 방향으로 움직였을 때는 일을 했다고 할 수 없다.

일상생활에서 말하는 일과 물리학에서 말하는 일의 차이를 예를 통해 알아보자. 중력보다 큰 힘으로 중력의 반대 방향으로 상자를 들어 올려서 탁자에 올려놓는 일을 했다고 하자. 이 경우 힘이 작용했고, 그 힘의 방향으로 상자가 일정한 거리를 이동했으므로 일을 한 것이다. 하지만 단순히 상자를 들고 서 있는 행위는 일을 한 것이 아니다. 물론 일상생활에서는 근육이 힘을 발휘했고, 육체적으로 피로함이 쌓이는 행위이므로 일을 한 것으로 간주한다. 그러나 물리학에서는 힘은 주어졌으나 이동한 거리가 없으므로 일을 한 것으로 보지 않는 것이다. 반면에 상자를 바닥에 놓은 후 마찰을 이기고 밀면 일을 했다고 한다. 마찰력을 이기는 힘이 작용했고, 상자가 그 힘의 방향으로 이동했기 때문이다.

일을 정의할 때 시간은 변수로 취급하지 않는다. 하지만 시간이 중요하지 않은 것은 아니다. 시간은 일률power이라는 개념으로 설명하는데,

일률은 일의 수행 비율rate of doing work이기 때문에 일의 양을 시간으로 나눠서 계산한다.

일의 단위로는 N·m 뉴턴-미터, dyn·cm 다인-센티미터를 사용한다. N·m는

위 상자를 들어 올릴 때 일을 한다고 말할 수 있다.
아래 일률의 단위 중 마력은, 일정한 시간 단위 내에 말이 할 수 있는 일의 양을 나타낸다.

단위로는 Joule/sec, erg/sec를 사용한다. 자동차에서 흔히 사용하는 단위인 마력HP도 일률의 단위이다. 이 단위는 스코틀랜드 과학기술자인 제임스 와트James Watt가 개발한 것으로 1 Joule/sec는 1 W와 같고, 1 HP은 745.7 W와 같다.

도구 도구란 일을 수월하게 할 수 있도록 도움을 주는 기계를 말한다. 도구는 힘이 가해진 지점에서 힘이 작용하는 지점으로 옮겨 주는 역할을 하는 것으로, 경사면inclined plane, 바퀴wheel와 축axle, 도르래pulley, 여러 종류의 나사 등 다양한 것들이 있다. 도구는 단순 도구와 복합 도구로 구분하는데, 단순 도구는 한 가지 움직임으로 작동하는 것이고, 복합 도구는 한 가지 이상의 움직임으로 작동하는 것이다.

지레를 통해 도구가 하는 일을 알아보자. 지레를 이용해서 상자를 들어 올리려면, 지레 한쪽 끝은 상자 아래에 놓고, 지레 끝에서 어느 정도 거리를 둔 지점 아래에 받침대를 둔다. 그리고 지레의 다른 쪽을 아래로 눌러서 상자를 들어 올린다. 상자와 받침대 사이의 거리와 힘을 가하는 지점과 받침대 사이의 거리의 비가 각 1 : 3이 된다고 가정해 보자. 그러면 그냥 상자를 들어 올리는 힘의 1/4만 주면 지레로 상자를 들어 올릴 수 있게 된다. 따라서 지레를 사용하면 평소보다 적은 힘으로도 무거운 것을 들 수 있다.

이것은 일이 힘과 거리의 곱이기 때문에 가능한데, 지레로 상자를 들어 올리는 거리를 길게 하면 힘을 그만큼 줄일 수 있는 것이다.

지레를 이용하면 일의 양은 같지만,

더 적은 힘을 가해도 되기 때문에 더 편하게 일을 할 수 있다. 이러한 원리는 앞에서 말한 대부분의 도구에 적용된다. 그러나 실제로는 마찰 때문에 우리가 도구에 하는 일보다 도구가 실제로 하는 일의 양은 적다.

단순한 형태의 톱니바퀴이다. 축에 가해지는 힘은 톱니바퀴 크기에 따라 다르다.

도구의 종류

도구는 현대 사회에서 큰 역할을 한다. 도구가 없으면 우리는 살아가기 어려울 것이다. 도구는 맨손으로 수행할 수 없는 일까지 가능하게 해준다. 도구의 종류와 하는 일을 간단히 정리하면 다음과 같다.

- 바퀴와 축: 반지름이 큰 바퀴를 반지름이 작은 바퀴에 연결하면 축에 더 큰 힘을 주어 반지름이 작은 바퀴를 빠르게 회전시킬 수 있다.
- 도르래 : 도르래를 여러 개 사용하면 적은 힘으로도 무거운 물체를 들어 올릴 수 있다. 하지만 이 경우, 물건을 들어 올리는 높이보다 더 긴 밧줄을 사용하여 물건을 많이 이동시켜야 한다.
- 나사 : 나사는 회전 운동을 직선 운동으로 전환시킨다.
- 톱니바퀴: 톱니바퀴는 바퀴가 서로 맞물려 있는 것으로 종류가 매우 다양하다. 톱니바퀴 한 쌍의 경우 크기가 큰 것은 작은 것보다 더 느리게 회전하며, 더 작은 바퀴가 더 많은 힘을 가진다.

위에서 언급한 것 외에도 우리가 생활 속에서 사용하는 도구로는 쐐기, 지레 등이 있다.

CHAPTER 2

물리학과 천체

지난 수천 년 동안 사람들은 밤하늘을 보면서 그곳을 밝히는 여러 천체들의 신비를 풀기 위해 애를 썼다. 달을 비롯하여 하늘에 있는 빛의 '여행자'들은 과연 어디서 왔을까? 태양과 지구는 정확히 어떤 존재이며, 그 크기는 얼마일까? 행성들은 지구로부터 얼마나 멀리 떨어져 있을까? 이러한 의문들을 풀기 위해 인간은 하늘에 대한 연구를 시작했다.

중국과 중앙아메리카, 남아메리카에 남아있는 인류 초기의 문명들은 인류가 하늘에 보이는 천체들에 대해 관심이 많았다는 것을 반증하고 있다. 기원전 750년 무렵부터 바빌로니아 인들은 행성의 역행 운동 현상을 발견했다. 역행 운동이란 화성과 같은 행성이 하늘을 가로지르는 운행을 하다가 잠시 멈춘 후, 다시 뒤로 돌아가는 운동을 말한다. 고대인들에게 천체의 이러한 움직임은 매우 혼란스러운 현상이었다. 하지만 그들은 이러한 일이 일어나는 까닭을 신의 뜻으로 돌리고 더 이상 깊이 파헤치지 않았다.

그러나 시간이 흐르면서 우주의 움직임에 호기심과 의문을 가졌던 많은 사람들에 의해 우주의 신비가 하나씩 밝혀졌고, 그것이 쌓여 오늘날 인류는 우주에 대해 많은 것을 알게 되었다.

왼쪽 인류에게 밤하늘은 언제나 위대한 미스터리였다. 오랜 시간 동안 수많은 과학자들이 알아낸 발견들 덕분에 오늘날 우리는 우주를 제대로 이해하게 되었다.
위 태양계 그림이다. 최근에 명왕성이 태양계 행성으로서의 자격을 박탈당해 태양계를 이루는 행성은 모두 8개가 되었다.
아래 오늘날 천문학자들은 최첨단 관측 시설을 갖춘 천문대에서 옛날 사람들이 상상할 수도 없었던 방법으로 하늘을 연구하고 있다.

하늘에 대한 초기의 연구

농업을 주업으로 삼았던 고대 바빌로니아 인들은 자연의 변화에 민감했다. 그들은 천체의 운동을 세심하게 관찰하고 기록하여 달력을 제작하였으며, 별들을 묶어 별자리를 만들었다. 이집트 인들은 바빌로니아 인들이 만든 달력보다 좀 더 발달한 달력을 만들었다. 이집트는 관개 농업이 발달하여, 나일 강의 범람 시기를 아는 것이 매우 중요했다. 따라서 나일 강의 순환을 정확하게 기록하기 위해 정교한 달력을 만드는 데 많은 노력을 기울였다. 이렇게 개발된 달력은 1년을 12달로 나누었고, 각 달은 30일씩이었다. 1년은 365일이었으므로 연말에 5일이 남았는데, 그들은 이 시간을 축제 기간으로 사용했다. 이집트 인들도 바빌로니아 인들처럼 태양이나 달과 같은 천체들은 신에 의해 움직인다고 믿었다.

위 사모스의 피타고라스이다.
아래 은하수를 이루고 있는 수많은 별들. 은하수는 우리 은하에서 별이 많이 모여 있는 지역에 해당한다. 우리 은하는 지름이 약 100,000광년이고, 태양계는 우리 은하의 중심에서 약 32,000광년 떨어진 곳에 있다.

아리스토텔레스는 개기 월식 중에 달에 비치는 그림자의 가장자리가 원형인 것을 보고 지구가 구(球)의 형태로 존재한다는 것을 알게 되었다.

고대 그리스 인들

고대 그리스 인들은 인류 최초로 태양계와 우주에 대한 물리적인 모델을 개발했다. 당시 그들이 개발한 우주 모델은 오늘날 우리가 알고 있는 우주 모델에 비하면 매우 유치한 것이었지만, 일부는 정확한 것도 있었다. 우주 모델 개발에 선구적인 역할을 한 그리스 인으로는 기원전 580년에 태어난 사모스의 피타고라스Pythagoras가 있다. 우리에게 피타고라스의 정리로 잘 알려진 그는 뛰어난 수학자였으며, 또한 천문학에 기여한 바도 굉장히 컸다. 특히 그는 초기의 태양계 모델 중 하나를 만들기도 했다. 당시 그리스 인들은 총 8개의 행성들을 발견했는데, 여기에는 태양과 지구, 달과 함께 수성에서 토성까지의 행성들이 포함되어 있다*.

피타고라스는 수학적으로 10이 가장 완벽한 수라고 생각했기 때문에 행성이 총 10개가 아닌, 8개라는 사실을 받아들일 수 없었다. 이런 이유로 그는 2개의 행성을 추가적으로 생각했는데, 그것은 반反지구counter earth와 중심 불central fire이었다. 피타고라스가 생각한 태양계 모델에서 중심은 지구가 아니었다. 그는 태양계의 중심에는 자신이 새로 추가한 '중심 불'이 있다고 생각했다. 다만 반지구에 가려서 사람 눈에 보이지 않을 뿐이라고 주장했다.

피타고라스는 중심 불을 중심으로 그 주위에 지구, 태양, 달, 반反지구, 그리고 나머지 행성들이 있다고 설명했다. 또한 그는 각 행성은 천구에 고정되어 중심 불 주변에서 공전하고 있고, 각 행성은 신만이 들을 수 있는 음악적 소리를 내며, 천구의 가장 바깥쪽에는 별들이 고정되어 있다는 것이었다.

피타고라스의 뒤를 이어 그리스에서 가장 유명했던 자연 철학자 아리스토텔레스Aristotle, 기원전 384–322년도 태양계 모델을 개발했다. 아리스토텔레스는 태양과 달, 행성들과 별들이 천구**天球, celestial sphere의 표면에 고정되어 있고, 지구를 중심으로 돈다고 주장했다. 아리스토텔레스는 지구가 구球의 형태를 가진다고 주장한 최초의 사람이었으며, 이렇게 주장한 데는 과학적인 증거가 있었다. 아리스토텔레스는 개기 월식이 있을 때 달에 비치는 그림자가 원형이라는 사실과, 관찰자가 북쪽으로 갈수록 북극성이 더 높이 보였다는 점을 증거로 제시했다. 또한 그는 태양이 중심에 있는 태양계를 고려하기도 했으나 여러 가지 이유 때문에 이를 철회했다. 아리스토텔레스는 태양이 만약 중심에 있다면, 천체들이 하늘을 가로지르는 현상은 지구가 자전해야만 가능하다고 생각했는데 이것은 불가능한 일이었다. 만약 지구가 자전한다면 자신을 포함하여 지구에 사는 사람들이 모두 표면에서 떨어져 나갈 것이며 이 힘에 의해 지구가 분열하게 될 것이라고 믿었기 때문이다.

해가 질 무렵 이집트의 어부들이 나일 강에 배를 띄웠다. 그들은 밤하늘에서 선조들이 보았던 곳과 같은 장소에 떠 있는 별을 보게 된다. 아주 오랜 시간이 흘렀지만 별의 위치는 거의 변하지 않았다.

* 당시 그리스 인들은 태양, 지구, 달도 행성으로 생각했다(옮긴이).
** 천구 : 천체의 위치를 정하기 위해서 관측자를 중심으로 무한대의 반지름을 가진 하늘의 구로, 실제로 존재하지는 않는다(옮긴이).

태양계 모델 만들기

고대 그리스 인들은 지구와 태양, 그리고 달의 크기가 얼마나 되는지, 또한 이들이 지구로부터 각각 얼마나 떨어져 있는지에 큰 관심을 가졌다. 지구의 크기를 처음으로 측정한 사람은 이집트 알렉산드리아 출신의 에라토스테네스Eratosthenes, 기원전 276-194였다.

에라토스테네스는 6월 21일하짓날 이집트 남부에 있는 시에네 ·Syene 지방을 여행하던 중, 정오에 태양이 천정天頂에 도달하고 땅에 박혀 있는 막대기의 그림자가 사라지는 것을 보았다. 하지만 다른 해 같은 날, 알렉산드리아에서는 막대기의 그림자가 천정에서 약 7°의 각도를 이루고 있는 것을 발견했다. 에라토스테네스는 만약에 지구가 평평하다면 두 장소에서 막대기의 그림자가 이루는 각도는 같아야 한다고 생각했다. 하지만 확인 결과 그렇지 않다는 것은 지구가 둥글기 때문이라고 생각했다.

에라토스테네스는 알렉산드리아에서 측정한 막대기 그림자의 각도가 원의 1/50 7°/360°에 해당하고, 이것은 지구의 원주가 시에네와 알렉산드리아 거리의 50배라는 것을 의미한다고 생각했다. 그는 시에네와 알렉산드리아가 약 5,000스타디아stadia : 당시 거리의 단위 떨어져 있는 것으로 측정했고, 여기에 50을 곱한 값이 바로 지구의 둘레라고 생각했다. 하지만 불행하게도 5,000스타디아가 오늘날의 거리 단위로 정확하게 얼마가 되는지 알 수 없기 때문에 그가 측정한 지구의 둘레가 정확한 것인지 판단하기 어렵다. 만약에 일부 학자들의 주장처럼 1스타디온 ˙˙이 약 185 m라면, 250,000을 곱했을 때 약 46,250 km가 나온다. 이것은 오늘날 적도 지방을 기준으로 정확하게 측정한 지구의 둘레 약 40,008 km와 약 15 % 정도 오차밖에 나지 않을 정도로 상당히 정확한 값이었다.

또한 고대 그리스 인들은 지구로부터 태양까지의 거리가 달까지의 거리보다 2배 멀다고 가정한 아리스토텔레스의 주장을 근거로 태양과 달의 크기도 계산하였

위 고대인들은 지구와 달의 크기를 알기 위해 많은 고민을 했다.
아래 지구를 중심에 둔 프톨레마이오스의 천동설 그림이다. 그는 작은 주전원을(큰 궤도에 따라 그린 작은 원형 궤도) 여러 개 그려 넣어 행성의 역행 운동을 설명했다. 이 그림에는 주전원이 표시되어 있지 않다.

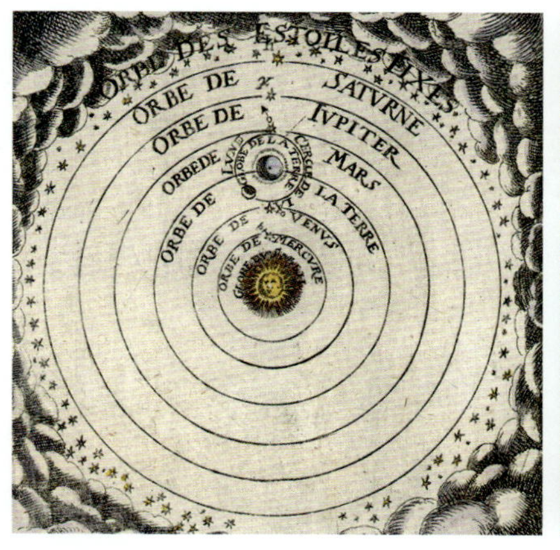

왼쪽 코페르니쿠스가 태양 중심 모델을 통해 태양계를 설명한 것은 《천체의 회전에 관하여》라는 책에 설명되어 있다. 오히려 코페르니쿠스의 지동설은 프톨레마이오스의 천동설보다 태양계에 대한 설명이 단순했다.
오른쪽 프톨레마이오스의 초상화이다.

다. 그들이 계산한 달의 크기는 그 실제 크기에서 크게 벗어나지 않았다. 그리스 인들은 달의 지름이 지구 지름의 0.33배라고 계산한 반면 실제 달의 지름은 지구 지름의 약 0.27배이기 때문이다. 그러나 태양의 경우에는 그리스 인들이 계산한 것보다 실제 크기가 15배 더 크다.

프톨레마이오스의 천동설

고대 그리스를 대표하는 가장 위대한 천문학자는 프톨레마이오스Ptolemy, 서기 125년경였다. 그는 총 15편으로 된 천문서적인 《알마게스트Almagest》를 집필했는데, 이 책에서 그가 설명한 태양계 모델은 약 1,500년 이상 서양의 천문학계를 지배했다. 그가 고안해낸 모델은 지구 중심적 체계로 기존의 태양계 모델에 비해 비교적 정확하여 행성들의 운동을 설명할 수 있었다. 또한 주전원epicycle이라는 개념을 통해 역행 운동도 어느 정도 설명할 수 있었다.

코페르니쿠스의 지동설

프톨레마이오스의 천동설은 16세기까지 정설로 인정되었는데, 하나의 모델이 이렇게 오랫동안 받아들여진다는 것은 대단한 일이었다. 하지만 이 모델은 굉장히 복잡하여 많은 사람들이 문제가 있다고 생각하게 되었다. 그중에 한 사람이 1473년 폴란드에서 태어난 코페르니쿠스Nicolaus Copernicus였다. 그는 교회에서 직책을 얻기 위해 신학을 공부했으나, 수학과 천문학에도 관심이 많았다. 코페르니쿠스는 프톨레마이오스의 천동설을 연구하던 중, 이 모델이 틀렸다는 결론에 도달했다.

그는 태양을 중심으로 한 태양계 모델을 세웠다. 그의 모델에 따르면 행성들의 역행 운동도 매우 간단한 방법으로 설명할 수 있었다. 코페르니쿠스는 20여 년 동안 지동설을 연구했지만 자신의 생각이 교회의 가르침과 반대라는 이유로 발표하지 않았다. 그러나 말년에 주위의 설득으로 지동설을 설명하는 《천체의 회전에 관하여On the revolution of the Heavenly Spheres》라는 책을 집필하여 죽을 무렵에 출간했다.

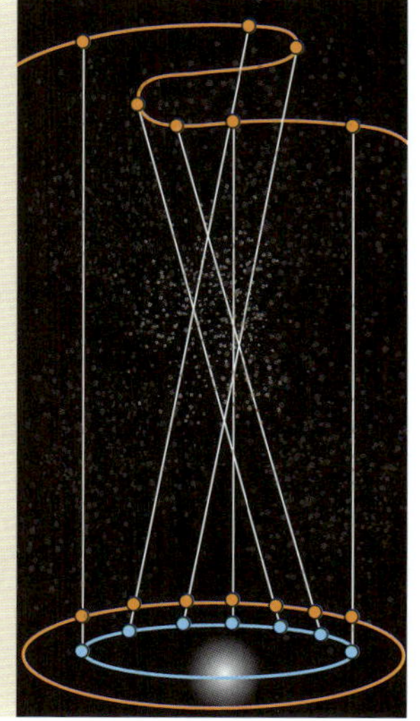

역행 운동에 대한 새로운 설명법

프톨레마이오스와 그의 천문학 이론을 지지했던 사람들은 행성의 역행 운동을 설명할 때 주전원이라는 개념을 사용했다. 하지만 코페르니쿠스는 지동설을 이용해 역행 운동을 더 간단하고 자연스럽게 설명할 수 있었다. 코페르니쿠스는 화성이 역행 운동을 하는 것은 지구가 화성보다 공전 속도가 더 빠르기 때문이라고 했다. 옆의 그림에서 태양 주변을 도는 지구의 궤도는 파란색으로, 화성의 궤도는 붉은색으로 표시했다. 처음에는 화성이 하늘에서 동쪽으로 움직이는 것처럼 보이지만, 지구가 화성보다 궤도 속도가 빠르기 때문에 화성을 지나친다. 그리하여 화성의 속도가 느려지다가 멈추고, 방향을 바꿔서 이동하는 것처럼 보이는 것이다. 그러다 지구가 다시 화성보다 앞에서 움직일 때, 화성은 원래대로 동쪽을 향해 움직이게 된다.

* 시에네 : 지금은 아스완(Aswan)(옮긴이)
** 스타디온은 스타디아의 단수형이다(옮긴이).

케플러의 행성 운동 법칙

코페르니쿠스의 지동설은 발표된 후 몇 년이 지나서야 사람들이 관심을 가지기 시작했다. 그렇게 된 까닭은 코페르니쿠스의 지동설이 기존의 천동설보다 특별히 뛰어나다는 점을 뒷받침할 증거가 부족했기 때문이었다. 코페르니쿠스의 부족한 점을 채운 사람이 덴마크 출신의 티코 브라헤Tycho Brahe, 1546–1601였다.

티코 브라헤는 처음에 법학을 공부했으나 천문학에 더 큰 애정을 가지고 있었다. 특히 1572년에 신성nova, 즉 새로운 별을 발견한 후에는 본격적으로 천문학에 뛰어들었다. 그는 자신이 발견한 신성을 설명하기 위하여 《신성에 대하여De Nova et Nullius Aevi Memoria Prius Visa Stella》라는 책을 집필하였다. 당시 덴마크의 왕이었던 프레데리크 2세는 이 책에 감탄하여 티코 브라헤가 천문대를 설치할 수 있도록 섬 하나를 내주었다. 티코 브라헤는 섬에 천문대를 지은 후, 이름을 우라니보르크Uraniborg라고 하였다. 그곳은 당시 세계에서 장비가 가장 뛰어난 천문대가 되었다. 아직 망원경이 발명되지 않았던 시기였지만 티코 브라헤는 세계 최고의 육분의六分儀, sextant와 정확도가 뛰어난 시계를 이용하여 행성과 별의 위치를 관측했다. 티코 브라헤는 수년에 걸쳐 여러 행성들과 태양, 달, 별에 대한 방대한 양의 자료를 모을 수 있었다. 하지만 티코 브라헤는 수학적 지식이 부족하여 이 자료를 가지고 태양계 모델을 만드는 데에 활용하지 못했다. 그러나 다행히도 그의 단점을 보완해 줄 수 있는 사람이 등장했는데, 그가 바로 케플러Johannes Kepler였다.

케플러는 1571년에 독일 바일에서 태어났다. 그는 천문학에 중요한 업적들을 남겼으며 집필했던 몇 권의 책들이 티코 브라헤의 관심을 끌

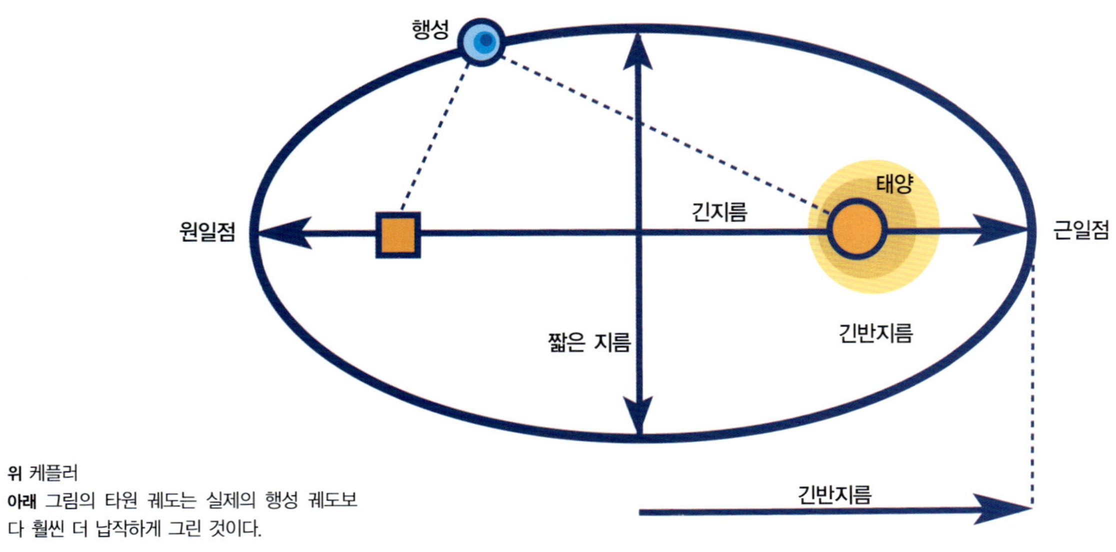

위 케플러
아래 그림의 타원 궤도는 실제의 행성 궤도보다 훨씬 더 납작하게 그린 것이다.

었다. 티코 브라헤는 케플러에게 자기 밑에서 일할 것을 제안했고, 케플러는 그 제안을 수락하였다.

케플러는 티코 브라헤가 수년 동안 모았던 자료를 보고 싶은 마음이 간절했지만, 성격이 소심했던 티코 브라헤는 자료의 일부만을 보여주었다. 그러나 케플러가 티코 브라헤와 함께 작업한 지 1년이 되기도 전에 티코 브라헤가 세상을 떠났다. 케플러는 티코 브라헤가 생전에 모았던 자료와 함께 신성 로마 제국의 황실 천문학자라는 직위를 물려받게 되었다.

케플러, 화성, 그리고 3개의 법칙 태양계를 연구하는 데 필요한 방대한 자료를 가지게 된 케플러는 기뻤다. 그는 티코 브라헤의 자료를 이용하여 제일 먼저 화성의 운동을 연구했다. 케플러는 수년 동안 화성을 연구하면서 화성의 궤도가 원의 형태를 가진다고 생각했으나, 어긋나는 부분들이 있음을 알았다. 케플러는 자신의 생각에 문제가 있음을 깨달았고, 화성의 공전 궤도가 원이 아니라 타원형이라는 생각을 했다. 그러자 그동안 티코 브라헤의 관측 자료와 일치하지 않았던 자신의 계산이 맞아떨어진다는 것을 알게 되었다.

케플러는 이를 바탕으로 화성뿐만 아니라 태양계 모든 행성의 공전 궤도는 원이 아니라, 타원형으로 움직이고 있다는 것을 발견했다. 행성들의 공전 궤도는 거의 원에 가까워서 원과 구분하기 어려웠다. 하지만 케플러의 계산과 티코 브라헤의 관측 자료는 매우 정확했으므로 행성의 공전 궤도가 타원이라는 사실을 입증하는 것은 큰 무리가 없었다. 케플러는 이 연구 결과를 1609년에 《신 천문학New Astronomy》이라는 책으로 발표했고, 이 책을 통해 3가지의 법칙을 세우게 되었다. 이 법칙들이 바로 케플러의 법칙들이다.

케플러의 첫 번째 법칙은, 각 행성의 궤도는 태양을 초점으로 하는 타원이라는 것이다. 여기서 초점은 타원의 긴지름 양쪽에 있는 대칭점들이다. 두 번째 법칙은 각 행성의 위치 벡터는 같은 시간 동안에 같은 넓이를 쓸고 지나간다는 것이다. 위치 벡터란 태양과 행성을 연결한 선혹은 벡터을 말한다. 이 법칙을 통해 행성이 태양 주변을 일정한 속력으로 공전하지 않는다는 사실을 발견했다. 행성은 오히려 태양에 근접할수록 속도가 빨라지고 멀리 떨어질수록 느려졌다. 궤도상에서 태양과 가장 가까워지는 지점을 근일점perihelion이라고 하는데, 이 지점에서 행성의 속력이 가장 빠르다. 그리고 가장 멀리 떨어지는 지점을 원일점aphelion이라고 하며, 이때 속력이 제일 느리다. 케플러의 세 번째 법칙은 각 행성의 공전 주기의 제곱은, 태양으로부터 평균 거리의 3제곱에 비례한다는 것이다. 행성의 주기를 T라고 하고, 평균 거리를 a라고 하면, 주기를 제곱한 값T×T을 행성과 태양의 평균 거리를 세제곱한 값a×a×a으로 나누게 되면, 모든 행성들의 궤도에서 동일한 몫이 나온다는 사실을 알 수 있다. 이를 공식으로 표현하면 T^2 / a^3 이다.

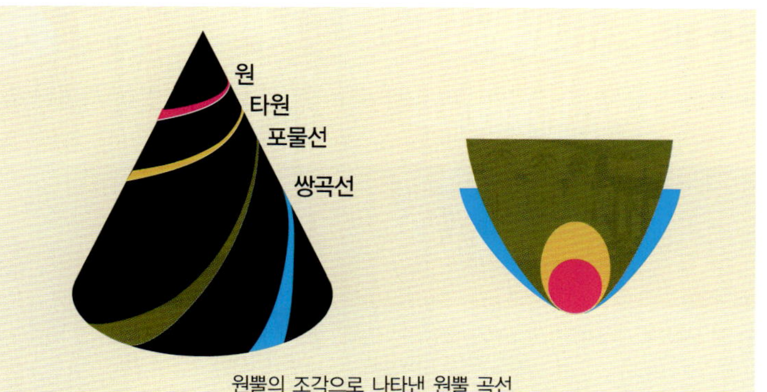

원뿔의 조각으로 나타낸 원뿔 곡선

원뿔 곡선과 이심률

케플러의 세 가지 법칙은 우주 공간의 궤도를 측정하는 데에 많은 도움을 준다. 궤도들은 원, 타원, 포물선, 쌍곡선의 형태로 존재한다. 이 곡선들의 모양을 이해하는 데에 가장 좋은 방법은 원뿔을 자를 때의 모습을 상상해 보는 것이다. 밑면과 평행하게 자르면 원을 만들 수 있고, 밑면과 비스듬히 자르면 타원을 만들 수 있다. 같은 방식으로 밑면을 관통하여 자르면 포물선을 만들 수 있고, 밑면과 수직으로 자르게 되면 쌍곡선을 만들 수 있다. 어떤 곡선의 이심률(e라고 표현한다)을 이용하면, 그 곡선의 모양을 나타낼 수 있다. 원의 이심률은 0이고, 타원의 이심률은 0에서 1 사이, 포물선의 이심률은 1이다. 이심률이 1보다 큰 것은 모두 쌍곡선이다.

뉴턴과 중력

뉴턴은 지구에서 일어나는 운동에 대한 사람들의 생각을 근본적으로 바꾸었을 뿐만 아니라, 우주에서 일어나는 운동에 대한 생각까지 크게 바꾸었다. 케플러는 우주에 있는 행성에서도 힘이 작용하고 있다는 사실에 확신만 가졌을 뿐 그 작용 방식과 힘의 크기를 밝혀낸 사람은 바로 뉴턴이었다.

중력 법칙 뉴턴은 전염병을 피해 울즈소프Woolsthorpe에 돌아온 후, 우주에 존재하는 신비로운 힘에 대해 연구하기 시작했다. 그는 행성 사이에 작용하는 힘이 존재할 것이라 확신했으며, 자신이 고안해 낸 3가지 운동 법칙을 이용하여 연구했다. 뉴턴은 태양이 행성들을, 또 지구가 달을 끌어당기는 힘이 있다는 사실을 발견했다. 그는 자신의 운동 제2법칙과 케플러의 행성 운동 제3법칙을 합친 결과, 천체 사이의 거리가 멀어지면 그 힘이 약해진다는 것도 알아냈다.

뉴턴이 천체 사이에 작용하는 힘에 대한 단서를 사과나무에서 사과가 떨어지는 것을 보고 얻었다는 이야기가 전해진다. 어느 날, 뉴턴이 정원에 앉아 우주에 작용하는 힘의 문제를 고민하고 있었다. 그는 가까이에 있던 사과나무에서 사과가 땅으로 떨어지는 것을 보았다. 뉴턴은 사과가

위 지구에서 본 달의 모습
아래 우리의 태양계를 우주에서 본 모습이다. 행성들이 타원 궤도를 그리며 공전하고 있다.

떨어지면서 가속도를 얻은 것을 보고, 사과를 땅으로 끌어당기는 힘이 있다는 사실을 알아차렸다. 사과에 작용한 힘과 태양이 행성을, 지구가 달을 끌어당기는 힘은 동일한 것일까? 이와 같은 생각은 대단한 발상의 전환이었다. 덕분에 뉴턴은 자연에 대한 새로운 법칙으로 중력의 법칙을 발견하였고, 그 내용을 간단히 정리하면 다음과 같다.

'우주의 모든 물체는 그 물체의 질량과 비례하는 힘으로 다른 물체를 끌어당기고, 힘은 거리의 제곱에 반비례한다.'

이것을 수학 공식으로 표현하면, $F = G \cdot \dfrac{(m_1 \cdot m_2)}{r^2}$ 가 된다. 여기서 F는 힘, G는 중력 상수, m_1과 m_2는 두 물체의 질량, r^2은 그 두 물체 사이의 거리의 제곱이다.

달의 주기 계산하기 뉴턴은 자신이 발견한 법칙을 달에 적용시켰다. 달의 주기는 27일을 조금 넘기는 것으로 알려져 있었는데, 뉴턴은 중력 법칙을 통해 이 주기를 계산할 수 있다고 확신했다. 그는 달과 지구 중심 사이의 거리는, 지구 표면과 지구 중심 사이 거리의 약 60배라는 사실을 알고 있었다. 만약에 거리의 제곱만큼 힘이 감소한다면, 달에 작용하는 지구 중력은 지구 표면에 작용하는 중력의 $1/60^2 \dfrac{1}{3,600}$ 이 된다. 질량은 지구에서든 달에서든 일정하고, 지구의 중력 가속도는 약 $9.8 \ m/s^2$이기 때문에, 달의 중력 가속도는 $0.000085 \ m/s^2$가 된다. 이 수치는 달의 가속도와 같은데 이 값을 통해 뉴턴은 달의 주기를 계산할 수 있었다.

이렇게 계산한 값은 달의 공전 주기로 알려진 27일과 큰 차이를 보이지 않았다. 그러나 완전히 일치하지 않는다는 점에서 뉴턴은 실망했다. 여기에서 오차가 생긴 이유는 당시에 중력 가속도와 달까지의 거리를 정밀하게 측정할 수 없었기 때문이었다. 만약 이 값들을 정확하게 측정할 수 있었다면 뉴턴은 수학적인 방법으로 정확히 달의 주기를 계산했을 것이다.

뉴턴이 생각한 중력의 법칙은 우주를 이해하는 데에 큰 역할을 했다. 이 법칙을 통해 2개의 새로운 행성도 발견하였다. 또한 '신비롭게 사라지는' 혜성의 궤도도 계산하게 되면서 혜성이 왜 보이지 않게 되는지를 설명할 수 있게 되었다. 뉴턴이 이룬 이 위대한 업적은 과학사에서 가장 중요한 이정표가 되었다.

망원경을 들여다보는 갈릴레이. 갈릴레이는 목성 주변을 공전하는 4개의 작은 위성들을 발견하였다. 그리고 달 표면이 울퉁불퉁한 지형으로 되어 있다는 것과, 금성의 시운동을 발견하는 등 천문학 발전에 큰 공헌을 했다.

갈릴레이와 코페르니쿠스의 태양계

갈릴레이는 과학 혁명에 중요한 역할을 했다. 그는 중력에 대해 연구를 했지만, 깊이 이해하지는 못했다. 그럼에도 불구하고 그의 천체 관측 자료들은 프톨레마이오스의 천동설을 뒤엎고 코페르니쿠스의 지동설을 받아들이는 데에 결정적인 역할을 했다. 갈릴레이가 최초로 망원경을 발명한 것은 아니지만, 그로 인해 하늘을 관측하는 도구로서 망원경이 최초로 사용되었다. 갈릴레이는 금성의 시운동과 목성 주변을 공전하는 4개의 작은 위성들을 발견했는데 이 두 발견을 통해 많은 사람들이 천동설을 부정하고 지동설을 받아들이게 되었다.

갈릴레이는 코페르니쿠스와 마찬가지로 본인의 생각을 공개하는 데에 매우 조심스러워 했으나 《두 세계 체계에 관한 대화(Dialogue on the Two Chief Systems of the World)》라는 책을 통해 코페르니쿠스의 지동설에 대한 '증거'를 일반인들에게 제시하였다. 당시 교황은 이 책에 크게 분노하여 출판을 금지시켰다. 그리고 갈릴레이는 종교재판에 회부되어, 지동설의 부정을 인정하는 문서에 서명하도록 강요당했다. 그 후, 그는 가택에 감금되어 여생을 보냈다.

CHAPTER 3

파동

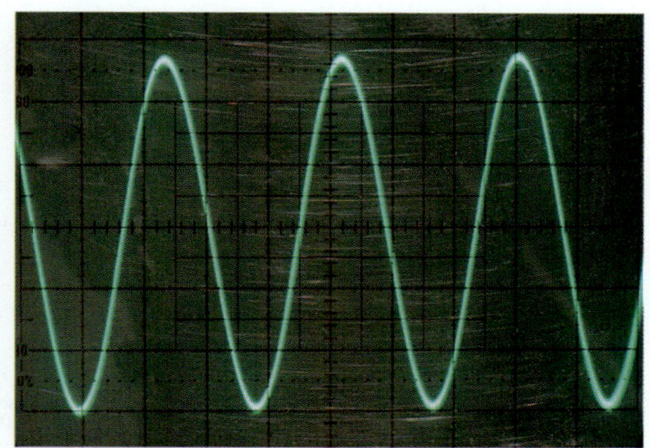

왼쪽 수면파는 우리 주변에서 볼 수 있는 수많은 파동 중의 하나이다. 대부분의 파동들은 수면파와 같은 성질을 지닌다.
위 오실로스코프로 관찰한 사인파(sine wave)이다.
아래 호수에 던져진 낚시 미끼처럼 물체는 파동에 영향을 줄 수 있다.

우리 주변은 온통 파동으로 둘러싸여 있다. 파동을 이루고 있는 것에는 음파, 라디오 단파, 전자기파, 수면파, 지진파 등이 있다. 심지어 우리가 인사할 때 손을 흔드는 동작에서도 손이 물결을 치게 된다. 사람들은 파동에 너무 익숙한 나머지 크게 신경을 쓰지 않지만, 물리학에서 파동은 굉장히 중요한 현상이다.

잔잔한 호수나 연못은 파동을 연구하기에 좋은 장소다. 물에 돌멩이를 던지면, 돌멩이가 떨어진 물의 표면에서 물결이 퍼져 나가는 것을 볼 수 있다. 돌멩이가 연못에 떨어질 때, 물을 아래로 밀게 되는데, 물은 용수철처럼 탄력성이 없기 때문에 어딘가로 밀려나게 된다. 연못의 경우, 물은 바깥으로 밀려나는데, 이때 물결을 만들어 물이 동그란 모양으로 솟아오른다. 이 동그라미는 수면보다 높아서 잠시 후 중력에 의해 다시 연못으로 떨어지게 된다. 이 일로 더 바깥쪽으로 새로운 동그라미가 생긴다. 각 동그라미는 차례대로 사라지면서 새로운 것을 만드는데, 이 현상이 바로 우리가 수면에서 보는 잔물결들이다.

모든 파동은 비슷한 성질을 가지고 있으므로 방금 살펴본 수면파의 원리와 특징을 이해하면 나머지 파동도 쉽게 알 수 있다.

파동의 종류

파동에는 횡파transverse waves와 종파longitudinal waves 두 가지 종류가 있다. 횡파는 진동 방향이 파동의 이동 방향에 대해 수직이고, 종파는 진동 방향이 파동의 운동 방향과 나란하다.

횡파 밧줄을 이용하여 횡파를 만들어 보자. 밧줄을 문고리와 같은 곳에 묶고 팽팽하게 잡아당긴 후, 밧줄을 위아래로 흔들면 하나의 펄스pulse가 발생하여 줄을 따라 이동한다. 줄을 빠르게 위아래로 몇 번 흔들면 여러 개의 펄스가 차례대로 발생하여 줄을 따라 이동한다. 단진동 운동을 하는 기계에 밧줄을 묶어서 기계를 작동시키면 일정한 간격으로 펄스가 발생하여 줄을 따라 이동한다. 이러한 펄스의 이동을 파동이라고 하는데, 앞에서 말한 수면파와 같은 성질을 가진다. 밧줄이 만든 파동을 자세히 관찰하면 파동에는 일정한 간격의 마루crests와 골troughs이 있다는 것을 알 수 있다. 마루는 파동의 윗부분을 골은 아랫부분을 말한다.

이 밧줄에는 평형 위치equilibrium position를 유지하는 지점들도 있다. 이 지점들은 마디nodes라고 부르며, 줄을 타고 올라가거나 내려가는 운동을 한다. 내려가고 있는 마디를 하강 마디라고 하며 올라가는 마디는 상승 마디라고 한다.

평형 위치에서 마루의 가장 높은 부분까지의 거리를 진폭amplitude이라고 한다. 문고리와 단진동 기계 사이의 한 지점에 서 있으면 1초마다 일정한 수의 마루가 앞으로 지나가게 되는데, 이를 통해 파동에는 일정한 속도가 있음을 알 수 있다. 이 속도는 줄의 성질에 따라 달라진다.

종파 이번에는 종파에 대해 알아보자. 용수철을 문고리에 매단 후 바닥으로 잡아당겨 보자. 용수철의 위쪽 끝에 충격을 주면, 진동이 용수철을 타고 내려간다. 진동이 이동하는 속도는 용수철의 물리적 속성에 따라 달라진다. 밧줄의 경우와 같이 용수철의 끝부분

위 탄성이 좋은 용수철을 의자에 묶고, 다른 쪽을 손으로 들고 흔들면 파동이 생기는데, 이러한 모양의 파동을 횡파라 한다.
아래 횡파의 여러 요소들을 나타낸 그림이다.

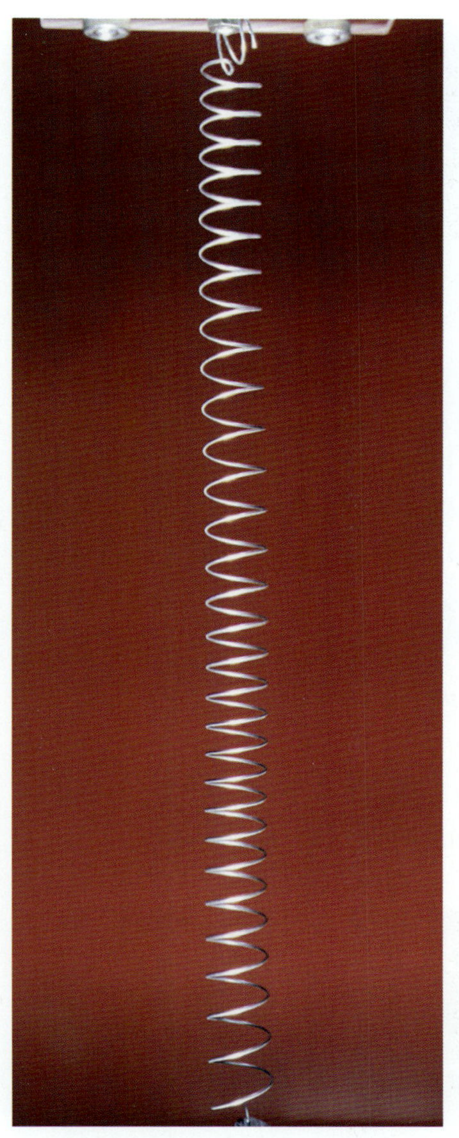

그림과 같은 용수철을 이용하여 종파를 쉽게 만들 수 있다. 한쪽 끝에 충격을 가하면, 종파가 용수철을 타고 이동하게 된다.

바닷가의 부서지는 파도는 바닷물이 만든 파동이 해안가에 도착한 후 부서지면서 생긴 것이다.

해파

바닷가에 가면 거대한 파동을 볼 수 있다. 이 경우 바닷물이 파동을 따라 움직이는 것 같지만, 실제로는 물 입자들이 평형 위치에서 수평으로 약간 진동할 뿐이다. 이것은 바닷물 위에 코르크 마개를 올려놓으면 알 수 있는데, 코르크 마개는 앞뒤로 살짝 움직이면서 동시에 상하로 많이 움직인다.

바닷가에서 파도가 부서지는 것처럼 보이는 것은 해수가 얕은 곳에 이르러 복잡한 과정을 거치기 때문이다. 바닥에 깔린 모래에 파도가 부딪히면서 파도는 갑자기 커지게 된다. 파도의 아랫부분이 모래와 부딪히기 시작하면 파도는 속도가 느려지는데, 이때 다른 파도들이 그 뒤에 모이게 되면서 앞뒤로 힘을 받게 된다. 동시에 파도의 뒷부분이 앞부분보다 이동 속도가 빨라지게 되고 파도는 골짜기를 이루게 된다. 이 골짜기가 앞으로 무너지면서 부서지는 것이 파도이다. 파도는 일반적으로 높이와 물 깊이의 비율이 3：4가 될 때 부서지기 시작한다.

을 단진동 운동 기계에 연결하여 일정한 간격의 진동이 용수철을 타고 내려가도록 해 보자. 이러한 진동을 일으키는 파동을 종파라고 하는데, 횡파에 비해 관찰하기가 좀 까다롭다. 종파는 마루 대신에 다른 부분보다 좀 더 촘촘하게 용수철이 붙어있는 밀密, compression과, 골 대신에 다른 부분에 비해 좀 더 성글게 용수철이 붙어있는 소疏, rarefaction가 있다. 종파의 경우 평형 위치를 마디라 한다. 마디와 최대 밀, 최대 소까지의 거리를 진폭이라고 한다.

종파의 예로는 음파가 있다. 음파는 성대가 만든 공기의 파동이라고 할 수 있다. 음파와 비슷한 형태를 가진 파동을 공기가 가득한 관에 피스톤을 넣어서 만들 수 있다. 피스톤을 갑작스럽게 움직이면 파동이 발생하게 되는데, 이 파동은 관을 따라 이동한다.

종파는 기체와 액체, 고체를 모두 통과할 수 있으나, 횡파는 고체만 통과할 수 있다.

진동수와 파장

횡파와 종파는 모두 파장이라는 물리적인 양을 가진다. 횡파에서 파장은 한 마루에서 다음 마루혹은 한 골에서 다음 골까지의 거리이다. 종파에서는 각 밀이나 소 사이의 거리를 가리킨다. 파장은 'λ'라는 기호로 나타내고, 람다라고 읽는다.

파장과 가장 밀접한 관련이 있는 물리량으로는 진동수가 있다. 파동이 지나가는 가운데에 사람이 서 있다고 가정할 때, 정해진 단위 시간 안에 그 사람 앞을 지나가는 마루의 수가 바로 진동수이다. 진동수는 'f'로 표기하며 진동수의 단위는 초당 마루의 숫자를 사용한다. 한편, 파장 1개가 지나가는 데에 걸리는 시간을 주기period라 하는데, 'T'로 표기한다. 주기는 진동수의 역수이며 단위는 시간이다.

파동이 이동할 때 진동수f와 파장λ과 속도v 사이의 관계는 $v = \lambda \cdot f$라는 공식으로 표현할 수 있다. 이는 파동의 속도는 파장과 진동수의 곱으로 나타낼 수 있다는 것을 의미한다.

소리 소리가 전달되려면 중간에 음파sound wave를 전달할 물질이 있어야 하는데, 이를 매질medium이라고 한다. 대부분의 경우 소리의 매질은 공

위 소리는 귀로 감지할 수 있는 종파다.
아래 기차가 멀어지거나 다가오면서 기적을 울리면 소리의 음이 변한 것처럼 들린다. 기적은 기차가 다가올 때 음이 높아지고 멀어질 때는 음이 낮아진다.

기다. 소리는 물건이 충격을 받거나 진동할 때, 주변의 공기를 진동시켜 발생시킨다. 그리고 소리는 귀로 감지할 수 있는 공기 분자의 떨림으로 정의할 수 있다. 사람의 귀는 초당 진동수Hz가 20에서 15,000인 소리까지 들을 수 있다. 사람이 감지할 수 있는 진동수의 최고치는 나이에 따라 달라진다. 또 나이가 들수록 줄어든다.

모든 파동과 마찬가지로 소리도 속도를 가진다. 온도가 20 ℃인 공기 속에서 소리의 속도는 약 344 m/sec이다. 소리의 속도는 온도와 기압에 따라 조금씩 달라지며, 공기가 아닌 다른 물질을 지날 때에도 달라진다. 가령 물속에서 소리의 속도는 약 1,450 m/sec가 되고, 철 속에서 소리의 속도는 약 5,100 m/sec가 된다. 기찻길에 귀를 대면 눈으로 기차를 보기 전에 소리를 들을 수 있는 것도 이런 이유 때문이다.

소리보다 빠른 속도를 초음파supersonic라고 한다. 현대에 제작된 비행기들은 소리보다 몇 배 빠르게 비행할 수 있다. 이렇게 빠른 속도를 다룰 때 일반적으로 마하라는 단위를 사용하는데, 마하는 소리의 속도를 기준으로 한 것이다. 마하라는 단위는 이를 처음으로 연구했던 오스트리아 물리학자 에른스트 마하Ernst Mach의 이름에서 따온 것이다. 소리의 속도와 같으면 마하 1, 소리 속도의 2배이면 마하 2 등으로 나타내는데 우주비행사들은 마하 25보다 빠른 속도로 이동한다.

음파는 대기권이나 기타 매질을 지나갈 때 휘어질 수 있는데, 이러한 현상을 가리켜 굴절refraction이라고 한다. 이 현상은 대기권의 상층이 하층보다 온도가 높을 때 일어나는데, 온도가 높은 대기층과 소리가 접촉하게 되면 증가하면서 아래로 휘어지게 된다. 저녁에 호숫가에서 배를 탄 사람들의 목소리가 멀리에서도 비교적 선명하게 들리는 것은 이 때문이다. 시원한 물을 통해 소리가 자연적으로 증폭되는 것도 소리의 굴절 때문에 일어나는 현상이다.

도플러 효과를 발견한 도플러의 모습이다.

도플러 효과

도플러 효과(Doppler effect)는 1843년에 최초로 이 효과를 연구하고 설명했던 오스트리아 물리학자인 도플러(Christian Doppler, 1803–1853)의 이름에서 따온 것이다. 사람이 길에 서 있고 자동차가 경적을 울리면서 그 앞을 지나갈 때, 자동차 경적 소리의 음높이에 변화가 생기는 것을 말한다.

도플러 효과가 일어나는 과정은 다음과 같다. 먼저 자동차가 정지된 상태에서 경적을 울린다고 해보자. 그러면 소리의 파장은 경적을 중심으로 사방으로 일정하게 퍼져 나갈 것이다. 반면에 자동차가 이동하면서 경적 소리를 낸다고 생각해 보자. 빠르게 움직이는 자동차는 자신이 낸 소리의 파장을 뒤따라 이동하게 되고, 그 결과 소리를 듣는 사람의 입장에서 파장은 감소하게 된다. 그러면 진동수가 증가하여 높은 소리가 된다. 반대로 자동차가 사람 앞을 지나간 후에는 반대 현상이 일어나 음높이는 낮아진다. 음높이의 변화를 감지하는 것은 사실 진동수의 변화를 감지하는 것으로 파장이 길수록 음높이가 더 낮다. 이와 같은 효과는 사람이 움직이고, 소리의 근원지가 고정되어 있을 때도 일어난다.

진동수와 음악

우리가 평소에 들을 수 있는 소리와 음악 소리의 가장 큰 차이점은 진동수의 변화에 있다. 음악 소리를 내는 악기는 일정한 진동수를 가지므로 일정한 음높이를 조절하여 아름다운 소리를 낼 수 있지만, 다른 소리들은 진동수가 일정하지 않아 소리를 조절하기 어렵다.

음색 음악에서 사용하는 음은 특정한 음높이가 있다. 진동수가 높을수록 음높이가 높고, 진동수가 낮을수록 음높이도 낮다. 각 음들은 고유한 진동수를 가지고 있고, 이런 다양한 진동수들이 음악의 멜로디를 만든다. 그러므로 음악에서 진동수가 차지하는 비중은 매우 크다.

음악에서 진동수 또는 음높이와 밀접한 관련을 맺는 것은 음색이다. 피아노 중앙에 있는 가온 다 middle C를 친다고 생각해 보자. 이 음의 진동수는 256 Hz이지만 바이올린이나 트럼펫, 클라리넷과 같은 다른 악기에서 같은 음을 연주하면 각각 다른 소리가 나는 것을 알 수 있다. 다른 악기에서 연주해도 음높이의 진동수는 여전히 256 Hz이지만 각각 다른 소리가 나는 이유는 배음 overtones과 관련이 깊다.

배음 피아노에서 '도' 음을 치게 되면, 피아노 해머는 피아노 내부에 있는 특정한 길이의 줄을 때린다. 해머는 한 번에 3개의 줄을 동시에 치는데, 이로 인해 줄이 진동한다. 이때 피아노 줄을 자세히 관찰하면, 줄이 진동하는 형태 vibrational modes를 알 수 있다. 피아노 줄이 진동할 때 파동이 한 개의 배 loop – 진폭이 최대가 되는 지점를 가지고, 양 끝에 마디 node가 있는 것을 기본음이라고 부른다. 가장 낮은 진동수를 기본 진동수라고 하고 그 외의 진동수를 배음이라고 한다. 모든 배음들은 기본 진동수의 정수배의 진동수를 가지며, 이때 기본 진동수와 배음을 조화파 harmonics라고 한다. 피아노로 연주한 도와 클라리넷

위 앰프를 통해 증폭된 전기 기타의 소리를 통해 소리의 크기와 강도를 비교해 볼 수 있다.
아래 트롬본의 소리는 피아노나 바이올린이 내는 소리와 다르게 들린다. 이는 각 악기의 배음이 다르기 때문이다.

으로 연주한 도가 다른 것은 두 악기의 배음들의 상대적 진폭이 다르기 때문이다. 이러한 차이 때문에 음색이 생기는 것이다.

음악적 음색에서 또 중요한 점은 소리의 크기loudness 또는 강도intensity이다. 이들은 단위 넓이를 통과하는 소리 에너지의 양과 관계가 있다. 실제로 소리의 크기는 강도와 진동수의 영향을 모두 받는데, 이는 사람의 귀가 다른 영역의 진동수에 대해 감도가 다르기 때문이다. 사람이 가장 민감한 영역은 2,000에서 4,000 Hz 사이이고, 매우 낮거나 높은 진동수들은 귀로 감지하기가 더 어렵다.

소리굽쇠는 오케스트라 구성원들이 각자의 악기를 조율할 때 기본이 되는 '라' 음을 발생시킨다.

대형 제트기가 이륙할 때 발생하는 소리의 데시벨은 약 140 정도로 굉장히 높다.

데시벨 척도

우리 귀가 들을 수 있는 소리의 크기를 나타낼 때에는 벨(bell)이라는 척도를 사용한다. 이는 전화기를 발명했던 알렉산더 그레이엄 벨(Alexander Graham Bell)을 기념하기 위해서 붙인 것이다.

하나의 소리가 다른 소리보다 10배 강할 때, 두 소리의 강도 차이는 1벨이 되며 100배 강할 때 2벨이 된다. 이와 같은 방식으로 척도가 이어진다(이런 척도를 로그 척도라고 한다).

이 척도에서 벨은 굉장히 큰 단위이기 때문에, 그 값의 10분의 1을 나타내는 데시벨(db, decibel)을 더 많이 사용한다. 이 척도에서 1벨이 상승하면, 소리의 강도는 26 % 상승한다. 아래의 표는 여러 소리의 데시벨을 예로 들고 있다.

소리의 근원	데시벨(decibels)
귀가 감지할 수 있는 가장 작은 소리	1
거실에서의 대화	40
일상적인 대화	70
대도시의 자동차 소리	80
공장에서 나는 소리	100
고통을 느끼기 시작하는 소리	120
제트기의 이륙 소리	140

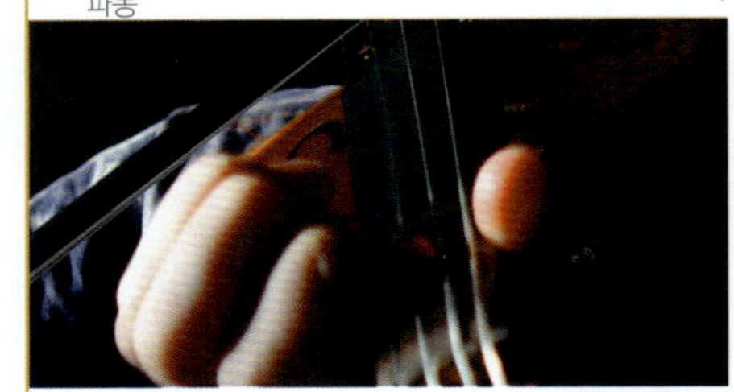

음계와 악기

음악은 듣기 좋은 연속된 음으로 만들어진다. 이 음들을 멜로디melody라고 부르는데, 멜로디를 만들기 위해서는 음계가 필요하다. 그리스의 철학자 피타고라스는 특정한 진동수의 음들이 동시에 연주될 때, 듣기 좋은 소리가 난다는 사실을 최초로 발견했다. 그는 진동수를 측정할 수는 없었지만, 특정한 길이의 줄을 튕길 때 발생하는 음악 소리에 대한 실험을 여러 차례 했다. 피타고라스는 줄의 길이 비율이 1 : 2인 두 줄을 동시에 튕기면 듣기 좋은 소리가 나는 것을 발견했다. 그리고 줄의 길이 비율을 2 : 3, 3 : 4, 4 : 5로 하여 튕기면 아름다운 소리가 난다는 것도 알게 되었다. 오늘날 우리가 사용하는 음계는 온음계diatonic scale로 피타고라스가 발견했던 비율을 기초로 만든 것이다. 하나의 음계는 8개의 음으로 구성되는데, 3 : 2, 4 : 5, 5 : 3, 5 : 4, 9 : 8, 15 : 8의 비율이 중요하게 작용한다.

악기 음악 소리는 다양한 방법으로 만들 수 있다. 피아노는 매우 팽팽하게 당겨진 피아노 줄을 해머로 때려서 소리를 낸다. 반면에 바이올린은 줄이 진동하여 소리를 낸다. 연주자는 손가락으로 줄의 길이를 조절하여 진동수에 변화를 주고, 활로 켜거나 손가락으로 튕기면서 진동을 발생시킨다.

또한 음악 소리는 관악기처럼 관을 통해서도 만들 수 있는데, 관악기는 파동이 관에 들어간 후 여러 변화를 겪으면서 다양한 음악 소리를 낸다. 트롬본의 슬라이드는 관의 길이를 늘이거나 줄일 수 있고, 플루트는 관에 있는 구멍을 막으면서 소리에 변화를 준다. 그리고 배음은 줄과 관악기에서도 생성된다.

배음은 관의 형태에 따라 달라진다. 관악기의 몸체는 양쪽 끝이 트인 것, 한쪽 끝만 트인 것, 양쪽 끝이 막힌 것 등이 있다. 그림 A처럼 양쪽의 끝이 트인 관악기는 세 종류로 구분할 수 있다. 첫 번째 그림에서 볼 수 있듯이 몸체의 길이와 반파장이 같거나, 두 번째 그림처

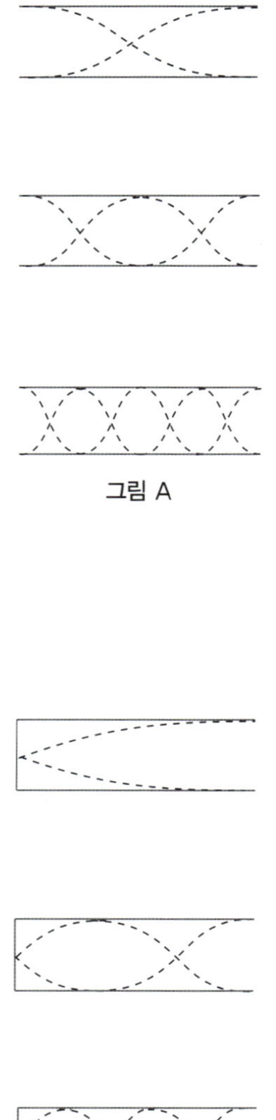

그림 A

그림 B

위 바이올린 연주자들은 줄의 길이에 변화를 주어 음높이를 조절한다.
왼쪽 그림들은 관악기의 몸체에서 배음이 일어나는 방식을 나타낸 것이다.

럼 몸체의 길이가 파장과 같거나, 세 번째 그림처럼 몸체의 길이가 2개의 파장과 같은 경우이다. 그림 B처럼 한쪽 끝만 트인 종류에도 세 가지의 경우가 있다. 첫 번째 그림에서는 몸체의 길이가 파장의 1/4이고, 두 번째는 몸체의 길이가 파장의 3/4이고, 세 번째는 몸체의 길이가 파장의 5/4에 해당한다.

음향 공연장에서 좋은 음향을 내는 것은 매우 중요하다. 음악 소리는 크고 활기차게 들려야 한다. 좋은 음향 효과를 내는 방법으로는 소리가 사라지기 전에 벽에서 반사되는 횟수를 조정하는 데에 있다. 소리가 이렇게 반사되는 것을 잔향reverberation이라고 하는데, 잔향은 소리가 반사되는 표면의 재질이나 성질에 많은 영향을 받는다. 대리석이나 석고와 같이 단단한 표면은 소리를 잘 반사시키고 잔향을 많이 발생시킨다. 섬유판이나 커튼과 같은 다공성多孔性 표면들은 소리를 잘 흡수하므로 잔향이 적다. 과다한 잔향은 피해야 하지만, 잔향이 전혀 없다면 공연장은 소음기를 사용한 것처럼 활력을 잃은 소리를 내게 된다. 그렇기 때문에 적정한 수준의 잔향은 아름다운 소리를 만드는 데에 중요하다. 이러한 이유로, 음향이 좋은 공연장을 만들고자 할 때 잔향을 측정하는 것은 매우 중요하다.

공연장은 좋은 음향 시설을 갖추어야 한다. 특히, 벽을 만들 때 사용하는 재료가 매우 중요하다.

월리스 사빈의 음향 실험

하버드 대학교의 월리스 사빈이라는 과학자는 공연장의 잔향을 연구했던 물리학자였다. 1895년, 하버드 대학교는 새롭게 신축한 대강당의 음향이 매우 형편없다는 사실을 알게 되었다. 대학 측은 이 문제를 사빈에게 의뢰하여 해결하려고 했다.

사빈은 이 문제를 해결하기 위해 다양한 실험을 했다. 그 결과 그는 좋은 음향을 내기 위해서는 잔향 시간, 즉 소리가 사라지는 데에 걸리는 시간이 중요하다는 것을 알게 되었다.

그 후 사빈은 보스턴 심포니 홀의 건축에 음향 컨설턴트로 초빙되었다. 사빈은 하버드 대학교의 대강당을 작업하면서 최고의 잔향 시간을 정할 수 있는 기본 기술을 알게 되었기 때문에, 그 기술을 홀에 적용하면 훌륭한 음향을 만들 수 있을 것이라고 생각했다. 하지만 1900년에 홀이 완공된 후 그의 음향 디자인은 혹독하게 비판을 받았다. 그 홀 자체의 음향은 훌륭했지만 디자인 단계에서 관객을 계산하지 못한 것이다. 관객이 홀에 들어서자 잔향 시간은 2.3초에서 1.8초로 줄어들게 되었고, 소리에 막대한 영향을 끼쳤다. 사빈은 이에 크게 실망하여, 다시는 콘서트홀을 디자인하지 않았다. 하지만 그가 개발한 기술은 지금도 콘서트홀의 음향 디자인에 매우 널리 사용되고 있다.

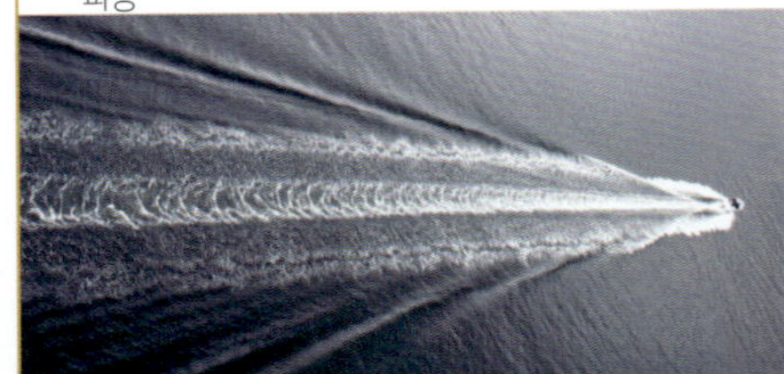

파동 간섭

파동은 보강과 상쇄 방식으로 간섭을 일으킨다. 파동은 때로는 서로 보강하고, 때로는 서로 상쇄하면서 운동한다. 또한 파동이 상호 작용할 때 새로운 파동을 발생시키는데, 이러한 상호작용을 파동의 중첩superposition이라고 한다. 파동의 중첩은 2개 이상의 파동이 동일한 매질에서 만날 때 일어난다. 파동의 중첩이 일어나면 파동의 변위displacement of waves가 가중된다.

파동의 변위가 가중되는 과정을 쉽게 이해하려면 두 개의 횡파를 가지고 생각해 보면 된다. 두 개의 횡파가 각각 동일한 진동수와 진폭을 가지고 있다고 가정하자. 두 횡파의 마루가 나란한 위치에 있다고 한다면 두 파동은 합쳐져서 본래의 파동보다 진폭이 2배가 되는데, 이러한 것을 보강 간섭constructive interference이라고 한다. 반면에 두 횡파의 위상이 반 파장 어긋나 있다면 상황이 달라진다. 파동의 마루와 골이 만나게 되므로 서

위 배가 지나가면서 만드는 물길은 파도가 만드는 일반적인 파동의 형태를 변형시키기도 한다.
가운데 수면에서 발생하는 파동도 다른 파동들과 마찬가지로 서로 간섭한다.
아래 진동하는 밧줄을 통해 마디와 배를 볼 수 있다. 마디는 양 끝과 중앙에 생긴다.

로 상쇄되어 파동은 소멸된다. 이런 간섭을 상쇄 간섭destructive interference이라고 한다. 대부분 파동의 경우 두 파장이 만나게 되면 진동수와 진폭이 조금씩 다르기 때문에 보강 간섭과 상쇄 간섭 중간에 해당하는 결과가 나타난다.

진동수가 조금 다른 두 파동이 동시에 발생하는 경우는 매우 흥미로운 결과를 낳는다. 각각의 파동은 처음에는 같은 위상에 있는 것처럼 보이다가 서로를 상쇄하기 시작한다. 그러나 곧 서로 보강하기 시작하는데 이때 비트 beat가 발생한다.

정상파 진동수와 진폭이 같고, 방향만 반대인 두 파동이 만나면 어떻게 될까? 두 파동이 서로를 정확하게 보강하게 되면 파동은 어느 방향으로도 움직이지 않는 것처럼 보이게 된다. 이러한 파동을 정상파라고 한다. 정상파는 여러 개의 배 진폭이 최대가 되는 곳를 가질 수도 있지만 언제나 끝 쪽에는 마디 진폭이 0인 지점가 형성된다.

줄을 문고리에 고정시키고, 다른 끝을 잡아당긴 다음 규칙적으로 위아래로 진동시키면 정상파를 구현할 수 있다. 이때 밧줄의 길이에 알맞은 진동수를 찾아야 한다. 그래야만 파동이 문고리와 부딪혀 반사된 후 줄을 흔들고 있는 사람에게 돌아오기 때문에 마주 오는 두 진동을 만들 수 있게 된다. 그리고 이 파동은 다시 사람이 줄을 흔들어서 발생하는 파동과 만나게 된다.

정상파는 물속에서만 발생하는 것이 아니다. 정상파는 관 안에서도 발생할 수 있는데, 파동이 관을 타고 내려가면 바닥까지 내려간 후 반사되어 다시 올라온다. 튜브의 막힌 쪽에는 마디가 생기고, 트인 쪽에는 배가 생긴다. 정상파는 현악기, 금관 악기, 목관 악기, 심지어 타악기 등에서도 발생할 수 있다.

두 파원에서 나온 파동이 만든 물결파의 간섭무늬이다.

물결파 발생 장치

물결파 발생 장치는 파동의 특성을 이해하는 데에 큰 도움이 된다. 물결파 발생 장치는 얕은 물이 담긴 그릇과 물에 파동을 일으키기 위해 설치된 1개 이상의 진동 기기로 구성된다. 물결파 발생 장치를 이용하면 여러 개의 진동을 다른 위치에서 발생시키고, 두 파동이 서로를 향해 이동하고 충돌할 때 일어나는 현상을 관찰할 수 있다. 진동 장치 두 개를 그릇 중앙에 가깝게 배치하면 흥미로운 간섭 패턴을 볼 수 있다. 이 경우 보강 간섭과 상쇄 간섭이 일어나는 것을 명확하게 관찰할 수 있고, 진폭이 0이 되는 부분을 쉽게 눈으로 볼 수 있다.

CHAPTER 4

물질과 에너지

왼쪽 원자 모델이다. 그리스 철학자 데모크리토스는 최초로 모든 물질이 원자라는 아주 작은 입자들로 구성되었다고 주장했다.
위 음식은 사람이 살아가는 데 필요한 에너지를 공급해 준다.
아래 에너지는 우리 일상생활에서 다양하게 쓰인다. 이 중에서 가장 친숙한 것은 전등을 밝히거나 전자 제품을 움직이는 전기 에너지이다.

물질과 에너지는 우주를 이루고 있는 근본이다. 오랜 세월 동안 인류는 물질과 에너지의 정체를 밝히기 위해 많은 노력을 했다. 물질과 에너지는 정확히 무엇일까? 간단하게 생각하면, 물질은 우주의 재료이고, 에너지는 이를 움직이게 하는 것이라고 할 수 있다.

물질이란 우리가 눈으로 볼 수 있는 모든 것을 이루고 있는 것이다. 어떤 것이든 조각을 내서 탁자에 올려놓고 '물질'이라고 불러도 틀린 말이 아니다.

하지만 에너지는 조금 다르다. 우리의 감각 기관이 에너지를 직접 감지할 수 없기 때문에 설명하기가 쉽지 않다. 하지만 에너지가 일으키는 효과는 쉽게 볼 수 있고, 누구나 다 에너지라는 말의 의미를 알고 있다. 에너지는 자동차를 움직이게 하고, 집안을 따뜻하게 해주며, 일상생활에 필요한 물건을 만들 수 있는 기계들을 작동시킨다. 또한 우리는 음식을 섭취해서 에너지를 얻고, 이 에너지를 통해 활력을 가진다.

물질과 에너지에 대한 연구가 세상을 변화시켰다고 해도 과언이 아니다. 과학자들의 연구는 우리 인류에게 많은 것을 주었다. 그러나 그 결과가 항상 좋은 것만은 아니었다. 우리의 문명이 윤택해진 것도 있지만, 핵폭탄과 같이 수많은 사람을 한꺼번에 해칠 수 있는 무서운 전쟁 무기도 탄생시켰다.

지금까지 물질과 에너지를 많이 연구하였지만, 아직도 풀리지 않은 미스터리가 많다. 물질과 에너지의 정체는 여전히 우리가 파헤쳐야 할 신비의 대상이다.

물질에 대한 옛날 사람들의 생각

옛날 그리스 인들은 물질이 무엇으로 이루어졌는지에 대한 의문을 해결하기 위해 많은 고민을 했다. 기원전 6세기 무렵 밀레투스에 살았던 탈레스는 모든 물질의 근원은 물이라고 생각했다. 그리고 탈레스보다 100년 후에 살았던 에비소의 헤라클레이토스는 모든 물질의 근원은 불이라고 생각했다. 그는 모든 물질은 불에서 생성되었다고 주장했다.

한편 기원전 400년경에 살았던 데모크리토스는 선배 철학자들과 다른 생각을 가졌다. 데모크리토스는 모든 물질은 원자atoms라는 매우 작은 입자들 오늘날 우리가 사용하는 원자라는 말도 여기서 시작되었다로 이루어졌다고 생각했다. 그는 원자는 더 이상 나눌 수 없으며, 각각의 물질은 물리적으로 서로 다른 원자로 이루어져 있다고 주장했다. 예를 들어, 물 원자는 부드러운 반면에 흙 원자는 거칠다고 생각했다. 또한 그는 원자들의 운동이 물질의 성질에까지 영향을 미친다고 생각했다.

데모크리토스의 생각은 시대를 넘어서는 매우 발전된 것이었지만, 다른 철학자들의 지지를 얻지는 못했다. 대표적인 철학자로 아리스토텔레스를 들 수 있다.

아리스토텔레스는 물질이 4개의 원소로 구성된다고 생각했다. 그의 이론에는 더 이상 나눌 수 없는 작은 입자, 즉 원자가 들어설 자리는 없

위 그리스 철학자 헤라클레이토스는 모든 물질은 불에서 비롯된다고 생각했다.
아래 물이 담긴 물통에 물을 부으면 수면 아래에 기포가 생긴다. 물은 지구에서 가장 흔한 물질이다.

지구는 대부분 고체 물질로 이루어져 있다.

었다.

뉴턴의 생각 고대 그리스 인들이 했던 물질에 대한 연구는 중세 시대에 중단되었다. 그러나 데모크리토스의 생각은 완전히 사라지지 않았다. 코페르니쿠스의 과학 혁명 이후 물질에 대한 근본적인 의문을 해결하기 위해 여러 과학자들이 도전했다.

대표적인 과학자가 뉴턴이었다. 뉴턴은 물질의 기본 구조에 대해 많은 연구를 했다. 그는 물질이란 당구공과 같은 작은 입자들로 구성되었으며, 이 입자들이 운동의 법칙에 따라 움직인다고 생각했다. 하지만 당시에도 뉴턴의 생각을 제대로 받아들이지 않았다. 당시 과학자들의 가장 큰 문제는 자연을 이루고 있는 기본 물질을 발견하지 못한 것이었다. 오늘날 우리는 이를 '원소 elements' 라고 부르지만, 당시에는 원소가 무엇인지에 대해 여러 주장만 있었을 뿐 과학자들은 그 정체를 밝히지 못했다.

연금술

데모크리토스 이후 물질의 본질을 이해하는 데에 발전이 더뎠던 이유 중 하나는 당시의 철학자들이 연금술(alchemy)에 빠져 있었기 때문이다. 연금술은 '순수하지 않은' 금속을 금이나 은과 같은 '순수한' 금속으로 바꾸는 신비로운 기술을 말한다. 그리스와 이집트에서 발생한 연금술은 빠른 속도로 유럽, 아라비아, 중국, 인도 등으로 전파되었으며 여러 문화권에 정착되었다. 그리스의 연금술사들은 수은이 '기본적인' 물질이라고 생각했으며, 유황과 반응시키면 금과 은을 만들 수 있다고 생각했다. 이 작업에 꼭 필요한 도구는 '철학자의 돌'이었는데, 그들은 이 돌을 이용하여 평범한 금속을 금과 은으로 바꿀 수 있다고 생각했다. 또한 이 돌이 질병을 낫게 하고 사람을 불사불멸하게 만든다고 믿었다.

연금술은 신비주의와 초자연적인 현상을 믿었던 당시 사람들의 착각에서 비롯된 것이라 할 수 있다. 하지만 연금술 때문에 유황, 수은을 비롯한 다양한 물질이 발견되었고, 연소나 응결 등의 실험을 할 수 있었다. 그리고 이러한 것들은 훗날 화학이 발전하는 데 밑거름이 되었다. 화학을 영어로 chemistry라고 하는 것을 보면 그 관계성을 짐작할 수 있을 것이다.

열심히 실험을 하고 있는 연금술사

원자와 분자

물질의 정체를 밝힐 때 가장 어려운 것은 물질을 이루고 있는 원소를 알아내는 것이었다. 1661년 영국의 화학자 로버트 보일Robert Boyle, 1627－1691은 자신의 책, 《회의적인 화학자The Skeptical Chemist》에서 '원소'를 다음과 같이 정의했다.

'원소란 근본적이고 단순하며 순수한 물체body라고 생각한다. 이 물체는 다른 물체로 구성되지 않았다. 이 물체는 혼합체들이 궁극적으로 용해된 것들이며, 화합물의 재료가 되는 것이다.'

보일은 갈릴레이의 영향을 많이 받았으며 갈릴레이가 자연을 연구할 때 보여준 과학적인 접근 방법을 받아들였다. 그는 여러 해에 걸친 실험 끝에 원소로 보이는 물질들을 발견했다. 하지만 보일은 이해할 수 없는 이유로 한동안 연금술에 관심을 보였으며, 다른 사람들에게 장려하기도 했다. 그러나 보일의 관심은 오래 지속되지 않았고, 《회의적인 화학자》를 출판하면서 화학의 토대를 세우는 일에 정열을 받쳤다.

오늘날 라부아지에는 현대 화학의 아버지라고 불린다.

라부아지에 원소에 대해 정의를 내린 사람은 로버트 보일이었지만, 그 정의가 올바른 것인지를 확인할 수 있는 기준과 화학적인 실험 방법을 정립한 사람은 프랑스의 화학자 라부아지에Antoine Lavoisier, 1743－1794였다. 라부아지에는 화학 반응이 일어나기 전과 후에 질량이 증가하거나 감소하지 않는다는 사실을 실험으로 증명했다. 그는 정밀한 측정에 의해 반응물과 결과물의 질량이 같다는 것을 보였다.

라부아지에는 화학이 과학이라는 학문으로 자리를 잡는 데 크게 기여를 했다. 당시까지만 해도 화학 물질의 이름은 임의적으로 정해졌다. 그래서 누군가가 어떤 화학 물질에 대해 이야기를 해도 정확히 어떤 화학 물질을 지칭하는지 알 수 없었다. 라부아지에는 다른 여러 명의 화학자와 함께 1787년 화학 명명법을 발표했다. 그 후 화학자들은 라부아지에의 명명법에 기초하여 화학 물질의 구성 물질에 따라 이름을 지었다.

화학 명명법을 발표한 후 1789년에는 최초의 화학 교재인 《화학에 대한 기초적 논고Elementary Treatise on Chemistry》라는 책을 출간했다. 라부아지

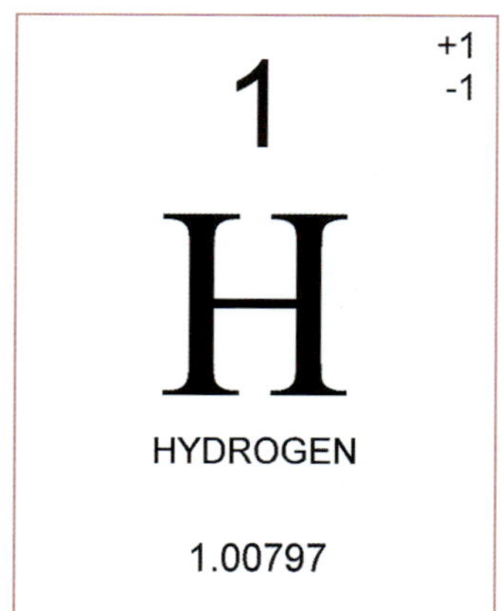

위 현재 사용되고 있는 원소 주기율표의 일부 모습이다.
아래 돌턴은 수소 원소의 원자량을 1이라고 정했다. 나머지 원소의 원자량은 수소 원소의 원자량을 기준으로 정해졌다.

에는 이 책을 통해 화학에 대한 통합적인 밑그림을 제시했으며, 책에 자신이 구분한 23개의 원소 목록을 담았다. 화학 명명법과《화학에 대한 기초적 논고》라는 책을 통해 라부아지에는 '현대 화학의 아버지'라는 이름을 얻었다. 하지만 불행하게도 라부아지에는 세금을 걷는 조합의 간부로 지냈던 경력 때문에 프랑스 혁명 당시 참수형을 당했다.

돌턴 로버트 보일과 라부아지에에 의해 화학의 토대가 갖추어졌다. 원소에 대한 정의가 내려졌고, 물질이 매우 작은 입자들로 구성되었다는 생각이 점점 화학자들 사이에 자리를 잡아갔다. 이러한 토대 위에 영국 화학자 돌턴John Dalton, 1766~1844은 로버트 보일과 라부아지에의 화학 이론을 종합하여 최초로 과학적인 원자 이론을 세웠다.

돌턴은 고대 그리스의 데모크리토스가 주장했던 것처럼 각 원소는 '원자'로 구성되었다고 생각했다. 하지만 돌턴의 이론은 데모크리토스보다 조금 더 발전했다. 그는 한 원소의 원자는 같은 성질, 같은 질량을 가졌으며, 각각의 원소는 서로 다른 질량의 원자를 가지고 있어 이것이 원소를 구분할 수 있는 기준이 된다고 생각했다. 그리하여 그는 각 원소에 맞는 '원자량'을 지정하기 시작했다.

그는 먼저 산소, 수소 등과 같은 기체들로 실험하여 산소가 수소보다 8배 무겁다는 사실을 알아내었다. 돌턴은 수소보다 가벼운 원소를 찾을 수 없자, 수소를 모든 원소들의 기준으로 삼아 원자량을 1이라고 정했다.

또한 돌턴은 여러 원자가 모여 분자molecules로 구성된 것을 '화합물compound'로 정의했다. 돌턴의 원자 이론은 1803년에 완성되었으며, 1808년에《화학 철학에 대한 새로운 시스템 New System on Chemical Philosophy》이라는 책을 출간했다. 그의 원자 이론은 매우 논리적이었으며 대부분의 과학자들은 그의 이론을 받아들였다. 물론 일부 과학자들은 이를 거부하고 돌턴을 비판했으나 시간이 지나면서 결국 그가 옳았다는 것이 증명되었다.

돌턴은 모든 물질이 원자로 이루어졌다는 개념을 정립했다.

돌턴의 생애

돌턴은 처음에 교사였다. 그런데 어느 날 과학에 큰 매력을 느껴 과학의 길로 들어섰다. 그는 매우 열성적으로 실험을 한 과학자였다. 그는 자신의 집에 스스로 실험실을 만들어 기체와 여러 물질에 대한 실험을 했다. 또한 그는 기상 현상에도 관심이 많았는데, 57년 동안 집 주변의 온도, 구름의 양, 강수 등 기상 변화를 하루도 거르지 않고 기록했다. 그리고 그는 일생을 독신으로 살았다. 사람들이 이유를 묻자, 그는 결혼할 시간적 여유가 없다고 대답했다.

1831년에 그는 영국 과학 진흥 협회의 설립에 도움을 주었고, 1832년에 옥스퍼드 대학교의 명예 박사 학위를 받았다. 돌턴은 평생을 세간의 관심을 피해 살았으나 그의 장례식에는 수천 명의 조문객들이 찾아왔다.

• 원자의 질량은 상대적인 값이라는 뜻이다(옮긴이).

에너지

어떤 물체를 일정한 높이로 들어 올리려면 일work을 해주어야 한다. 이처럼 물체에 일을 하기 위해서는 에너지가 필요하다. 따라서 에너지는 일을 할 수 있는 능력이라고 정의할 수 있다. 사람이 질량을 가진 어떤 물체에 대해 일을 할 때 에너지를 주면 운동을 하게 만들고, 물체는 에너지를 갖게 된다. 이때 물체가 가지는 에너지를 운동 에너지kinetic energy라고 한다.

운동 에너지 운동 에너지는 운동하는 물체가 가지는 에너지로, 공이나 자동차처럼 움직이는 모든 물체는 이 에너지를 가진다. 운동은 속력이나 속도와 관계가 있으므로 운동 에너지를 구하는 공식에는 속력이나 속도가 포함된다. 또한 모든 물체는 질량을 지니므로 운동 에너지를 구하는 공식에는 질량도 포함된다.

운동 에너지를 구하는 공식은, '$E_k = \dfrac{1}{2} mv^2$'으로 나타낼 수 있다. 여기서 E_k는 운동 에너지, m은 질량, v는 속도를 말한다. 이 식에서 주목해야 할 것은 단순히 v가 아니라 v^2이라는 점이다. 그리고 운동 에너지의 단위는 J '줄'로 읽는다로 일의 단위와 같다.

위치 에너지 공을 하늘로 곧바로 던지고, 매 순간 공이 가진 에너지를 측정한다고 생각해 보자. 던지고 난 후 시간이 얼마 흐르지 않은 공은 상대적으로 빠른 속도를 가지기 때문에 운동 에너지가 크다. 하지만 공이 위로 이동할 때 중력이 작용하기 때문에 속도가 느려지고, 공의 속도가 느려지면 운동 에너지가 함께 감소하게 된다. 공의 속도가 0이 되면, 운동 에너지도 사라지게 될 것이다. 그러면 공이 가졌던 에너지는 모두 어디로 갔을까? 공을 계속 관찰하면 공이 다시 떨어지면서 속도가 다시 증가하는 것을 알 수 있다. 이것은

위 장작은 화학 에너지를 가지고 있다.
아래 왼쪽 운동하는 물체를 멈추게 하면 에너지의 전환이 일어난다.
아래 오른쪽 공중에 던진 공이 더 이상 위로 올라가지 않고 멈추는 것은 운동 에너지가 모두 위치 에너지로 전환되었기 때문이다.

공의 운동 에너지가 속도가 아닌 위치의 영향을 받는 새로운 형태로 전환되었기 때문인데 우리는 이것을 위치 에너지라고 한다.

공이 최고점에 도달하면 공은 멈추게 되고, 운동 에너지가 사라지면서 이 에너지는 모두 위치 에너지로 전환된다. 공이 다시 낙하하기 시작하면, 위치 에너지는 다시 운동 에너지로 전환된다. 공의 속력이 빨라지면서 운동 에너지를 얻는 동시에 위치 에너지를 잃게 되는 것이다. 공이 땅에 떨어지기 직전에 모든 위치 에너지가 운동 에너지로 전환된다.

위치 에너지는 위치와 높이에 따라 달라지므로, 위치 에너지를 나타내는 공식에는 위치와 높이가 포함된다. 위치 에너지를 나타내는 식은 '$E_p = m \cdot g \cdot h$' 이다. 여기서 E_p는 위치 에너지, m은 질량, g는 중력 가속도, h는 높이를 의미한다. 위치 에너지의 단위는 운동 에너지와 같다.

그러면 공이 땅에 떨어지게 되면 운동 에너지는 어떻게 되는 것일까? 운동 에너지가 사라진 것일까? 이때 공은 운동 에너지나 위치 에너지와 다른 형태의 에너지를 가진다.

다른 형태의 에너지 방망이로 공을 치는 순간을 사진으로 찍을 수 있다고 생각해 보자. 사진을 보면 방망이로 공을 치는 순간, 공의 모양이 변형된 것을 볼 수 있을 것이다. 만약에 이때 공의 온도를 측정할 수 있다면, 공의 온도가 조금 상승한 것을 알 수 있을 것이다. 이 현상에는 두 종류의 에너지가 관련되어 있는데, 바로 변형 에너지deformational energy와 열에너지heat energy다.

이 외에도 화학 에너지chemical energy, 핵에너지nuclear energy, 소리 에너지sound energy, 전기 에너지electrical energy 등이 있다.

화학 에너지는 화학 분자 속에 들어 있는 에너지로 우리가 음식을 섭취한 후 몸에서 사용하는 에너지이기도 하다. 화학 에너지는 난방에 사용하는 석탄, 나무, 기름에도 들어있는데, 이것을 볼 때 화학 에너지는 우리 생활과 밀접한 관련이 있음을 알 수 있다. 핵에너지 또한 우리 생활과 매우 밀접한 관계를 맺고 있다. 이 에너지는 원자 폭탄과 수소 폭탄의 위험성이 있지만 원자로에서 잘 통제된 상태에서는 전기 에너지를 생산하는 데 사용되기 때문이다.

자동차 사고가 나기 전, 각각의 자동차는 운동 에너지를 가지고 있었다. 충돌하는 과정에서 운동 에너지는 다른 형태의 에너지로 전환된다.

자동차 사고가 났을 때의 에너지 변화

서로 마주보고 달린 자동차가 충돌했다고 하자. 두 자동차 모두 충돌하기 전에 운동 에너지를 가지고 있었을 것이다. 그러나 충돌하는 과정에서 운동 에너지는 모두 다른 에너지로 전환된다. 충돌하는 그 순간, 두 자동차는 모두 변형되기 때문에 에너지의 일부는 변형 에너지로 전환되었을 것이다. 또한 충돌할 때, 상당히 큰 충돌 소리가 나기 때문에 운동 에너지의 일부는 소리 에너지로 전환되었을 것이다. 마지막으로 충돌한 자동차는 열을 얻게 되는데 이것은 운동 에너지가 열에너지로 전환되었기 때문이다.

변형과 열의 정도, 그리고 소리의 크기는 충돌하기 전의 운동 에너지에서 비롯되었다. 그래서 이것들은 충돌하기 전에 자동차가 가졌던 운동 에너지의 크기에 따라 달라진다.

물질의 상태

자연에 존재하는 물질은 대부분 기체gas, 액체liquid, 고체solid 세 가지 상태 중 한 가지이다. 물질의 상태가 다른 것은 물질을 이루는 분자 사이의 인력forces of attraction이 다르기 때문이다. 고체의 경우에는 분자들이 상대적으로 서로 가까이 있게 되는데, 이 때문에 인력이 충분히 작용하여 분자들이 일정한 형태를 가지고 겉모양도 단단한 구조를 이룬다. 반면에 액체 상태의 물질에서는 분자들이 고체에 비해 상대적으로 멀리 떨어져 있으므로 분자 사이에 작용하는 인력도 상대적으로 약하다. 따라서 액체는 일정한 부피를 가지지만 쉽게 다른 곳으로 흐를 수 있으며 담는 그릇의 모양에 따라 형태도 달라진다.

한편 기체 상태의 물질은 물질을 이루는 분자 사이의 거리가 고체나 액체에 비해 훨씬 멀다. 따라서 분자 사이에 작용하는 인력도 매우 약하다. 따라서 기체는 특정한 모양과 부피를 유지할 수 없으며, 기체의 모양과 부피도, 담는 그릇에 따라 변한다.

어떤 물질에 열에너지를 주어 온도를 높이면 물질을 이루고 있는 원자나 분자의 운동 에너지가 증가한다. 그러면 원자와 분자의 운동은 활발해지고 서로 멀어진다. 그 결과 물질은 고체에서 액체로, 그리고 기체로 이어지는 상태 변화change of state를 한다. 반면에 물질에서 열을 빼앗으면 물질을 이루는 원자나 분자들의 운동은 약해지고 기체에서 액체로, 또 고체로 상태 변화를 하게 된다.

기체 물질은 기체 상태일 때 운동 에너지가 가장 크지만 밀도는 가장 낮다. 그래서 물질의 기체 상태를 연구하는 일이 어려울 것 같지만 사실은 그 반대이다. 기체의 각 분자들은 액체나 고체에 비해 차지하는 공간이 매우 넓기 때문에 각 분자들은 독자적으로 운동한다고 볼 수 있다. 이 점은 기체의 성질을 분석하는 데에 큰 도움이 되었고, 덕분에 액체나 고체보다 기체에 대해 알려진 바가 더 많다.

기체는 고체나 액체와 달리 특별한

위 황의 결정을 접사 렌즈로 촬영한 사진이다.
아래 물질의 상태 변화를 나타낸 두 가지 예이다. 왼쪽은 물질이 연소하여 연기(고체 입자)로 변하는 것이고, 오른쪽은 물(액체)이 수증기(기체)로 변하는 것을 나타낸 것이다.

성질을 가진다. 기체는 팽창할 때 온도가 낮아지고 압축될 때는 온도가 상승한다. 자전거 타이어에 공기를 넣어보면 이런 현상을 쉽게 느낄 수 있다.

또한 기체는 다른 기체와 쉽게 섞이기도 한다. 실내에서 향수병 뚜껑을 열면 이 현상을 쉽게 확인할 수 있다. 향수병을 열면 짧은 시간 동안에 향수 냄새가 방 전체로 퍼져 나가게 되는데, 이러한 기체 분자의 운동을 확산이라고 한다. 또한 기체는 액체처럼 관을 따라 흐를 수도 있다. 우리가 사용하는 난방 기구나 가스레인지에 공급되는 도시 가스 등도 관을 따라 흘러서 가정으로 공급된다.

기체 중에서 가장 흔한 것은 공기다. 공기는 질소nitrogen, 산소oxygen, 이산화탄소carbon dioxide, 헬륨helium을 비롯하여 다수의 희귀한 기체들로 구성된 혼합물mixture of gases이다.

액체 액체는 기체와 고체의 중간 상태라고 할 수 있는데, 고체보다는 기체와 닮은 점이 더 많다. 보통 액체는 형태가 없으며 담겨 있는 그릇에 따라 모양이 변한다. 지표면의 4/5는 액체 상태인 물로 덮여 있어서 자연에는 액체 상태의 물질이 매우 많을 것이라 생각하지만 사실은 그 반대이다. 놀랍게도 지구상의 자연 상태에서 액체 상태로 존재하는 물질은 물 이외에 수은mercury과 브롬bromine 두 가지다. 물론 우리 주위에는 여러 종류의 기름들, 예를 들면 알코올, 아세톤, 암모니아, 시럽 등 수백 가지의 액체 등이 있다. 그런데 이런 액체들은 대부분 인공적으로 만들어

다이아몬드는 지구에서 발견된 물질 중에 가장 단단하다.

졌을 뿐 자연 상태에서 존재하지 않는다.

기체와 마찬가지로 액체의 분자들도 계속 분자 운동을 하고 있다. 액체 분자들은 기체에 비해 서로 간의 거리가 상대적으로 가깝다. 분자의 배열을 놓고 보면 고체와 더 유사하다고 할 수 있을 것이다. 그러나 고체에 비해 그 거리가 멀리 떨어져 흐를 수도 있다. 액체의 온도를 낮추면 고체로 변하게 되고, 온도를 올리면 기체로 변한다.

고체 자연 상태에서 존재하는 물질들의 원소들은 대부분 고체이다. 고체는 액체나 기체와는 달리, 견고한 모양을 가지며 이 모양을 유지한다. 사용 목적에 따라 사용하기 쉽게 형태를 바꿀 수 있어서 액체나 기체에 비해 고체 상태를 이해하기 쉬울 것 같지만 사실은 그렇지 않다.

고체의 성질은 대부분 분자들의 결합 방식, 즉 분자 구조에 따라 다르다. 분자 구조를 바꾸면 고체의 성질도 변한다. 고체를 이해하는 데에 크게 기여한 것은 결정 구조를 발견한 것이다. 결정 구조는 고체를 이루고 있는 원자들이 일정한 순서로 배열되는 것이다. 고체의 원자들이 특정한 순서를 가지고 있으면 결정질crystalline이라 하고 특정한 순서가 없으면 비결정질amorphous이라고 한다.

고체 물질의 결정체를 이해하는 데에는 X-선이 중요한 역할을 했다. 덕분에 X-선을 통해 결정의 구조를 연구하는 결정학이라는 분야가 생기기도 했다. 결정체는 쪼개질 때 특정한 선이나 면을 따라 쪼개지는데, 이 표면들은 특정한 방식으로 X-선을 반사한다. 특히 보석과 같은 광물질에서 다양한 종류의 기하학적인 구조를 볼 수 있다.

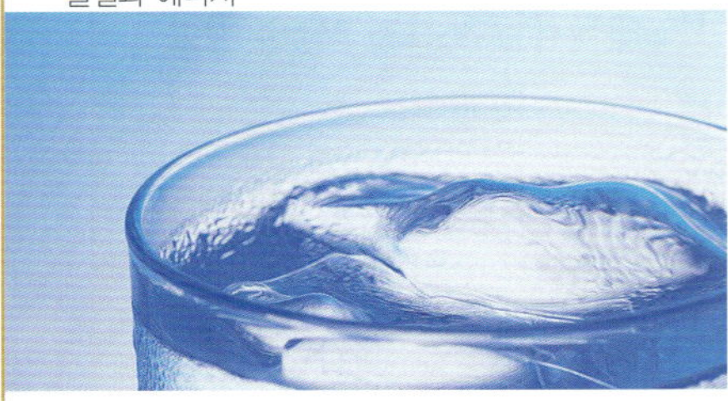

유체

기체와 액체 상태의 물질을 통틀어 유체라고 하지만, 여기에서는 액체에 대해서 주로 설명한다. 액체의 성질 중에 제일 먼저 떠오르는 것은 압력pressure이다. 압력은 일정한 넓이에 가해지는 힘이다. 액체에 작용하는 압력은 액체를 가득 채운 그릇 밑바닥의 일정한 넓이에 작용하는 힘을 재어 보면 알 수 있다.

그릇의 밑바닥에 작용하는 압력은 그 그릇에 담겨있는 액체의 무게weight와 같다. 모든 물질의 무게는 그 물질의 밀도density에 따라 달라진다. 밀도란 단위 부피volume에 해당하는 질량mass을 의미한다. 밀도의 단위는 g/cm³이나 kg/m³를 사용한다. 단위 넓이에 작용하는 총무게즉, 단위 넓이에 대한 압력는 물의 밀도와 높이에 중력 가속도를 곱한 값과 같다. 이를 공식으로 표현하면 다음과 같다.

$$P = \rho \cdot g \cdot h$$

여기서 P는 압력, ρ는 밀도, g는 중력 가속도, h는 높이다. 압력의 단위는 N/m², dyn/cm²를 사용한다. 여기서 중요한 점은 액체 내의 모든 지점에서 작용하는 압력은 그릇의 모양과 상관없다는 점이다.

파스칼의 원리 프랑스의 과학자 파스칼Blaise Pascal, 1623–1662은 물을 비롯한 유체의 압력이 가지는 여러 가지 특성을 연구하여 파스칼의 원리를 만들었다. 그 내용은 아래와 같다.

위 수압은 그릇의 모양에 상관없이 작용한다.
아래 카센터에서 자동차를 들어 올릴 때 사용하는 수압(유압) 승강기(hydraulic lift)이다.

파스칼의 원리를 통해 알 수 있는 사실은 유체의 무게뿐만 아니라 유체에 작용하는 외부의 힘도 같은 방식으로 전달된다는 점이다. 오른쪽 그림을 보자. 넓이가 다른 두 흡착기plunger를 연결시켰다. 왼쪽 흡착기의 피스톤을 10 cm만큼 누르면, 그 힘은 오른쪽 흡착기에 전달되어 오른쪽 흡착기의 피스톤이 10 cm만큼 위로 올라가게 된다.

만약에 오른쪽에 있는 흡착기의 피스톤 밑바닥 넓이가 왼쪽 피스톤보다 10배 정도 넓다고 생각해 보자. 이럴 경우 힘은 10배 증가하게 된다. 언뜻 보면 무nothing에서 유something가 만들어지는 것처럼 보이지만 사실은 그렇지 않다. 오른쪽의 넓이가 큰 피스톤이 움직이는 것을 자세히 보면 왼쪽의 넓이가 작은 피스톤이 움직인 거리보다 10배 더 짧게 움직인 것을 알 수 있다. 이는 두 흡착기 사이에 옮겨 다닌 유체의 부피가 같기 때문이다.

이러한 원리는 수압식 유압식 잭hydraulic jack을 비롯하여 굴삭기, 지게차 등 다양한 건설 장비에 적용되어, 일을 효과적으로 하는 데 큰 도움을 준다.

자동차의 제동 시스템

파스칼의 원리는 자동차의 제동 시스템에서 중요한 역할을 한다. 제동 시스템은 브레이크 페달, 마스터 실린더, 바퀴 브레이크에 연결되는 브레이크 와이어, 그리고 바퀴에 장착된 브레이크로 구성되어 있다. 운전자가 브레이크 페달을 밟으면, 마스터 실린더는 제동 유체에 압력을 가하여 바퀴로 연결되는 철제 튜브 속으로 밀어 넣게 된다. 압력을 받은 유체는 브레이크 패드 옆에 있는 피스톤에 전달된다. 이 피스톤에 의해 브레이크 패드가 바퀴 회전을 누르게 되고, 이 마찰에 의해 자동차가 멈추게 된다.

자동차의 브레이크 드럼이다.

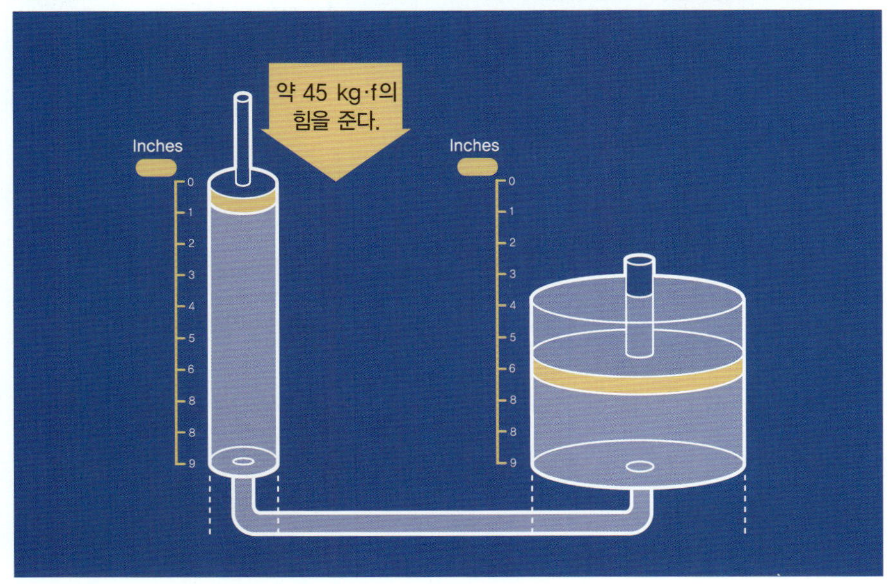

넓이가 다른 두 흡착기가 유체로 채워진 관에 연결되어 있다. 이 그림은 수압 시스템이 작동되는 원리를 보여주는 모형도이다.

수압과 장력

수압은 물을 담고 있는 그릇의 밑바닥과 벽 그리고 물속에 있는 모든 물체에 작용한다. 이 사실을 확인하기 위해 물이 담겨있는 그릇에 육면체의 고체를 넣어보자. 육면체의 각 면은 면에 수직 방향으로 작용하는 압력을 받게 된다. 육면체의 옆면에 작용하는 힘들은 서로 반대 방향으로 작용하고, 그 크기가 같으므로 서로 상쇄된다. 하지만 윗면과 아랫면에 작용하는 압력은 그렇지 않다. 육면체에서 아랫면이 받는 압력은 윗면보다 더 크다. 이 압력의 차이로 육면체는 유체로부터 위로 향하는 힘을 받게 되는데, 이 힘으로 육면체는 위로 뜨려는 경향을 보인다. 이때 생기는 힘을 부력이라고 하고, 부력은 잠긴 육면체의 부피에 해당하는 물의 무게와 같다. 이를 고대 그리스의 철학자 아르키메데스가 발견하였다고 하여, 아르키메데스의 원리라고 부른다.

아르키메데스의 원리

아르키메데스Archimedes, 기원전 287-212년는 시실리 시러큐스의 왕에게 한 가지 부탁을 받았다. 그것은 왕관을 만든 대장장이가 금을 빼돌리고 대신 은을 섞었는지 그 여부를 판단해 달라는 요청이었다. 그는 이 문제를 해결하는 과정에서 아르키메데스의 원리를 발견하였다.

아르키메데스의 원리는 물체 전체, 또는 일부가 물에 떠 있을 때 적용된다. 물체의 밀도가 물의 밀도보다 작으면 물에 뜨게 되는데, 철로 만든 거대한 배들이 물에 뜨는 이유도 이 원리로 설명할 수 있다. 철을 얇게 펴서 만든 배의 내부 공간은 대부분 공기로 채워진다. 철과 공기의 평균 밀도가 물보다 작아야 물 위에 뜰 수 있는 것이다.

응집력과 표면 장력

곤충들이 연못에서 스케이트를 신은 것처럼 물 표면 위를 미끄러지며 다니는 모습을 쉽게 볼 수 있다. 또한 바늘을 조심스럽게 물 위에 띄워 놓아도 물에 가라앉지 않는다. 마치 곤충

위 거미는 물의 표면 장력을 이용하여 물 위를 다닐 수 있다.
아래 아르키메데스의 원리는 아르키메데스가 목욕을 하던 중에 깨달은 것으로 전해진다. 아르키메데스는 원리를 발견한 후 벌거벗은 채 길을 뛰어다니며 "유레카! 유레카! 내가 문제를 해결했도다!"라며 소리를 질렀다고 한다.

이나 바늘이 물에 가라앉지 않도록 해주는 얇은 '필름'이 있는 것처럼 보이는데 이것은 어떤 의미에서 사실이라고 할 수 있다. 이런 필름을 만드는 것이 무엇인지 알기 위해서는 물 분자 사이에 작용하는 힘을 알아야 한다.

곤충이나 바늘이 빠지지 않도록 물 분자 사이에 작용하는 힘을 응집력cohesion이라고 한다. 응집력은 대부분 물질의 분자들 사이에 존재한다. 이 힘은 특히 고체에서 강하게 작용하지만, 액체에서도 제법 강하게 작용한다. 응집력은 액체 표면 아래에서 모든 방향으로 작용한다. 따라서 특정한 방향으로 작용하는 알짜힘은 존재하지 않는다.

하지만 물의 표면에서는 상황이 달라진다. 물의 표면에는 위쪽으로 인접한 물 분자가 없다. 물 표면 위로는 공기 분자가 인접해 있다 따라서 알짜힘이 생기고, 이 알짜힘이 응집력을 더 강하게 작용시키는 역할을 한다. 앞서 말한 '필름'의 정체가 바로 이것이다. 물체가 액체 속에서 비교적 자유롭게 움직이는 데 비해 오히려 물의 표면을 지날 때 더 큰 힘이 드는 이유도 바로 이것이다.

이러한 힘을 가리켜 표면 장력surface tension이라고 한다. 물의 표면 장력은 온도가 20 ℃일 때 72.8 dyn/cm이다. 또한 같은 온도에서 에탄올은 22.3 dyn/cm이고, 수은은 465 dyn/cm이다.

표면 장력은 일종의 에너지로도 생각할 수 있다. 액체의 흥미로운 성

철로 만든 배들이 바다 위에 떠다닐 수 있는 것은 아르키메데스의 원리로 설명할 수 있다.

질 중 하나는 액체의 양이 적어지면 액체는 표면을 최소한의 넓이로 줄이려는 경향을 보인다는 것이다. 공중에 떠 있는 적은 양의 액체 방울이 구의 형태를 갖는 것도 이것 때문이다. 예를 들어, 하늘에서 내리는 빗방울을 보면, 대부분 작은 공 모양으로 떨어진다. 액체가 구형인 이유는 구가 표면적이 가장 작은 형태이기 때문이다.

같은 물질 내에서 분자들이 서로 작용하는 힘을 응집력이라고 하는 반면에, 서로 다른 물질의 분자들 사이에 작용하는 힘을 흡착력adhesive forces이라고 한다. 예를 들어, 물을 담고 있는 유리관 내부에서 물과 유리벽 사이에 작용하는 힘이 흡착력에 해당한다. 이 힘이 작용하는 예로는 모세관 작용capillary action을 들 수 있다. 물이 들어있는 그릇에 좁은 유리관으로 된 모세관을 넣으면, 물이 모세관을 타고 위로 올라가는 것을 볼 수 있다. 이 경우 물과 유리 사이의 인력이 물 분자 자체 내의 응집력보다 크기 때문에 물이 모세관을 타고 상승하는 것이다. 그러나 물이 상승할 때 중력이 작용하기 때문에 물은 다시 밑으로 내려가려 한다. 결과적으로 물이 모세관을 타고 어느 정도 상승하다가 멈춘 상태에서 두 힘은 균형을 이루는 것이다.

지름이 작은 모세관 안에서는 물이 저절로 상승하게 되는데, 이것은 물 분자와 유리벽 사이에 작용하는 흡착력 때문이다.

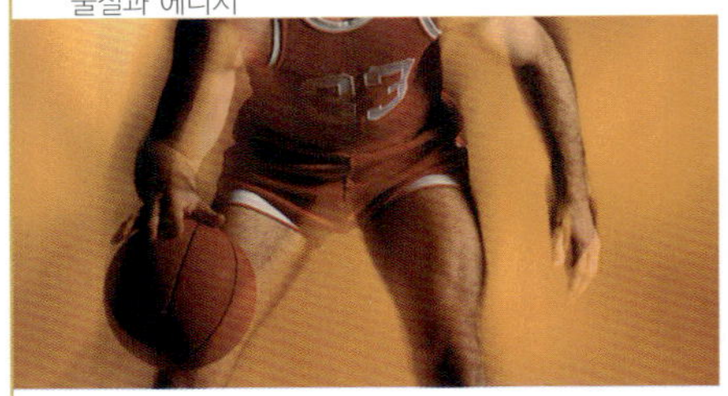

열과 열에너지

위. 농구공을 바닥에 튕기면 공이 부딪히는 곳은 열을 조금씩 받게 된다.
아래 왼쪽은 영국 물리학자 레일리이고, 오른쪽은 켈빈이다.

열은 에너지의 한 형태이다. 땅에 떨어지는 공은 떨어진 지점에 열을 준다. 열과 에너지 또는 일이 서로 직접적인 연관성이 있다는 것을 처음 발견한 사람은 미국 태생의 영국 물리학자 럼퍼드 Rumford였다.

럼퍼드는 바이에른에서 육군 준장으로 근무하면서 황동으로 된 대포를 생산하는 일을 관리했다. 그는 대포의 포신을 다듬는 과정에서 마찰에 의해 발생하는 열이 생각 외로 많은 것을 발견했다. 그는 포신을 만들 때 사용하는 드릴과 포신을 물에 담근 후 작업할 때 발생하는 열을 측정해 보았다. 그가 한 실험이 특별한 의미를 갖는 것은 특정한 기계적 일에 의해 생산되는 열의 양을 측정하려고 했다는 점이었다. 당시 럼퍼드가 얻은 측정값은 정확하지 않았다. 하지만 그는 일과 열의 관계를 밝히고자 했던 최초의 과학자가 되었다.

럼퍼드가 정확하게 해내지 못했던 일은 그로부터 약 50년 후, 영국의 과학자 제임스 줄James Prescott Joule에 의해 이루어졌다. 제임스 줄은 1 cal의 열을 생산하는 데에 4.18 J의 에너지나 일이 필요하다는 것을 발견했다.

온도계 물체가 받거나 방출하는 열의 양을 측정하기 위해서는 열이 출입한 전후의 온도를 측정해야 한다. 이때 사용하는 기기가 바로 온도계다.

흔히 온도계는 가느다란 유리관에 수은을 넣어서 만든다. 수은은 어는점이 물보다 상당히 낮고, 끓는점 역시 물에 비해 매우 높다. 또한 수은은 팽창할 때 부피가 일정하게 증가하는 물질이다.

온도계를 만들 때 반드시 주의해야 할 세 가지가 있다. 먼저 두 개의 기준점이 있어야 하고, 온도의 변화량을 일정하게 표현해 주어야 한다. 약 3백 년 전에 과학자들은 온도계의 기준점으로 물의 어는점과 끓는점이 이상적이라는 사실을 알아내었다. 1714년 독일의 물리학자 파렌하이트Gabriel Fahrenheit가 처음으로 물의 어는점과 끓는점을 기준으로 온도계를 만들었다. 그는 어는점을 32°, 끓는점을 212°로 지정했고, 그 사이를 180개로 쪼개어 단위를 정했다. 오늘날 이 온도계를 화씨온도계라 한다.

그로부터 약 30년이 지난 1742년에 스웨덴의 과학자 셀시우스Anders Celsius가 새로운 방법으로 온도를 측정할 수 있는 온도계를 만들었다. 셀시우스는 물의 어는점을 0°로 하고, 끓는점을 100°로 지정한 후 그 사이를 100개 단위로 쪼갠 온도계를 개발했다. 오늘날 이 온도계를 섭씨온도계라 한다.

셀시우스가 만든 섭씨온도계가 파렌하이트가 만든 화씨온도계보다 여러 모로 사용이 편리했다. 하지만 유럽과 미국에서는 아직도 화씨온도계를 많이 이용하고 있다. 아마 화씨온도계가 먼저 개발되었기 때문일지도 모른다.

대중적으로 사용되는 온도계가 두 종류이기 때문에 온도를 환산하는 방법이 필요하다. 가장 쉬운 방법은 먼저 섭씨 1°에는 9/5개의 화씨 단위180/100가 있다는 것과, 섭씨 0°가 화씨온도계에서 32°라는 점을 이용하는 것이다. 이를 이용하며 다음과 같은 공식을 만들 수 있다.

$$F = \left(\frac{9}{5}\right)C + 32$$

다른 방법으로는 두 온도계를 그림으로 나타낸 후에 각 온도계의 기준에 해당하는 끓는점과 어는점을 표시하여 다음과 같은 비율을 적용하는 것이다.

섭씨온도계와 화씨온도계로 온도를 측정하는 것 외에 과학에서 더욱 중요하게 여기는 세 번째 온도 측정법이 있다.

기체는 온도가 낮아지면 부피가 줄어드는 성질을 가지고 있다. 따라서 기체의 온도를 계속 낮추다 보면, 기체의 부피가 0이 되는 지점이 생기는데, 이에 해당하는 온도를 섭씨온도로 나타내면 −273 ℃이다. 1848년 영국의 물리학자 켈빈은 이 온도가 물질이 낮아질 수 있는 최저의 온도라고 하고, 이를 절대 영도(absolute zero)라고 했다. 그 후 과학자들은 절대 영도를 기준으로 물질의 온도를 나타내게 되었는데, 이를 절대 온도 또는 켈빈 온도라 부른다.

$$\frac{C - 0}{100 - 0} = \frac{F - 32}{212 - 32}$$

이 방법을 이용해도 위의 공식과 같은 결과를 얻을 수 있다.

럼퍼드는 열과 일 사이의 상관관계에 대해 의문을 품고 실험으로 답을 얻고자 했던 최초의 과학자였다.

선팽창, 비열 그리고 숨은열

어떤 물질이든 열을 받으면 원자들의 진동이 강해지면서 원자들은 서로 더욱 멀어지게 된다. 이로 인해 물질의 전체 부피가 증가하는 것을 팽창expansion이라고 한다. 물질의 팽창이 선을 따라 1차원적으로 이루어지는 것을 특별히 선팽창linear expansion이라고 한다.

온도 변화가 클 때 철의 부피도 크게 팽창할 수 있으므로 기차의 레일

위 물을 가열하면 물 분자의 운동이 활발해져서 분자 사이의 거리가 멀어지게 된다.
아래 다리에는 다리의 열팽창으로 생길 수 있는 피해를 방지하기 위한 장치가 설치되어 있다. 다리가 태양열에 가열되면 교량의 구성 물질들이 팽창한다. 만약 다리가 매우 단단하게 결합되어 있다면 다리의 일부가 구부러지거나 변형될 것이다. 따라서 다리의 연결점들은 어느 정도의 팽창을 허용하는 맞물린 톱니들로 만든다. 이 장치 덕분에 뜨거운 여름에 자동차가 그 위를 지나가도 안전하다.

등을 건설할 때 팽창의 정도를 감안하여 설계해야 한다. 이때 사용하는 것이 바로 선팽창 계수흔히 α로 표시한다이다. 이 계수는 온도가 증가함에 따라 길이가 상대적으로 증가하는 양을 나타낸다. 예를 들어, 금속으로 된 1 m의 봉을 생각해 보자. 온도의 변화를 $\triangle t$라고 하고, 금속 봉의 온도를 $\triangle t$만큼 증가시킨다고 하면 봉의 길이는 $1 + \alpha(\triangle t)$가 된다. 봉의 길이를 L이라고 나타내면 다음과 같은 공식으로 정리할 수 있다.

$$L = L(1 + \alpha\triangle t)$$

앞에서 열은 물질을 이루는 분자들의 내부 에너지internal energy라고 정의했다. 이 내용을 수학적으로 표현하려면 먼저 열의 단위인 칼로리calorie에 대한 정의부터 내릴 필요가 있다. 칼로리란 물 1 g의 온도를 14.5 ℃에서 15.5 ℃로 올리는 데에 필요한 열량quantity of heat을 말한다.

비열 열에 대한 정의를 정확하게 알기 위해 다음과 같이 간단한 실험을 해보자. 여기에 작은 구리 조각과 물이 담긴 그릇이 있다. 물의 온도는 20 ℃이고, 구리 조각을 100 ℃까지 가열시킨 후 물에 넣는다. 시간이 조금 지나면, 물의 온도가 약간 증가하고 구리 조각의 온도가 약간 감소할 것이다. 이 현상은 구리 조각이 열을 잃고, 그 열을 물이 얻기 때문에 일어난 것이다. 만약 구리의 온도를 1 ℃ 올리는 데에 필요한 열량이 얼마인지 알고 있다면 실험에서 최종적으로 나타나는 온도를 계산해낼 수 있다. 이때의 열량을 비열이라고 한다.

오늘날 과학자들은 거의 모든 물질에 대한 비열을 알아내었다. 구리의 경우 비열은 0.093 cal/g ℃이다. 비열은 c로 표기하는데, 비열을 이용하여 열량을 구하는 공식은 다음과 같이 나타낼 수 있다.

$$H = m(\triangle t)\,c$$

여기서 H는 열, c는 비열, $\triangle t$는 온도 변화를 나타낸다. 열에 관한 문제는 대부분 이 공식을 이용하여 해결할 수 있다.

한편, 닫힌계system에서 열 반응이 일어날 때, 그 구성 요소들이 가진 열의 총합은 반응 전후가 같다.

숨은열 물과 얼음이 든 양동이를 가열한다고 생각해 보자. 이때 얼음이 녹을 때까지 물의 온도는 계속 0 ℃를 유지한다. 얼음이 모두 녹아 물이 될 때까지 전체 물의 온도는 증가하지 않는다. 이것을 열의 개념으로 생각하면 얼음이 녹아 물이 될 때까지 온도가 올라가지 않는 이유를 쉽게 알 수 있다.

얼음 1 g을 녹이는 데에는 80 cal의 열이 필요하고, 이 열이 흡수되는 동안에 온도가 변하지 않는 것이다. 이처럼 물질의 상태가 변하는 과정에서 물질의 상태를 변화시키는 데 필요한 열량을 숨은열이라고 하는데, 얼음이 물이 될 때 필요한 열은 융해열, 반대로 물이 얼음이 될 때 필요한 열은 응고열이라고 한다. 물이 수증기로 상태 변화를 일으킬 때도 같은 현상이 벌어지는데, 물이 모두 수증기가 될 때까지 온도는 변하지 않는다. 이때 수증기가 흡수하는 열을 기화열이라고 하고, 기화열은 약 539 cal/g이다.

우리는 달리기를 하거나 일을 할 때 칼로리를 사용하지만, 이는 물리학에서 말하는 칼로리와 다르다.

열의 전달

열은 여러 가지 점에서 물과 닮은 점이 많다. 물이 높은 곳에서 낮은 곳으로 흐르는 것처럼, 열도 온도가 높은 곳에서 낮은 곳으로 흐른다. 높이 차가 심할 때 물의 흐름이 빨라지는 것처럼, 열 또한 온도 차가 클 때 흐름이 빨라진다.

열은 전도, 대류, 복사로 전달된다. 인접한 분자 사이의 충돌로 열이 전달되는 것을 전도라고 하고, 가열된 물질이 이동하여 열을 전달하는 것을 대류라고 한다. 또한 복사를 통해 전달되는 열을 복사 에너지라고 한다.

전도 전도를 통해 열이 전달되는 현상을 살펴보려면 금속봉의 한쪽 끝을 불에 달구면 된다. 봉의 끝을 불로 달구어 가열시키면, 봉의 끝을 이

위 촛불은 복사 에너지를 방출한다.
아래 나무는 열 부도체이기 때문에, 뜨거운 음식을 저을 때 사용하는 요리 도구로 적합하다.

지구의 대기는 대류에 의해 열이 전달된다.

루고 있는 원자들이 운동 에너지를 얻어 활발하게 진동한다. 그러면 원자들은 바로 이웃하고 있는 원자들과 충돌하여 이웃 원자들을 활발하게 진동하도록 만든다. 이 과정은 계속 이웃으로 전해져 봉의 다른 끝 쪽까지 진행된다. 따라서 불로 달구지 않은 봉의 다른 쪽 끝도 뜨거워지는 것이다.

전도가 일어나는 데에는 세 가지 변수가 있다. 첫째 변수는 열전도율

thermal conductivity이다. 열전도율이 높은 물질일수록 전도가 잘 일어난다. 열전도율은 기호 k로 표기되고, 단위는 cal/cm²sec ℃/cm 또는 J/m·s·k로 나타낸다.

열전도율은 물질에 따라 매우 다르다. 은의 열전도율은 0.99 cal/cm²sec ℃/cm로 매우 높은 편이고, 구리 또한 0.92 cal/cm²sec ℃/cm로 역시 매우 높은 편이다. 반면에 유리의 열전도율은 0.0025 cal/cm²sec ℃/cm로 매우 낮고, 공기의 열전도율 또한 0.000053 cal/cm²sec ℃/cm에 불과하다. 열전도율이 매우 낮은 물체를 열 부도체thermal insulator라고 한다.

두 번째 변수는 온도 기울기temperature gradient이다. 이것은 전도가 일어나는 물체의 길이 변화에 대한 온도 변화를 말한다. 온도 기울기가 클수록 전도의 변화율이 크다고 할 수 있다. 세 번째 변수는 전도가 일어나는 물체의 단면적이다. 단면적이 넓을수록 전도로 전달되는 열의 이동 속도가 빨라진다.

대류 대류에 의한 열전달은 액체와 기체 모두에서 물질의 밀도 차이로 일어난다. 가령 액체를 담고 있는 그릇의 밑바닥에 열이 가해지면 가열된 액체의 밀도는 낮아지고 진동하는 분자들이 서로 멀어지면서 위로 상승한다.

대류는 대기권과 바다에서 일어나고 있으며, 집안을 데울 때 이용하기도 한다. 대류는 또 크게 자유 대류free convection와 강제 대류forced convection로 나눌 수 있다. 자유 대류는 유체 내의 온도 차이로 인해 대류가 일어나는 것을 말한다. 반면에 강제 대류는 펌프나 송풍기 등과 같이 외부에서 힘이 주어져 일어나는 대류를 말한다.

복사 복사로 이루어지는 열전달에는 매질medium이 필요 없다. 이 점이 전도와 대류를 비교할 때 가장 큰 차이점이다. 예를 들어, 전구 안에 있는 가열된 필라멘트에서 방출되는 에너지는 필라멘트 주변이 진공 상태

가정집의 단열재는 열손실을 막는 데에 매우 중요한 역할을 한다.

단열

건물에 단열 공사를 할 때에는 대류 현상으로 일어나는 공기의 흐름을 충분히 고려해야 한다. 예를 들어, 대들보 사이에 공간을 비워두고, 그곳에 공기만 남도록 하는 것이 좋다. 이는 공기의 열전도율이 현재까지 알려진 여러 물질 중 가장 낮기 때문이다. 하지만 이런 구조는 대류로 인한 공기의 흐름이 그 빈 공간으로 들어가 상당한 열손실을 가져올 수도 있다. 이럴 때는 빈 공간을 여러 개 만드는 것이 좋다. 그러면 대류로 인한 공기의 흐름을 차단할 수 있기 때문이다.

여도 우리에게 전달된다.

태양이나 난로와 같은 열원에서 나오는 복사 에너지radiant energy는 매질이 없어도 우리에게 잘 전달된다. 우리가 받아들인 복사 에너지는 우리 몸 또는 피부에 있는 원자들을 진동시켜 전도와 대류에 의해 다른 곳으로 전달되기도 한다.

한편, 복사 에너지는 주변보다 온도가 높은 모든 물체에서 방출된다.

CHAPTER 5

열역학

왼쪽 블랙홀을 열역학의 관점에서 다루는 일은 이제 물리학에서 매우 중요한 일이 되었다. 사진은 우리 은하의 중심부이다. 중심에는 궁수자리 A라고 알려진 블랙홀이 있다. 이 블랙홀의 질량은 태양 질량의 약 3백만 배이다.
위 열역학은 제트 기관을 포함하여, 모든 열기관에 적용할 수 있다.
아래 열역학은 대기권 안에서 일어나는 폭풍 등과 같이 여러 가지 기상 현상을 설명하는 데 필요한 물리학이다.

열역학은 열과 일 사이의 관계를 다루는 물리학의 한 분야이다. 예를 들어 역학적 에너지가 열에너지로 전환되는 것이나, 반대로 열에너지가 역학적 에너지로 전환되는 것을 다룬다. 열역학으로 인해 물질에 대한 새로운 사실들이 많이 발견되었으며, 자연의 물리적 현상들 사이의 연결 고리를 이해하는 데에 큰 도움을 주었다.

또한 열역학은 산업 혁명에 큰 역할을 한 증기 기관의 발명과도 관련이 깊다. 증기 기관의 발명으로 사람의 노동이 기계를 통한 역학적인 일로 바뀌게 되었다. 그리고 증기 기관을 시작으로 열기관의 효율을 높이기 위한 연구가 자연스럽게 이루어졌는데, 이때 열역학이 아주 큰 역할을 했다. 그 후 밝혀진 열역학 현상의 여러 가지 원리들이 과학과 공학에 응용되었다. 그 예로 다양한 화학 반응, 대기권, 블랙홀 및 모든 종류의 기관 등이 있다.

현재 열역학은 물리학 외에도 화학, 생물학, 화학 공학, 세포 생물학, 재료 과학, 기상학 등 여러 종류의 과학에서 기초를 이루고 있다. 그러므로 열역학의 중요성은 아무리 강조해도 지나침이 없다.

닫힌계와 에너지 보존

열역학은 열의 흐름이나 열과 일 사이의 관계 등을 다루는 물리학의 한 갈래이다. 열역학에서 중요한 것은 '계system'라고 부르는 개념이다. 계는 단일한 표면으로 둘러싸인 특정한 양의 물질, 예를 들어 기체나 유체와 같은 것을 말한다. 계는 특정한 모양의 표면을 가질 필요는 없다. 예를 들어, 원통형 그릇에 기체가 들어있고, 원통형 그릇의 한쪽 면을 피스톤으로 눌러 압축할 수 있다면 원통형 그릇이 바로 계가 될 수 있다는 말이다. 그리고 계를 둘러싸고 있는 경계면을 넘어선 곳을 환경이라고 부른다.

계에는 닫힌계, 열린계, 고립계 등 세 종류가 있다. 닫힌계closed systems는 에너지를 교환할 수는 있으나, 외부 환경과 물질 교환을 할 수 없는 계를 말한다. 닫힌계의 예로는 온실이 있는데, 온실은 환경과 열교환을 하지만 물질은 교환하지 않는다. 열린계open systems는 에너지를 교환할 뿐만 아니라 외부 환경과 물질 교환도 한다. 열린계의 예로는 바다가 있다. 고립계isolated systems는 환경으로부터 완전히 고립되어 있어 열이나 에너지, 그리고 물질 등의 교환이 일어나지 않는다. 우리가 앞으로 관심을 가지며 공부해야 할 것은 계의 상태를 변화시키는 변수들, 즉 압력, 밀도, 온도 등이다.

에너지의 보존 앞에서 말한 여러 가지 계에서 열흐름이 일어날 때, 열이 갑자기 사라지거나 생겨나는 일은 일어나지 않는다. 과학자들은 이를 가리켜 에너지 보존의 법칙principle of the conservation of energy이라고 한다.

우리는 앞에서 운동 에너지와 위치 에너지를 상세하게 다루었다. 예를 들어, 공을 위로 던질 때 운동 에너지가 위치 에너지로 변하고, 반대로 공이 떨어질 때는 위치 에너지가 운동 에너지로 다시 변한다. 이를 통해 에너지는 없어지지 않으며, 새로 창조될 수도 없고 단지 형태만 변하는 것임을 알았다. 이것이 바로 에너지 보존의 법칙이다. 그 외 에너지 보존의 법칙이 적용될 수 있는 에너지로는 화

위 온실과 같이 닫힌계에서는 외부와 물질 교환을 하지 않는다.
아래 에너지 보존의 법칙에 의하면 에너지는 생성되거나 없어지지 않고 형태만 달라진다. 그림의 태양 전지판은 태양 복사 에너지를 전기 에너지로 바꾼다.

학 에너지, 전기 에너지, 소리 에너지
등이 있다.

가역 과정과 비가역 과정 열역학에서
매우 중요한 반응으로 가역reversible 과
정과 비가역irreversible 과정이 있다. 가
역 과정이란, 반응이 거꾸로 진행되더
라도 물리학 법칙에 위배되지 않는 과
정을 말한다. 완전 탄성 충돌은 가역 과
정의 좋은 예이다. 당구공이 충돌하는
것을 비디오로 촬영한 후 이를 거꾸로
돌려보면, 시간이 거꾸로 흐르지만 탄
성 충돌에 관한 물리 법칙은 잘 적용된
다. 또한 절연 상태의 그릇에 담긴 물을
가열해서 기화시킨 후, 온도를 낮춰서
다시 응결시키면 에너지는 열원으로 돌
아온다. 즉, 반응이 일어나기 전의 상태
로 모든 것이 되돌아오는 것이다.

반면에 다시 되돌릴 수 없는 모든 반
응을 비가역 과정이라고 한다. 비가역
과정은 주로 갑작스럽게 일어나는 반응
들이 많다. 예를 들어, 화약 폭발과 같
은 현상들은 비가역 과정이다. 또한 어
떤 반응에 마찰이나 전기 저항이 일어
나는 반응도 모두 비가역 과정이다.

한편 열역학에서는 순환이 매우 중
요하다. 순환은 계 내에서 압력, 부피,
온도에 생기는 변화의 연속을 의미한
다. 순환에 의해 여러 변화들은 계 내에
서 그 본래의 상태로 되돌아오게 된다.

위 바다는 열린계의 좋은 예가 될 수 있다.
아래 열역학 반응에는 가역 과정과 비가역 과정이
있다. 비가역 과정은 폭발과 같이 계와 그 환경이 본
래의 상태로 돌아올 수 없는 경우를 말한다.

이상 기체

기체는 열역학에서 매우 중요한 위치를 차지한다. 하지만 눈으로 볼 수 없기 때문에 기체를 다루는 것은 쉬운 일이 아니다. 그래서 과학자들은 '이상 기체ideal gas'라는 개념을 가상으로 만들어 기체에서 일어나는 여러 가지 현상들을 연구했다.

이상 기체란, 분자 사이에 완전 탄성 충돌이 일어나며, 분자 사이에 아무런 힘이 작용하지 않는 이상적인 기체를 말한다. 이상 기체 분자들은 충돌하는 당구공에 비유하여 생각할 수 있다. 그 에너지는 모두 운동 에너지이며, 운동 에너지는 온도와 연관 지어서 생각할 수 있다.

이상 기체는 압력p, 부피v, 온도T 세 가지 변수에 의해 상태가 결정된다. 이상 기체 방정식ideal gas equation은 이 세 가지 변수 사이의 관계를 정리한 식이다. 이상 기체 방정식이 만들어지기 전에는 초기 기체 방정식이 있었다. 이 기체 방정식을 처음으로 만든 사람은 로버트 보일Robert Boyle이었다. 그는 1662년에 이 방정식을 고안했는데, 온도가 일정할 때 압력과 부피가 가지는 관계를 다음과 같은 식으로 나타냈다.

$$PV = k$$

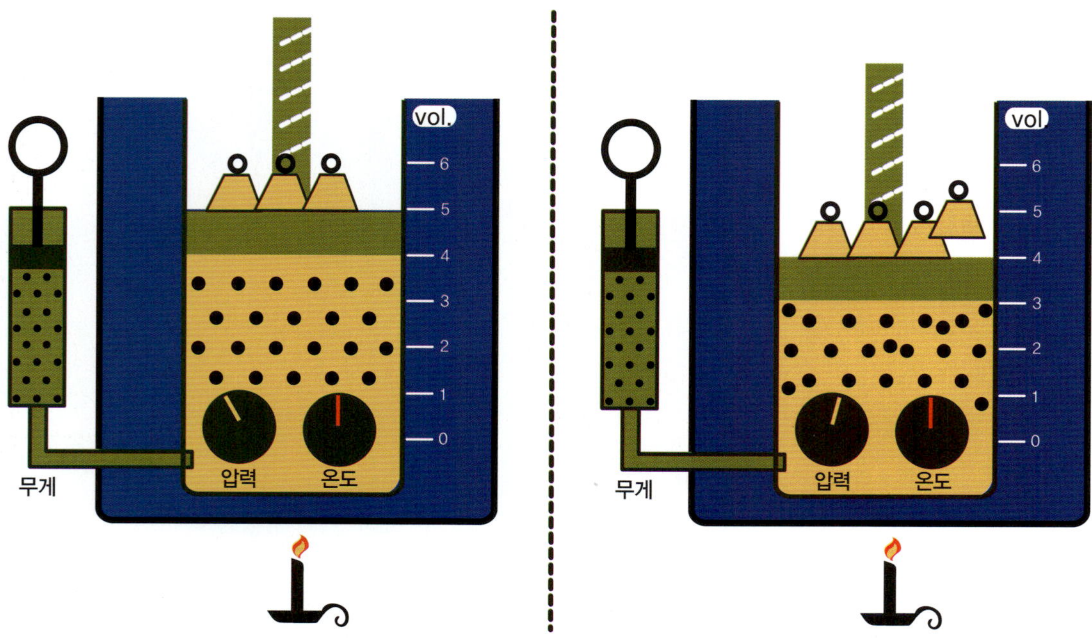

위 당구공이 서로 충돌하는 과정을 관찰하면 이상 기체에서 분자들이 충돌하는 과정을 상상할 수 있다.
아래 보일의 법칙에 의하면, 일정한 온도에서 온도와 부피의 곱은 일정하다. 위 그림은 일정한 양의 기체에 압력을 주면 부피가 줄어드는 것을 보여준다.

이 식에서 k는 상수를 나타낸다. 이 방정식을 통해, 계에 변화가 생겨도 압력과 부피의 곱은 항상 일정하다는 것을 알 수 있는데, 이를 보일의 법칙Boyle's law이라고 한다.

1800년, 프랑스의 과학자 자크 샤를Jacques Charles, 1746–1823은 보일의 뒤를 이어 또 하나의 기체 방정식을 만들었다. 하지만 그는 생전에 이를 발표하지 않았다. 대신 1802년에 조셉 루이 게이뤼삭Joseph Louis Gay–Lussac이 같은 방정식을 만들어 발표했다.

샤를은 온도와 압력, 온도와 부피 사이의 관계를 연구하여 아래와 같은 관계식을 발견했다.

$$\frac{P}{T} = k_1, \text{ 그리고 } \frac{V}{T} = k_2$$

여기서 T는 절대 온도, k_1과 k_2는 상수를 나타낸다. 과학자들은 이 두 공식을 가리켜 샤를의 법칙때로는 샤를–게이뤼삭의 법칙이라고도 한다이라고 한다.

보일의 법칙과 샤를의 법칙을 합하면 다음과 같은 이상 기체 방정식을 구할 수 있다.

$$PV = nRT$$

여기서 R은 기체 상수로 값이 8,317 J/kmol °K이고, n은 킬로몰kilomole로 나타낸 이상 기체의 양이다. 이때 몰mole은 기체의 질량을 원자 질량으로 나눈 것이다.

압력과 부피 그래프 기체를 다룰 때, 가장 자주 사용되는 그래프는 압력과 부피의 관계를 나타낸 그래프이다. 오른쪽 그래프를 보면, 팽창하는 기체의 압력 변화를 나타내고 있다. 이 그래프는 피스톤이 장착된 원통형 그릇에 기체를 가득 채운 상태에서, 피스톤을 바깥으로 빼면서 기체를 팽창시키는 경우의 압력과 부피 관계를 나타낸 것이다.

그런데 이런 계를 다룰 때는 팽창하는 방식을 명시할 필요가 있다. 만약 온도가 변하지 않으면서 기체가 팽창했다면 이를 등온 팽창isothermal expansion이라고 한다. 이 경우 등온 곡선의 모든 점에서 계의 온도는 같다. 계의 온도를 일정하게 유지하려면 매우 큰 열용량을 가진 열원과 열적인 접촉을 해야 한다. 그러면 계와 열원 사이에 열이 이동하여 계의 온도가 일정하게 유지되는 것이다.

그리고 단열 팽창adiabatic expansion이 있다. 이것은 등온 팽창과 다르다.

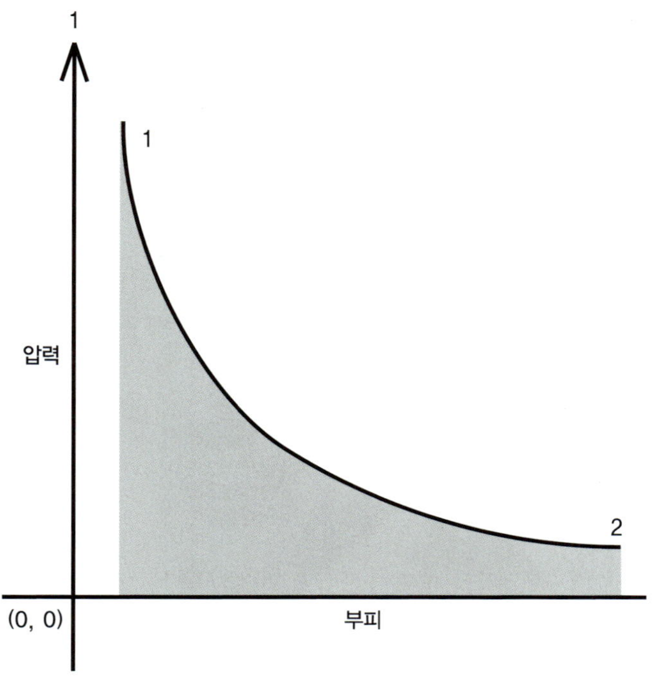

압력과 부피 그래프는 이들의 상관관계를 나타낸다.

등온 팽창은 일정한 온도를 유지하기 위해 열이 흐르지만, 단열 팽창의 경우에는 열의 흐름이 없다. 이 경우는 계가 외부로부터 열을 얻지도, 주지도 않으면서 열적으로 고립되어 있는 경우이다. 따라서 일을 하면 계의 온도에 변화가 생긴다. 단열 팽창을 만드는 방법은 계를 완전히 고립시켜서 열이 드나들지 못하게 하거나, 과정을 매우 빨리 일어나게 하여 열이 드나들 시간을 없게 한다.

다른 흥미로운 경우들

등온 팽창이나 단열 팽창 외에 등압 과정(isobaric process)이라는 것이 있다. 이것은 팽창이 일어날 때 압력이 일정한 경우를 말한다.

예를 들어, 증기 기관의 보일러에 있는 물이 끓는점까지 가열되는 것과 기화되는 것 등이 모두 등압 과정에 포함된다. 이처럼 같은 방식으로 부피가 일정하게 유지되는 것을 등압 과정(isometric process, or isovolumetric process)이라고 한다.

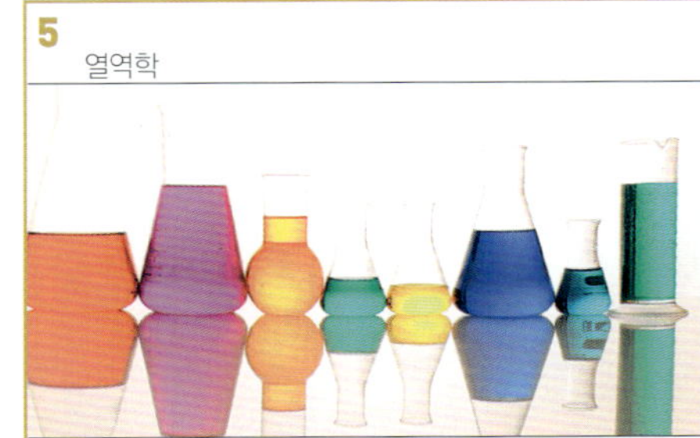

열역학 제1법칙

열역학 제1법칙을 이해하기 위해서는 먼저 열역학적 계thermodynamic system를 알아야 한다. 앞에서 말했듯이 계들은 개방되거나 폐쇄될 수 있다. 열린계에서는 계와 외부 환경 모두를 고려해야 한다. 열린계에서 외부 환경은 열을 빼앗겨도 온도에 영향을 받지 않을 만큼 충분한 크기를 가진 열원heat reservoirs을 1개 이상 가지고 있을 수 있다. 이것을 열역학적 계에 적용시켜 보자. 원통형 그릇에 기체가 들어있고, 피스톤을 움직여 기체의 부피를 변화시키는 경우가 좋은 예가 될 것이다.

계는 압력 P, 부피 V, 온도 T에 따라 상태가 달라질 수 있다. 이 중에서 우리가 주목하는 계는 평형을 이루고 있는 계이다. 계가 평형을 이룬다는 것은, 기체 전체에서 P, V, T의 값이 일정한 상태를 유지하고 있는 것을 말한다. 따라서 이와 같은 변수들을 밝혀내면 그 계의 상태를 알 수 있다. 이때 사용할 수 있는 것이 상태 방정식equation of state이다. 상태 방정식을 통해 세 변수 사이의 관계와 계에 변화가 생길 때의 상태를 알아낼 수 있기 때문이다. 즉, 외부 조건이 변할 때, 열역학적 계의 상태도 변하게 되면서 P, V, T가 새로운 평형에 맞춰지게 되는 것이다.

일과 열, 내부 에너지 열역학 제1법칙은 일과 열, 내부 에너지를 다루고 있으므로 이 개념들을 살펴볼 필요가 있다.

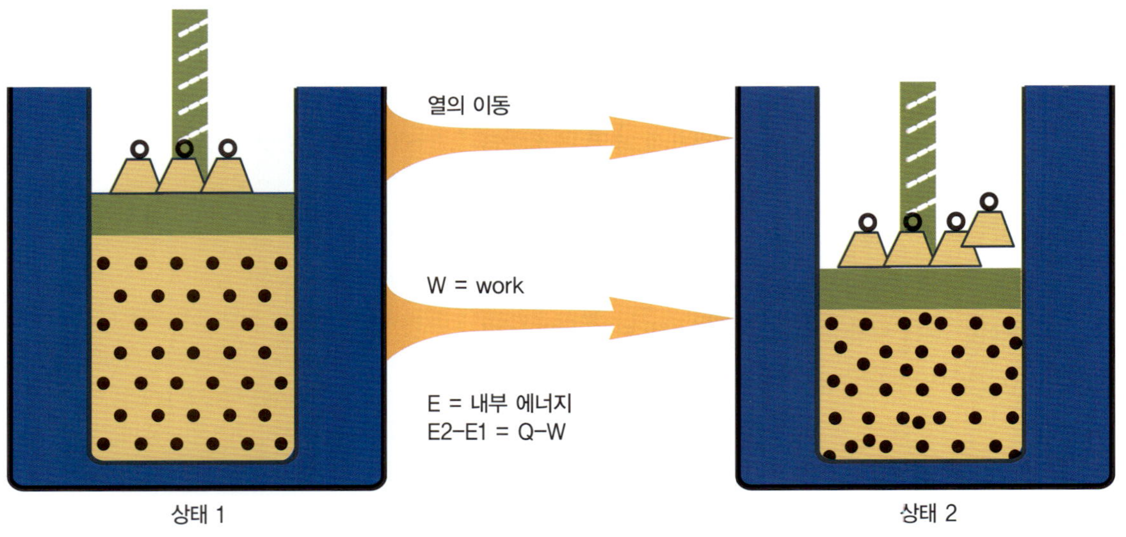

사진 맨 위 계는 피스톤, 유기체가 담겨있는 비커, 시험관 내의 용액 등과 같이 다양한 형태로 존재한다.
그림 아래 열역학 제1법칙은 '계의 내부 에너지의 변화는 계로 들어온 열에서 계가 한 일을 뺀 값과 같다.'로 정리될 수 있다. 그림에서 본래 평형을 이루고 있는 계(왼쪽)를 압축하여 새로운 평형 상태(오른쪽)로 만들면 특정한 양의 열(Q)이 전이되어 특정한 양의 일(W)을 계에서 하게 된다. 이때 두 상태의 내부 에너지 차이는 $Q-W$이다.

열역학 제1법칙은 날씨의 변화에도 적용할 수 있다. 날씨 변화는 온도와 압력의 변화로 일어나기 때문이다.

기체의 운동을 통해서 일과 열 등의 개념들을 생각해 보면, 우선 열은 기체의 분자 운동과 관계된 에너지이다. 열은 물체에서 물체로 전달되는 에너지를 말한다.

그리고 한 물체가 가진 에너지의 총량을 내부 에너지라고 한다. 내부 에너지는 흔히 온도를 통해 그 양을 측정할 수 있다. 물체에 작용하는 기계적 일도 내부 에너지를 증가시킨다. 예를 들어, 기체가 압축되는 것이 여기에 해당된다. 또한 기체가 팽창할 때, 내부 에너지가 기계적 일을 수행하게 된다.

이런 사실들을 종합해 보면, 열역학 제1법칙은 '열이 다른 형태의 에너지로 변하거나, 반대로 다른 형태의 에너지가 열로 변할 때, 에너지의 총량은 일정하다.'라고 정리할 수 있다.

또한 일에 대해 이야기할 때 열과 내부 에너지의 관계는 정의할 수 있다. '열이나 일을 가하여 계에 변화를 주게 되면, 계 내에서 일어나는 에너지의 변화는 외부에서 가한 에너지의 양과 같아야 한다.'고 정의할 수 있다. 이를 공식으로 표현하면 다음과 같다.

$$\triangle E = Q + W$$

이때 $\triangle E$는 에너지의 변화, Q는 가해진 열, W는 계에서 일어난 일을 나타낸다. 이 법칙은 닫힌계에만 적용되며, 일반화된 형태로는 에너지

영국 물리학자 제임스 줄의 사진이다. 에너지의 단위 J은 그의 이름을 따서 지어졌다.

제임스 줄

제임스 줄(James Prescott Joule)은 열역학 제1법칙을 정립하는 데 중요한 역할을 한 과학자이다. 그는 영국 랭커셔(lancashire)의 부유한 양조업자의 아들로 태어났다. 그는 어린 시절에 대부분 가정교사에게서 교육을 받았지만, 곧 과학에 매료되어 집에 실험실을 만들었다. 청년 시절에 줄은 잠시 동안 돌턴의 제자로 지내기도 했다. 그래서 돌턴의 원자론에 많은 영향을 받았다.

1840년 줄은 열의 본질과, 열이 기계적 일과 갖는 상관관계에 관심을 가지고 연구했다. 그는 실험을 통해 열의 일당량 값을 약 4.15 J/cal로 계산했는데, 이 값은 오늘날 사용하고 있는 값과 근사하다. 줄은 1847년 과학 학회에 이 연구 결과를 발표했으나, 관심을 보인 과학자는 몇 안 되었다. 줄은 열의 일당량에 대한 강연을 여러 차례 했으며, 몇 년 후, 윌리엄 톰슨의 눈에 띄었다. 곧 두 사람은 공동으로 연구 활동을 했고, 몇 년 후에 기체가 자유 팽창하면 온도가 떨어진다는 것을 증명하게 되었다. 오늘날 이 현상을 줄-톰슨 효과(Joule-Thomson effect)라고 부른다.

보존의 법칙을 들 수 있다. 그러므로 열역학은 에너지 보존의 법칙을 토대로 알게 된 물리 원칙임을 알 수 있다.

카르노와 열기관

1820년 무렵, 프랑스의 물리학자 사디 카르노 Sadi Carnot, 1796-1832는 열기관이 할 수 있는 일의 양에 관심을 가졌다. 여기서 열기관이란 열에너지를 기계적 일로 전환시키는 기관을 말한다. 카르노는 주로 증기 기관에 관심을 가지고 연구했다. 그가 증기 기관에 적용시켰던 열기관에 대한 원리는 오늘날에도 모든 종류의 열기관에 적용

된다. 카르노가 증기 기관을 연구할 당시, 증기 기관은 에너지 효율성이 나쁘기로 유명했다. 증기 기관은 연료를 태워서 발생시킨 열에너지의 95 %를 낭비했기 때문이다. 그러나 카르노는 증기 기관의 에너지 효율성을 높일 수 있을 것이라고 믿으면서 연구에 몰두했다.

증기 기관의 열은 뜨거운 부분증기 실린더에서 차가운 부분냉각기으로 흐른다. 다시 말해 증기 기관은 고온 T_1에서 열이라는 형태로 에너지를 공급받아 일을 하고, 그 후에 낮은 온도 T_2에서 열을 방출하는 구조로 되어

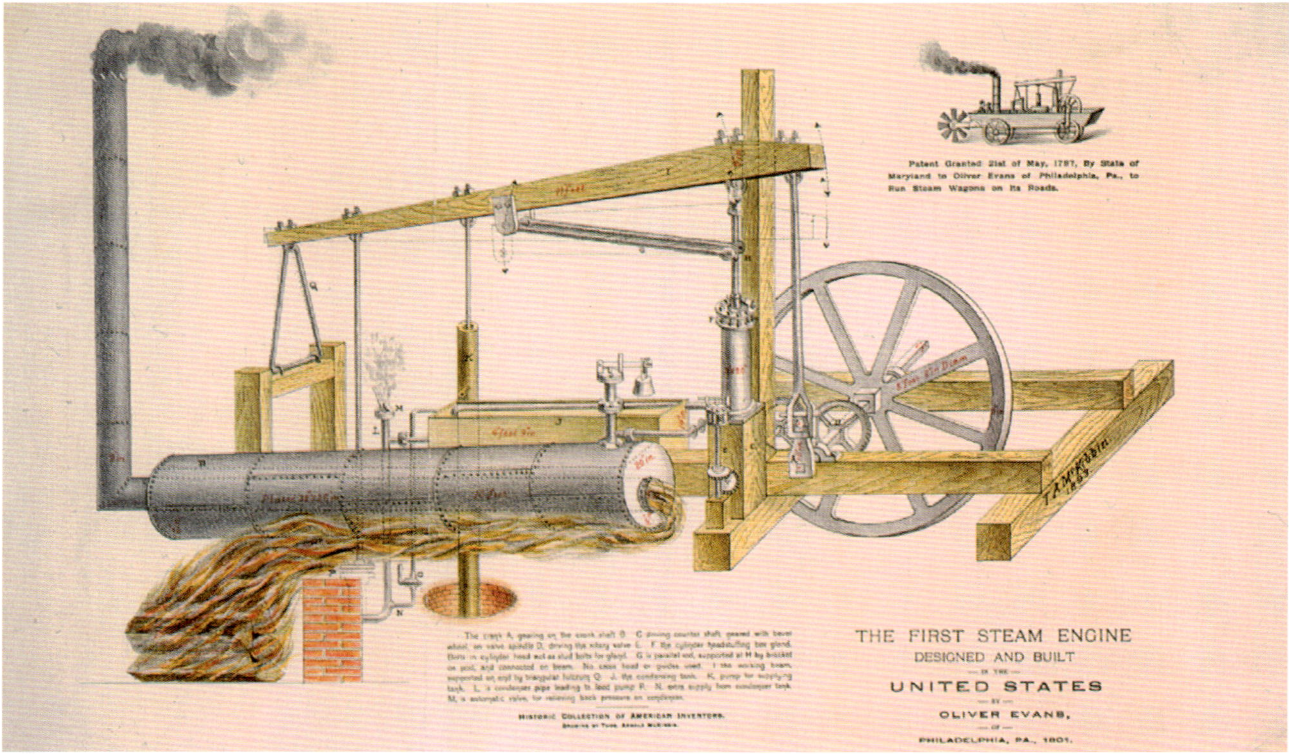

위 대형 트럭에 많이 사용되는 디젤 엔진은 가솔린 엔진에 비해서 효율성이 높다.
아래 증기 기관을 그린 것이다. 이 증기 기관은 1801년에 미국 필라델피아의 올리버 에번스(Oliver Evans)가 제작한 것이다.

있다. 카르노는 이 두 온도 관계에 집중했다. 그는 마찰이나 복사로 인한 열손실이 없는 이상적인 열기관을 고안하게 되었다. 오늘날 이 기관을 카르노 기관이라고 부른다. 카르노가 만든 열기관의 효율성은 그 어떤 열기관보다 우수하며, 다음과 같은 식으로 나타낼 수 있다.

$$E_C = 1 - \frac{T_2}{T_1}$$

이 식을 보면, 엔진의 효율성 E_C을 최대화하기 위해서는 배기 온도 T_2를 최소화시키고, 엔진의 온도 T_1를 최대한 높여야 한다는 것을 알 수 있다. 즉, T_1에 대한 T_2의 온도 비율이 높을수록 효율성도 높다는 뜻이다. 여기서 사용하는 온도는 절대 온도이므로, 100 %의 효율성을 얻기 위해서는 T_2가 0 K이 되어야 한다. 그러나 0 K을 현실적으로 구현하는 것은 물리적으로 절대 불가능하다.

카르노 순환 카르노 기관은 자유롭게 움직이는 피스톤이 장착된 원통으로 단순화시킬 수 있다. 이 기관에 이상 기체가 채워져 있다고 생각하면, 카르노 기관에서 일어나는 작업을 다음과 같이 요약할 수 있다.

프랑스의 물리학자이자 공학자인 사디 카르노이다. 그는 열역학의 기초를 닦은 과학자였다.

먼저 한정된 열이 높은 온도에서 열원으로부터 흡수된다. 이 열의 일부는 일을 수행하는 데에 쓰인 후, 냉원low-temperature reservoir으로 흘러 들어간다. 이때 일에 쓰이지 않고 열이 방출되는 것을 열손실이라고 한다.

많은 공학자들은 엔진에서 100 %의 열효율을 갖는 완벽한 순환을 이루고자 노력했다. 이에 가장 성공적인 성과를 거둔 사람은 루돌프 디젤 Rudolf Diesel, 1858-1913이었다. 그는 13년간의 고된 노력 끝에 1893년 최초로 스스로 만들어낸 동력으로 작동하는 완벽에 가까운 엔진을 개발했다.

윌리엄 톰슨(켈빈 경) 카르노의 연구는 당대에 인정받지 못했다. 카르노의 연구를 처음으로 진지하게 받아들인 사람은 스코틀랜드의 물리학자 켈빈이었다. 그는 여러 해 동안 열과 일 사이의 기이한 관계에 대해 고민하고 있었다. 일은 아무런 문제없이 열로 전환될 수 있는 반면에, 그 반대는 성립하지 않기 때문이었다. 어떤 계가 높은 온도에서 낮은 온도로 넘어갈 때, 언제나 어느 정도의 열이 '손실' 되었다. 켈빈은 이를 에너지가 분산dissipation of energy되기 때문이라고 생각했다.

켈빈은 1840년대 말 카르노의 연구를 검토하기 시작했다. 열기관에 서로 다른 2개의 온도가 필요하고, 같은 온도에서는 열기관이 작동될 수 없다는 사실을 알게 되었다. 그 후 켈빈은 절대 온도의 개념을 고안했고, 다른 과학자들이 열기관에 대한 문제를 더 깊이 이해할 수 있도록 도와주었다. 카르노의 연구를 부활시킨 켈빈에 의해 열역학은 물리학의 한 분야로 자리매김하게 된 것이다.

가솔린 엔진에서는 오토 사이클(Otto cycle)로 불리는 과정이 이루어진다.

오토 사이클

가솔린 엔진에서 일어나는 과정을 정확하게 분석하는 것은 쉬운 일이 아니다. 그러므로 어느 정도 추정치를 이용한다. 이때 과학자들이 사용하는 것이 오토 사이클이라고 불리는 이론적인 순환이다. 이 용어는 4사이클 기관을 발명한 니콜라우스 오토(Nikolaus Otto, 1821-1891)의 이름에서 온 것이다. 4사이클 순환은 다음 과정으로 진행된다. 먼저 공기-가솔린 혼합물이 유입된다. 그 후 피스톤으로 압축되고, 점화 스파크가 일어나며, 이로 인한 폭발이 압력을 만들어서 피스톤을 밀어낸다. 이 과정에서 엔진에 동력이 생긴다. 그 후에는 배기 밸브가 개방되면서 배기가스가 방출된다.

열역학 제2법칙

열역학 제2법칙은 닫힌계에 적용할 수 있으며, 다음과 같이 정의할 수 있다.

'어떤 순환에서 열원으로부터 열을 추출하고, 이 열을 모두 일로 전환시킬 수 있는 기관을 만드는 것은 불가능하다.'

열역학 제2법칙에 대한 표현은 여러 가지가 있지만, 모두 동일한 의미를 가진다. 예를 들어 '열은 스스로 낮은 온도에서 높은 온도로 흐르지 않는다.' 또는 '영구 기관perpetual motion machines은 만들 수 없다.' 또는 '우주의 엔트로피entropy는 결코 감소하지 않는다.' 등이 있다. 여기서 영구 기관이란, 추가적인 에너지의 공급 없이 영구적으로 작동하는 기관을 말한다. 예를 들어 물에서 열을 얻어 동력을 만들어내는 배, 즉 특정한 온도에서 물을 유입하여 더 낮은 온도로 배출하는 배와 같은 것을 말한다. 그러나 열역학 제2법칙에 따르면 이런 일은 물리적으로 불가능하다.

클라우지우스와 엔트로피 앞에서 설명한 열역학 제2법칙은 열기관에 주로 적용되는 법칙이다. 하지만 앞에서 알아본 것처럼, 에너지에는 여러 형태가 존재하기 때문에, 이 법칙에 대한 일반화가 필요하다.

이 일을 성공적으로 완성한 과학자는 독일의 물리학자인 클라우지우스Rudolf Clausius, 1822-1888였다. 그는 엔트로피라는 새로운 물리량을 제안했는데, 이를 통해 열역학의 법칙을 다른 방식으로 공식화할 수 있게 되었다.

엔트로피는 추상적인 개념이므로 직접적으로 그 양을 측정하기는 어렵다. 하지만 매우 천천히 일어나는 가역 과정을 통해 설명할 수 있고, 이를 간단히 식으로 나타내면 다음과 같다. 이 식은 일정한 절대 온도 T에서 계로 열 Q가 들어왔을 때 엔트로피의 변화를 나타낸 것이다.

$$\triangle S = \frac{\triangle Q}{T}$$

여기서 $\triangle S$는 엔트로피의 변화, $\triangle Q$는 열의

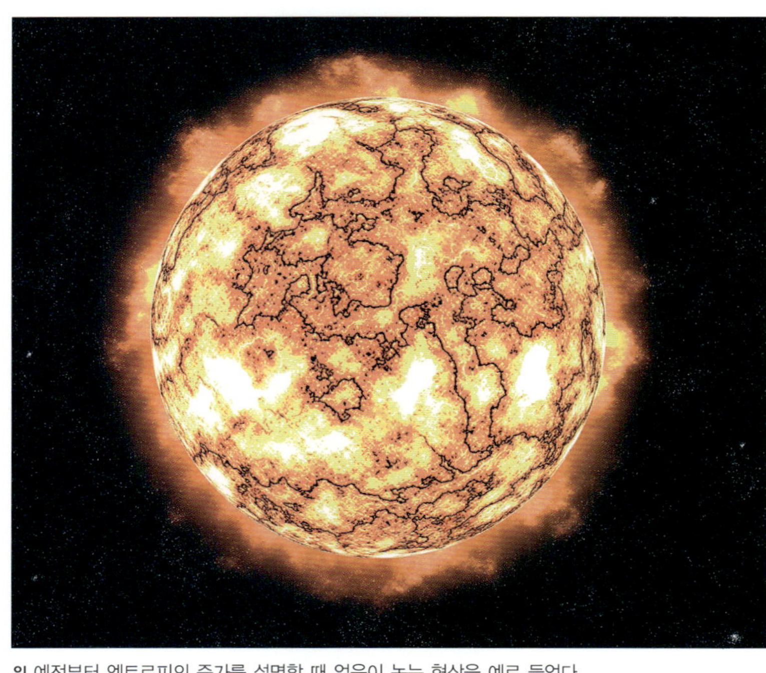

위 예전부터 엔트로피의 증가를 설명할 때 얼음이 녹는 현상을 예로 들었다.
아래 열역학 제2법칙은 닫힌계에만 적용된다. 하지만 그 어떤 계도 태양과 같이 영향력이 큰 외부 환경의 영향을 받지 않을 수는 없다.

왼쪽 독일 물리학자 클라우지우스의 사진이다. 그는 열과 절대 온도의 비율을 나타내는 엔트로피라는 개념을 고안했다.

아래 영구 기관은 에너지원 없이 영구적으로 작동하는 기관을 말한다. 영구 기관은 열역학 제1법칙과 제2법칙에 위배되기 때문에 이런 기관은 실제로 존재할 수 없다.

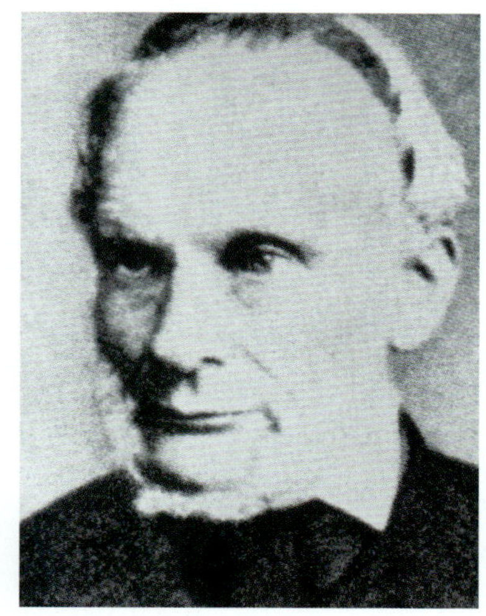

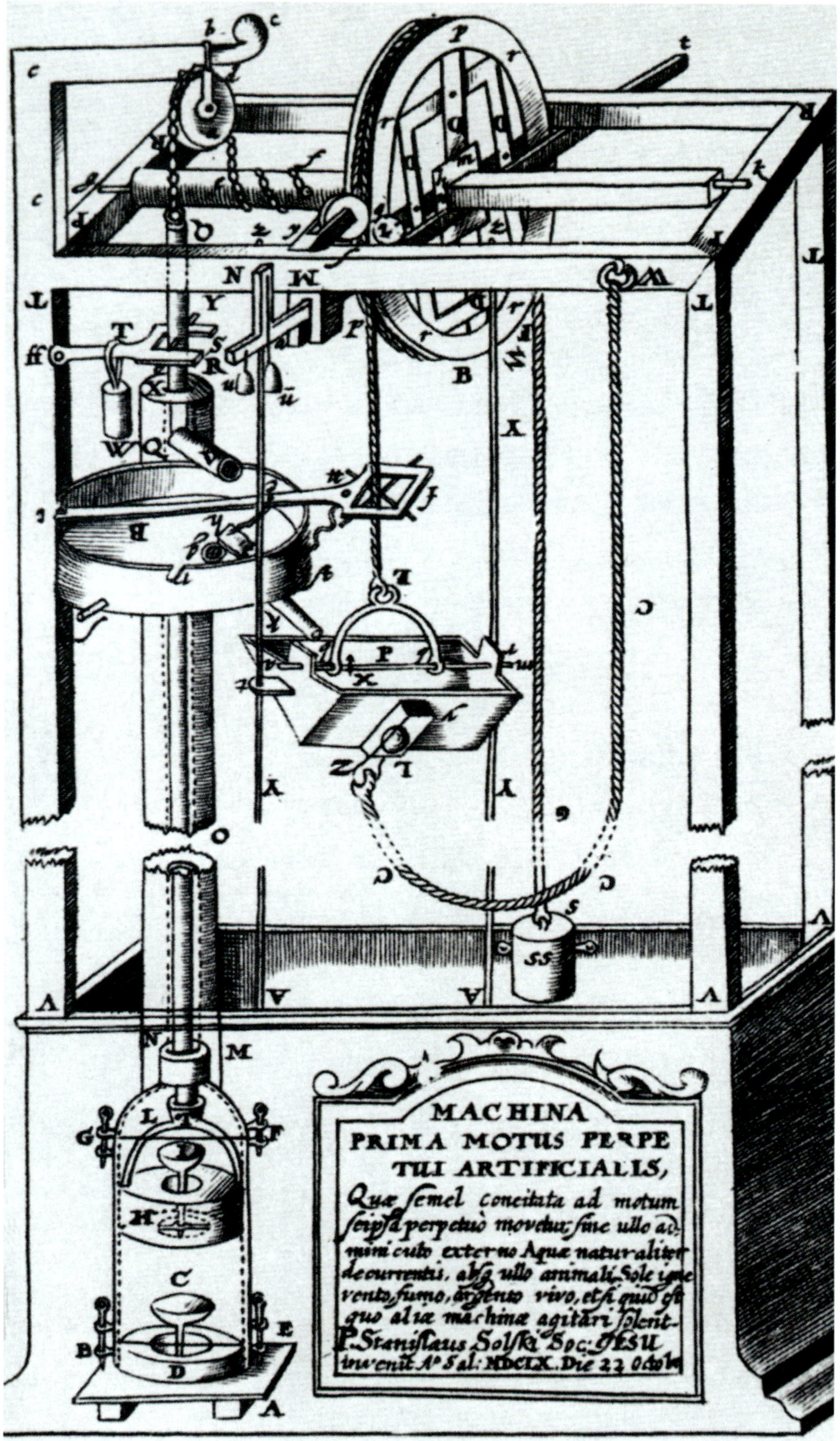

변화, T는 절대 온도를 말한다. 클라우지우스는 엔트로피를 이용해, 열역학 제2법칙을 다음과 같이 정의했다.

'닫힌계에서 엔트로피는 언제나 증가한다.'

이 정의는 닫힌계에만 적용된다는 것이 약점이다. 현실 세계에서는 그 어떤 계도 '완전히' 닫힌 것이 될 수 없기 때문이다. 어떤 계를 완전하게 고립시키려고 해도, 언제나 외부 영향력을 받을 수밖에 없다. 대표적인 외부 환경으로 태양을 들 수 있다. 이런 점 때문에 클라우지우스는 그 정의를 다음과 같이 수정했다.

'우주의 총엔트로피는 지속적으로 증가한다.'

엔트로피는 에너지와 같이 보존되는 양이 아니다. 우주의 엔트로피는 항상 증가한다. 어떤 계의 엔트로피를 감소시키는 것은 가능하지만, 최소한 그 양만큼 주위의 엔트로피는 증가한다.

무질서와 가능성

우주의 엔트로피가 언제나 증가한다는 사실은 엔트로피라는 개념에 대한 이해력을 높여준다. 초기에 열역학을 연구한 과학자들은 열을 일종의 유체로 생각했다. 하지만 이와 같은 생각은 자연 현상을 설명하는 데 한계가 있음을 곧 깨닫게 되었다. 그리고는 열을 분자 운동의 한 모습으로 생각하는 것이 더 편리하다는 것을 알게 되었다.

뜨거운 기체 분자들은 차가운 기체에 비해 평균적으로 진동을 더 많이 한다. 그러나 두 경우 모두 분자의 진동 속도는 일부는 빠르고, 일부는 느렸으며, 이러한 분자들의 진동 속도는 기체 내에 적절하게 분배되었다. 즉, 뜨거운 기체의 분자들이 차가운 기체의 분자들에 비해서 모두 빠르게 진동하는 것이 아니라는 의미이다.

뜨거운 기체가 차가운 기체와 만나게 되면, 두 기체의 분자들은 서로

위 핀 볼 기계에서 공이 보여주는 움직임을 통해 카오스, 즉 무질서를 엿볼 수 있다.
아래 왼쪽 제임스 맥스웰(James Clerk Maxwell)의 사진이다. 그는 기체의 운동 에너지에 대해 많은 사실을 밝혀냈다. 전기와 자기의 관계를 설명하는 4개의 방정식을 고안한 과학자로 유명하다.
아래 오른쪽 오스트리아 물리학자 루트비히 볼츠만(Ludwig Boltzmann)의 사진이다. 그도 역시 기체 운동 이론에 대해 중요한 업적을 많이 남겼다.

충돌하게 된다. 그리고 평균적으로 진동이 큰 뜨거운 기체의 에너지가, 진동이 작은 차가운 기체로 전달된다. 차가운 기체로 전달된 진동 에너지는 기체 내에 균등하게 퍼지면서 평형을 이루게 된다. 이때 에너지가 골고루 전달되는 것은 분자들이 계에서 섞이면서 '무질서'가 증가됨을 의미한다. 그러므로 엔트로피가 증가하는 것은 무질서가 증가하는 것이라고 말할 수 있다.

엔트로피와 무질서 사이의 관계를 쉽게 이해하기 위해서 유리통 안에 구슬이 들어있다고 생각해 보자. 구슬의 절반은 빨간색이고, 절반은 파란색이며, 빨간 구슬이 파란색 구슬 위에 쌓여있다고 생각하자. 이때 이 계의 엔트로피는 최소이다. 유리통을 흔들면 구슬이 서로 섞인다. 빨간 구슬이 아래로 내려가기도 하고, 파란 구슬이 위로 올라가기도 할 것이다. 유리통을 흔들면 흔들수록 구슬들은 더 많이 섞이면서 무질서하게 된다. 그러므로 이 계의 엔트로피가 증가하고, 감소하는 일은 일어나기가 매우 어렵다. 엔트로피가 감소하기 위해서는 빨간 구슬과 파란 구슬이 분리되어야 하는데, 이런 일이 일어날 가능성은 거의 없다.

엔트로피와 무질서가 같은 의미를 가지기 때문에, 우주의 '무질서'도 역시 증가하고, 감소하는 일은 없다고 할 수 있다. 어떤 계가 질서 상태에서 무질서 상태로 변하는 것은 무질서 상태가 질서 상태보다 더 '일어나기 쉽기' 때문이다. 물론 어떤 계가 짧은 시간 동안 질서 상태로 변할 가능성이 조금은 있을 것이다. 하지만 장기적으로는 언제나 무질서 상태가 계를 압도하게 된다.

이런 관점에서 볼 때, 열역학에서 '가능성probable'이 매우 중요한 의미를 가진다고 할 수 있다. 루트비히 볼츠만Ludwig Boltzmann, 1844–1906은 열역학에서 가능성이 가지는 의미에 대해 상세하게 연구를 했고, 그의 연구로 인해 물리학에 통계 역학statistical mechanics이라는 새로운 분야가 탄생하게 되었다.

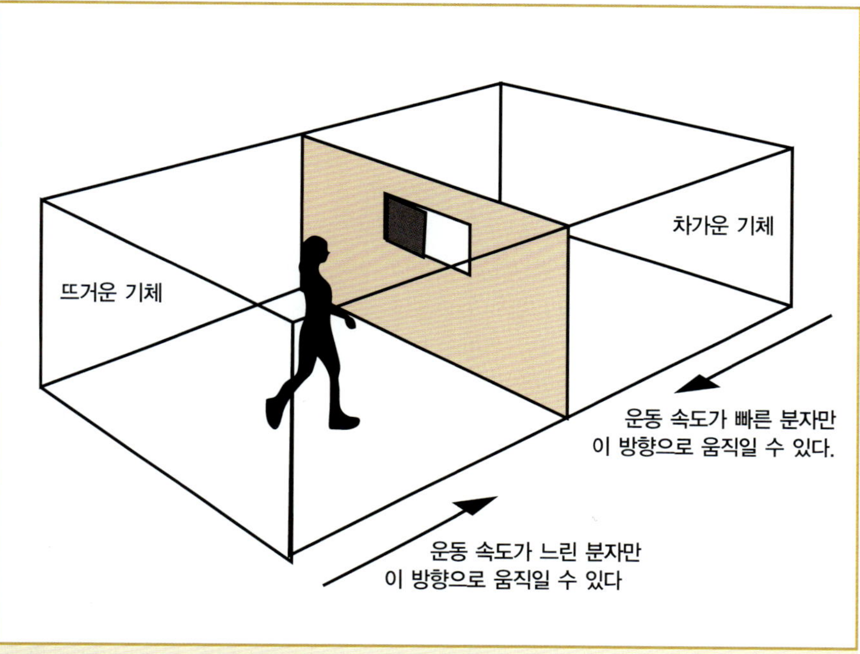

맥스웰의 도깨비는 작은 창문을 통해 움직이는 모든 분자의 속력을 알고 있는 가상적인 존재이다. 이 도깨비는 창문을 자유롭게 열고 닫으면서 특정한 분자가 반대편으로 이동하는 것을 조절한다.

맥스웰의 도깨비

스코틀랜드의 물리학자 제임스 맥스웰은 1867년에 열이 차가운 물체에서 뜨거운 물체로 흐르는 것이 이론적으로 가능하다는 사실을 흥미로운 방식으로 설명했다. 그는 커다란 방의 한쪽(A)에는 뜨거운 기체로 가득하고, 나머지 한쪽(B)에는 차가운 기체로 가득하다고 가정한 후, 그 방 안에는 '맥스웰의 도깨비(Maxwell's demon)'라고 불리는 가상적인 존재를 두었다. 그리고 이 도깨비는 방 안에 있는 모든 기체 분자의 속력을 알고 있다고 하였다.

도깨비는 A와 B를 구분하는 벽 앞에 서 있으며, 이 벽에는 작은 문이 달린 구멍이 있다. 도깨비는 A에서 속력이 느린 분자가 다가올 때 문을 열어서 B(온도가 낮은 쪽)로 넘어갈 수 있게 해준다. 그리고 B에서 속력이 빠른(뜨거운) 분자가 다가올 때, A(온도가 높은 쪽)로 넘어갈 수 있게 해준다. 이런 작업이 유지되면, 뜨거운 쪽의 온도는 계속 올라가고 차가운 쪽의 온도는 계속 내려가게 된다. 그러나 이런 일이 실질적으로 일어날 확률은 매우 낮고, 맥스웰의 도깨비 역시 가상적인 세계에서만 존재하므로 열역학 제2법칙은 항상 성립한다.

열역학 제3법칙

1906년에서 1912년 사이, 독일의 물리화학자 헤르만 네른스트Walther Hermann Nernst, 1864–1941는 열역학 제3법칙을 정립했다. 그 내용은 다음과 같다.

'아주 이상적인 절차가 있더라도 어떤 계에서 한정된 횟수만으로 온도를 절대 영도로 낮추는 일은 불가능하다.'

열역학 제3법칙은 순수한 물질이 절대 영도에 있을 때, 엔트로피도 0이 된다는 것을 의미한다. 그러므로 절대 영도는 엔트로피를 다룰 때 중요한 기준이 된다.

1911년, 독일의 물리학자 막스 플랑크Max Planck, 1858–1947는 이 법칙이 결정 구조를 가진 물질에 한해서 참인 것을 보였으며 이를 실험으로 입증했다. 그 후 열역학 제3법칙은 다음과 같은 내용으로 수정되었다.

완벽한 결정체가 절대 영도일 때 엔트로피는 0이다. 물체의 온도가 절대 영도이면, 열에너지가 존재하지 않으며 분자도 움직이지 않으므로 이 법칙을 적용할 수 있다. 그리고 이런 경우, 무질서도 존재할 수 없다.

열역학 제0법칙 열역학 제0법칙은 열역학 제1법칙, 제2법칙, 제3법칙이 정립된 후에 만들어졌다. 하지만 더 기본적인 법칙이므로 제1법칙을 제치고, 제0법칙이라는 이름을 얻게 되었다.

열역학 제0법칙은 계의 평형을 다룰 때 적용할 수 있는 법칙이다. A와 B라는 두 개의 계를 생각해 보자. A계와 B계가 연결되어 있고, 얼마의 시간이 흐른 후에 A와 B의 온도가 같아지면, 이런 상황을 가리켜 평형을 이루었다고 말한다. 이 평형 상태를 논리적으로 시험하기 위해서

위 열역학 제3법칙은 온도를 정의할 때 사용된다.
아래 독일의 물리화학자 헤르만 네른스트의 사진이다. 그는 열역학 제3법칙을 고안했다.

제3의 물체, 즉 실험체를 이용하게 된다. 따라서 열역학 제3법칙은 다음과 같이 정리할 수 있다.

'A계와 B계가 열역학적으로 평형을 이룰 때, B와 C가 열적 평형을 이루고 있으면, A와 C도 열적 평형을 이룬다.'

기브스와 자유 에너지 예일 대학교의 조시아 윌러드 기브스Josiah Willard Gibbs, 1839–1903 교수는 1876년에서 1878년까지 코네티컷 과학 아카데미에 제출한 몇 건의 논문을 통해 열기관에 한정되어 적용되던 열역학의 기본 원리들을 자신의 연구에 적용시켰다. 당시 논문의 제목은 〈이종 물질의 평형에 대하여〉였다. 그의 논문에 담긴 연구 내용은 19세기 과학계에 있었던 가장 위대한 업적 중 하나로 평가받고 있다. 이 논문들을 통해 현대 물리 화학과 화학 열역학의 기초가 만들어졌기 때문이다.

기브스는 화학 반응을 일으키는 것이 무엇인지에 대해 깊은 관심을 가졌다. 그는 이를 설명하기 위해 화학적 잠재력과 자유 에너지라는 개념을 도입했다. 기브스는 이것을 반응 뒤에 '숨어있는 힘'이라고 했다.

또한 기브스의 업적 중에는 액체, 기체, 고체의 여러 상相 사이의 평형을 다루는 상규칙phase rule에 대한 해석이 있었다. 그리고 그는 통계 역학의 기초를 세웠으며, 벡터 해석을 고안하기도 했다.

이와 같은 화려한 업적에도 불구하고 기브스의 연구가 제대로 인정받기까지는 여러 해가 걸렸다. 또한 오늘날까지도 그의 연구는 많은 사람들에게 알려지지 않고 있다. 이유는 그가 유명하지 않은 학술지에 논문을 발표했다는 것과, 그가 사용한 정밀 수학이 매우 복잡하여 대부분의 과학자들이 쉽게 이해할 수 없다는 데에 있다. 그의 업적을 처음으로 주목한 과학자는 제임스 맥스웰이었다.

미국의 물리학자 조시아 윌러드 기브스의 사진이다. 그는 열역학의 원리들을 화학 반응에 적용시켰다.

CHAPTER 6

빛과 광학

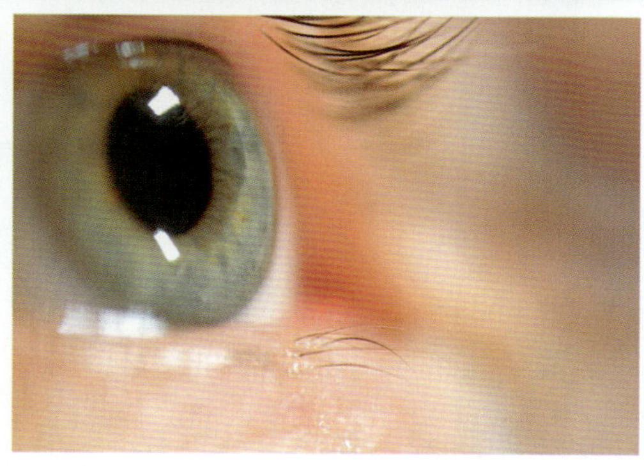

왼쪽 흰색의 빛이 무지개 색으로 나뉠 수 있다는 사실을 최초로 밝힌 사람은 뉴턴이었다.
위 우리에게 가장 중요한 광원은 태양이다. 그러나 빛은 등불과 같은 인공 광원을 통해서 얻을 수도 있다.
아래 우리 몸에서 빛을 감지하는 감각 기관은 눈이다.

우리가 주변에서 얻는 모든 정보와 지식은 감각 기관을 통해서 인식한 것들이며 그 감각 기관 중에서 특히 중요한 것은 시각이다. 그리고 지난 수십 세기 동안 인류는 시각을 통해 방대한 양의 지식을 얻었다. 우리 몸에서 시각을 담당하는 감각 기관은 눈이다. 눈은 빛에 매우 민감한데, 눈으로 보는 모든 것은 물체가 반사하거나 방출하는 빛이다.

지구에서 가장 크고 기본적인 광원은 태양이다. 태양은 지구 전체를 감싸는 빛을 제공한다.

초기의 많은 과학자와 철학자들은 빛의 속도가 무한대라고 생각했다. 그래서 갈릴레이는 실험을 통해 이 사실을 증명하고자 했다. 갈릴레이는 등불과 덮개를 이용하여 실험했다. 산 위에서 자신이 있는 곳에 등불과 덮개 한 세트를 설치하고, 약 1.6 km 떨어진 곳에 동일한 장비를 가진 조수를 보냈다. 그리고는 조수에게 산 위에서 등불에 비쳐 자신이 보이면, 가지고 올라간 덮개를 열어 빛을 보이게 했다. 이 실험을 통해 갈릴레이는 산 위에서 불빛이 보이는 데에 시간의 차이가 생긴다는 것을 확인하였다. 그러나 그 차이는 거리 때문이 아니라 관찰자가 반응하는 데에 시간이 걸렸기 때문이었다.

이 실험을 통해 갈릴레이가 확인할 수 있었던 것은 빛의 속도가 자신의 장비를 통해 관찰할 수 없을 만큼 아주 빠르다는 사실이었다. 그는 이 실험을 통해 빛의 속도가 유한한지 무한한지 알 수 없었다. 그러나 중요한 사실은 갈릴레이가 빛의 성질에 대해 실험을 했다는 점이다. 그 후 많은 과학자들이 빛에 대해 연구했다.

빛의 속도 측정

갈릴레이는 빛의 속도를 측정하는 데에는 실패했으나, 천문학사에 길이 남을 중요한 발견을 했다. 1610년 갈릴레이는 자신이 직접 제작한 천체 망원경으로 목성 둘레를 공전하고 있는 4개의 위성을 관측한 것이다. 이 위성들이 주기적으로 목성 뒤로 숨는다는 사실은 매우 흥미로운 일이었다. 갈릴레이의 목성 위성 관측은 여러 사람들에게 알려졌고, 얼마 지나지 않아 위성들의 주기를 관측했으며, 이것으로 목성의 월식을 예측할 수 있게 되었다.

덴마크의 천문학자 올레 뢰머Ole Roemer, 1644–1710는 1670년 무렵에 목성 위성의 월식을 관측했다. 그런데 뢰머는 그 주기가 일정하지 않다는 사실을 발견했다. 목성 위성의 월식이 때로는 예측 시간보다 이르게 관측되었고, 때로는 예측 시간보다 늦게 관측되었기 때문이다. 뢰머는 목성과 지구가 태양을 사이에 두고 반대 방향에 있을 때 월식이 더 늦게 일어나고, 같은 쪽에 있을 때는 더 일찍 일어난다는 사실을 깨달았다.

목성과 지구가 태양과 같은 방향에 있을 때는 서로 600억 km까지 접근하고, 목성이 반대편에 있을 때 900억 km까지 멀어진다는 사실을 이미 알고 있었던 때였다. 그래서 뢰머는 두 행성이 서로에 대해 반대편에 있을 때는 빛이 300억 km를 더 이동해야 하기 때문에 월식의 주기가 일정

하지 않게 관측된다고 생각했다. 그는 이를 이용하여 빛의 속도를 계산했다. 그가 알아낸 빛의 속도는 240,000 km/sec이었다. 이 값은 오늘날 우리가 알고 있는 빛의 속도에 비해 매우 느린 것이지만, 비교적 근사한 값이었다. 그리고 빛의 속도가 무한하지 않고, 유한하다는 사실을 입증하는 최초의 증거였다.

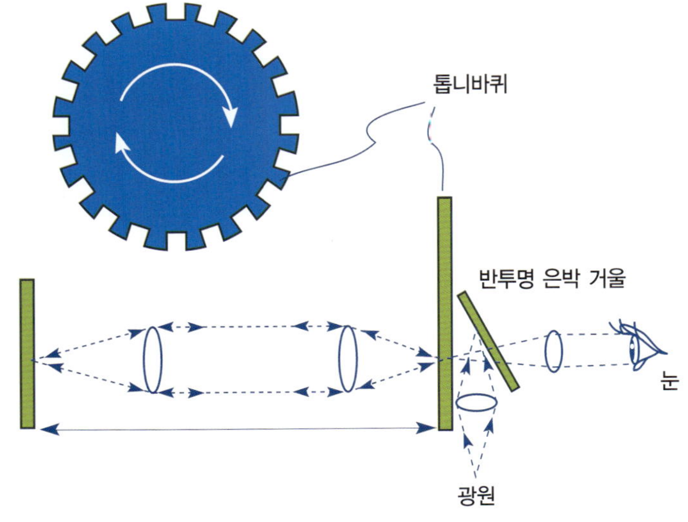

위 1610년 갈릴레이는 목성 주위를 돌고 있는 4개의 위성을 최초로 발견했다.
가운데 아르망 피조의 사진이다.
아래 피조가 빛의 속도를 구하기 위해 사용한 장치이다. 그는 반투명의 은박 거울을 이용하여, 톱니바퀴 사이로 빛을 쏘았다. 이 빛은 반대편으로 넘어가서 거울에 반사된다. 톱니바퀴의 속도를 적절하게 조정하면, 빛은 이웃한 틈을 지나 되돌아온다.

피조의 실험 빛의 속도를 정확하게 측정하는 일은 뢰머의 실험 후 약 100년이 지난 후에 성공적으로 이루어졌다. 1849년, 프랑스의 물리학자 아르망 피조Armand Fizeau, 1819~1896는 빛의 속도를 측정하기 위해 회전하는 톱니바퀴를 이용했다. 그는 톱니바퀴를 설치하고 그곳에서 약 8 km 떨어진 곳에 거울을 두었다. 피조는 톱니바퀴 뒤에 광원을 설치한 후 '빛 펄스light pulse'를 발생시켜 거울을 향해 쏘았다. 그는 빛 펄스가 거울에 반사된 후, 톱니바퀴 가장자리의 틈을 지나 동일한 틈으로 돌아오도록 설계했다.

빛은 속도가 매우 빠르다. 따라서 톱니바퀴의 회전이 상대적으로 느릴 때에는 톱니바퀴의 가장자리에 있는 틈을 통과한 빛이 거울에 반사되어 돌아올 때 같은 틈을 통과할 것이다. 반면에 톱니바퀴의 회전 속도를 높이면, 거울에 반사되어 돌아오는 빛이 최초로 통과했던 틈과 이웃한 틈을 지나게 될 것이다.

그림을 보면 톱니바퀴에서 거울까지의 거리를 L, 톱니바퀴의 수를 n, 톱니바퀴가 회전하는 횟수를 f라고 하자. 그러면 톱니바퀴가 한 바퀴 도는 데 걸리는 시간은 $\dfrac{1}{f}$일 것이다. 그리고 톱니바퀴 한 개가 돌아가는 데 걸리는 시간 t는 $t = \dfrac{1}{fn}$로 계산할 수 있다. 톱니바퀴의 틈 사이를 지난 빛이 거울에서 반사한 후, 다시 톱니바퀴 틈으로 되돌아오는 시간은 $\dfrac{2L}{c}$로 간단히 나타낼 수 있다. 이때 c는 피조가 측정하고자 하는 빛의 속도이다. 이때 $\dfrac{2L}{c}$ 값이 t와 같다면 반사한 빛은 톱니바퀴 사이의 틈을 통과할 것이다. 하지만 $\dfrac{2L}{c}$ 값이 $\dfrac{t}{2}$와 같다면 톱니바퀴의 틈에 막혀 어둡게 보일 것이다. 피조는 이 실험에서 $L = 8{,}633$ m, $n = 720$개, $f = 12.6$ Hz일 때 빛이 어둡게 보인다는 실험 결과를 얻어 다음과 같은 관계식으로 빛의 속도를 구하였다.

$$\frac{2L}{c} = \frac{1}{2fn}$$

$$\therefore c = 4Lfn = 4 \times 8{,}633 \times 12.6 \times 720 \times 3.13 \times 10^8 \text{ m/s}$$

마이켈슨과 몰리 피조 이후, 빛의 속도를 가장 정확하게 측정한 과학자는 미국 시카고 대학교의 알버트 마이켈슨Albert Michelson, 1852~1931과, 오하이오에 있는 케이스 웨스턴 리저브 대학교의 에드워드 몰리Edward Morley, 1838~1923였다. 그들은 캘리포니아에 있는 산에서 실험을 했다. 두

알버트 마이켈슨은 빛의 속도를 측정하기 위해 끊임없이 노력했다. 그는 1909년 미국인으로서 최초로 노벨 물리학상을 받았다.

봉우리 사이의 거리는 35 km이고, 특수 제작한 8면 거울을 이용했다. 이들은 공기 중에서 빛의 속도를 계산한 후, 긴 진공관을 이용하여 진공 상태에서 빛의 속도를 관측했다. 이들이 진공에서 측정한 속도는 299,775 km/sec로, 공기 중에 있을 때보다 빠르다는 사실을 발견했다.

오늘날의 빛의 속도

알버트 마이켈슨과 에드워드 몰리 이후 여러 과학자들이 빛의 속도를 측정했다. 오늘날 일반적으로 알려진 진공 상태에서 빛의 속도는 299,792.8 km/sec이다. 이 수치는 흔히 300,000 km/sec로 반올림하여 사용한다. 이 속도는 1초에 지구를 7바퀴 돌 수 있으며, 지구와 태양 사이에 있는 1억 5천만 km를 8분만에 이동할 수 있다. 또한 빛은 진공 상태보다 투명한 매체를 통해 이동할 때 속도가 줄어든다.

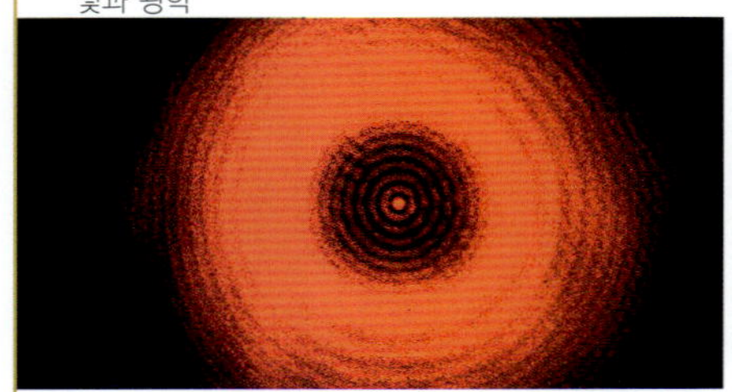

빛은 파동인가? 입자인가?

빛이란 무엇인가? 이 질문은 초기 물리학의 중요한 과제였다. 오늘날 빛의 속도를 정확한 수준으로 측정하고 빛의 기본적인 성질을 많이 알아내긴 했지만, 여전히 빛의 정체가 정확히 무엇인지를 말하는 일은 쉽지 않다.

빛에 대한 이론을 처음으로 세운 사람은 뉴턴이었다. 뉴턴은 빛이 입자로 이루어졌다고 생각했으며, 이것을 작은 미립자corpuscle라고 불렀다.

그는 이 미립자들이 물체의 표면에 부딪히면 반사되고, 반사된 미립자들이 물체의 상image을 만든다고 생각했다. 그리고 이 미립자들은 불투명한 물체와 만나면 멈추고, 투명한 물체를 단나면 통과한다고 생각했다. 이 이론을 통해 빛의 여러 가지 성질을 설명할 수 있었다. 예를 들어, 빛이 어떤 물체를 만날 때 가장자리에 분명한 그림자를 만드는 현상과, 빛이 직진하는 현상을 설명하는 데에는 잘 들어맞았다.

비슷한 시기에 네덜란드의 과학자 크리스티안 호이겐스Christian Huygens, 1629–1695는 뉴턴의 생각과 전혀 다른 이론을 발표했다. 호이겐스는 빛이 일종의 파동 현상이라고 설명했다. 그의 파동 이론은 빛의 여러 성질을 설명할 수 있었으나, 설명할 수 없는 부분도 있었다. 그렇지만 뉴턴의 입자 이론이 설명할 수 없는 부분에는 좋은 대안이 되었다.

토마스 영의 실험 뉴턴과 호이겐스의 서로 다른 생각은 약 100년 동안 이어졌다. 그 기간 동안에 누구도 어느 쪽이 옳다고 확실하게 말할 수 없었다.

그러던 중, 1801년에 영국의 물리학자 토마스 영Thomas Young, 1773–1829이 호이겐스의 파동 이론이 옳다는 것을 실험으로 입증했다. 그는 얇은 금속판 2개 사이로 광선을 통과시켰고, 두 광선 사이에 간섭 현상이 발생하는 것을 관찰할 수 있었다. 파동의 두 마루가 만나는 지점에서 서로를 보강했고, 이로 인해 새롭게 생긴 파동은 각각의 파동에 비해 강도가 2배로 높았다. 반면에 마루와 골이 만나는 지점에서는 서로를 상쇄하면서 빛이 사라졌다. 인접한 금속판을 통과하는 물의 파동에서도 동일한 현상을 관찰할 수 있었다. 이 실험은 빛이 파동의 성질을 가진다는 사실을 입증하는 데 결정적인 역할을 했다.

토마스 영의 실험으로 빛이 파동이라는 사실이 증명되었음에도 불구

위 원형 물체가 만드는 회절 현상은 빛의 간섭으로 밝고 어두운 고리가 반복된다.
아래 영국 물리학자 토마스 영의 초상화이다. 그는 빛이 파동이라는 호이겐스의 이론을 계승 발전시켰다

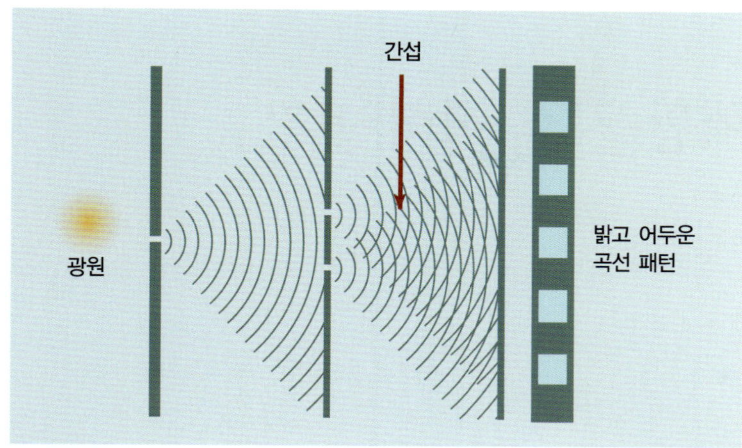

가까이 설치된 금속판에서 볼 수 있는 빛의 간섭을 나타낸 그림이다. 일부 지점에서 보강 간섭이 일어나면서 빛이 밝아지는 반면에 일부 지점에서는 상쇄 간섭이 일어나면서 빛이 어두워지거나 사라진다.

하고, 파동 이론은 즉각적으로 받아들여지지 않았다. 하지만 몇 십 년이 지난 후, 추가적인 증거들이 발견되면서 파동 이론이 우위를 점하게 되었다.

빛의 회절 빛이 파동이라는 사실을 지지하는 추가적인 증거로 회절을 들 수 있다. 회절이란, 1개의 금속판에서 보이는 간섭 현상을 말한다. 빛이 금속판을 만나면, 빛은 금속판 뒤의 영역으로 퍼진다. 이러한 현상은 조건만 잘 맞으면 모든 물체의 가장자리에서 관측할 수 있다. 불투명한

물체가 만드는 그림자의 모서리를 자세히 보면, 어둡고 밝은 선들이 연속적으로 물체의 경계선에서 바깥쪽으로 향하는 것을 볼 수 있다. 특히 경계선에 집중하면 소량의 빛이 물체 모서리 주변으로 '휘는bends' 것을 볼 수 있다. 이것은 호이겐스의 원리로 설명이 가능하다.

편광 현상 빛의 파동적 성질을 지지하는 또 다른 현상으로는 빛의 편광 현상을 들 수 있다. 앞에서 우리는 파동이 횡파와 종파로 존재한다는 것을 배운 적이 있다. 횡파의 경우에는 이동 방향에 대해 수직으로 진동하며, 종파의 경우에는 나란하게 진동한다. 빛이 파동이라는 사실이 입증된 후 곧 빛이 횡파라는 것도 밝혀졌다. 실제로 광선은 전파 방향에 대해 수직적으로 진동하는 여러 개의 잔물결wavelets로 존재한다.

폴라로이드polaroid는 특정한 방향으로 진동하는 광선을 통과시킬 수 있는데, 이 방향을 폴라로이드의 축이라고 한다.

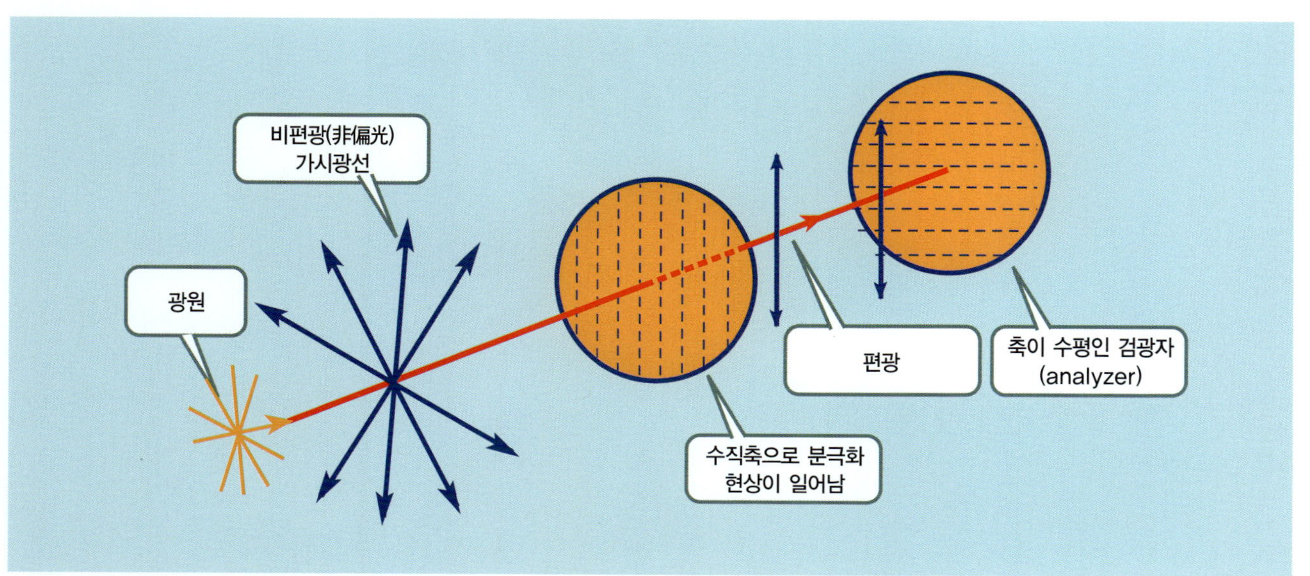

빛의 편광 현상을 나타내는 그림이다. 첫 번째 폴라로이드의 축은 수직으로 진동하는 파동만 통과시킨다. 두 번째 폴라로이드의 축은 수평으로 진동하는 파동만 통과시킨다. 따라서 두 번째 폴라로이드 뒤로는 빛이 지나가지 않는다.

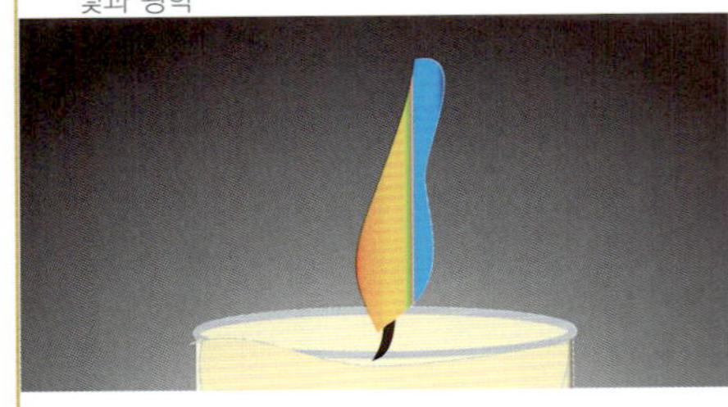

빛에 대한 기초 지식

빛의 성질 중에 가장 먼저 확인할 수 있는 사실은 광원들의 밝기가 서로 다르다는 점이었다. 예를 들어, 100 W짜리 전구는 50 W짜리 전구보다 밝다. 그렇기 때문에 빛의 강도를 표시할 수 있는 척도가 필요했다. 최초로 빛의 강도를 표시할 때 사용한 척도는 양초였다. 같은 크기와 같은 종류의 물질로 만든 양초를 '표준 양초' 라고 불렸다. 표준 양초의 밝기는 1촉광candle이었다.

물론 양초는 신뢰할 수 없는 광원이었기 때문에, 얼마 지나지 않아 특정한 크기의 전구로 대체되었다.

광원에서 멀어지면 빛은 어두워진다. 따라서 빛의 밝기는 광원으로부터의 거리와 관계가 깊다. 빛이 어두워지는 것은, 빛이 광원 주변으로 둥글게 퍼져 나가기 때문이다. 빛이 만드는 구가 커질수록 단위 넓이에 닿는 빛의 양은 감소한다. 구의 넓이는 기하학적으로 반지름의 제곱에 비례하므로, 빛의 강도도 거리의 제곱에 따라 감소한다. 즉, 광원으로부터 거리가 2배로 늘어나면 빛의 강도는 1/4배로 감소한다.

위 빛의 밝기를 측정하는 데 가장 최초로 사용된 것은 촛불이었다.
아래 빛이 반사하기 때문에 백조의 모습이 물에 비치는 것이다.

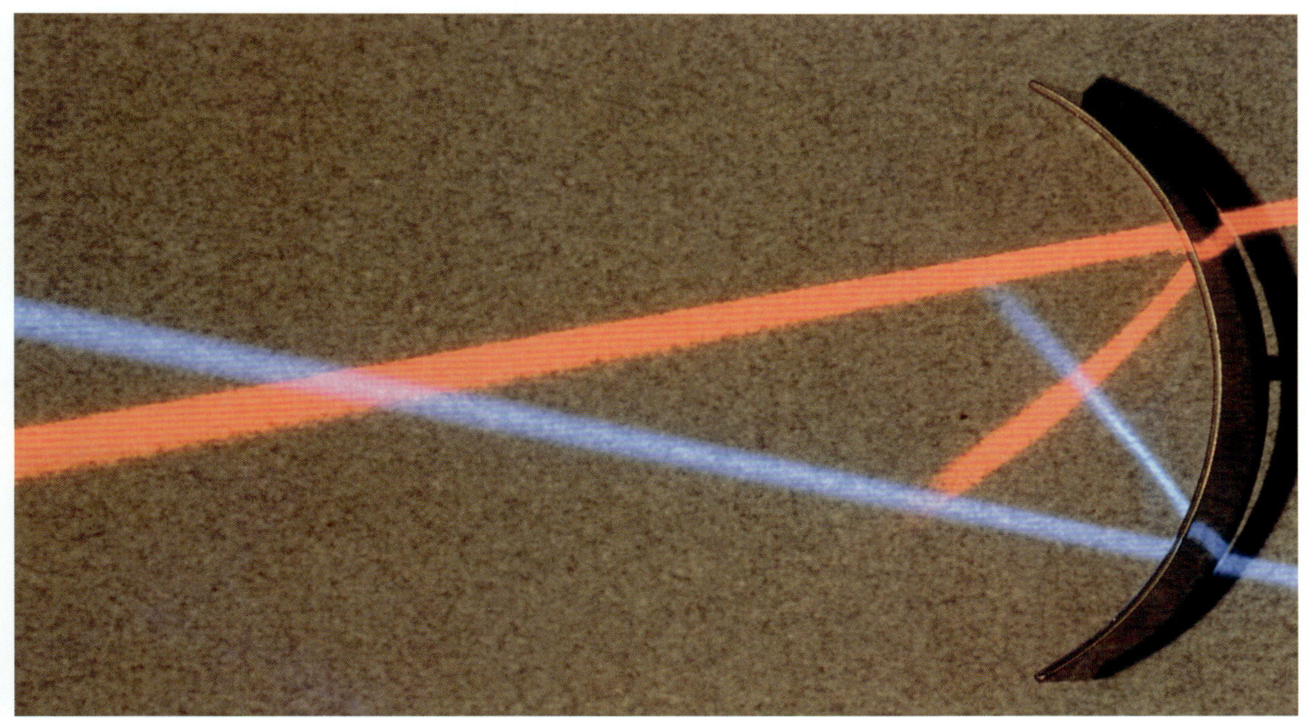

색이 다른 두 광선을 이용해 빛의 반사를 나타내고 있다. 반사 표면이 오목한 거울이므로 두 광선은 교차한다. 만약에 광선들이 서로 평행한 상태로 거울에 반사되었다면, 초점 거리에서 교차하게 될 것이다.

밝기를 나타내는 단위 중에는 피트 촉광foot-candle도 있다. 피트 촉광은 양초 주변에 구의 형태를 가진 표면이 있다고 상상한 후, 이 표면이 양초로부터 1 ft 떨어져 있을 때, 1 ft^{2}의 표면에 받는 빛의 강도를 의미한다. 또한 루멘lumen이라는 단위를 사용하기도 하는데, 1루멘은 1피트 촉광과 같은 강도를 나타낸다.

반사

빛의 대표적인 성질 중 하나는 반사다. 빛의 반사 현상은 물체의 표면에 따라 다르게 나타난다. 물체의 표면이 평면인가, 아니면 곡면인가에 따라 반사는 전혀 다른 형태를 띤다.

빛은 거울처럼 표면이 납작한 물체에서는 평면의 수직선에 대해 반사광reflected ray이 입사광incident ray과 동일한 각도로 반사된다. 이때 입사광, 반사광, 수직선은 모두 같은 평면에 위치하고, 거울에 비친 상의 크기는 물체의 본래 크기와 같다. 그리고 상은 물체와 표면 사이의 거리와 동일한 거리에 있는 것처럼 보인다. 반면에 거울에 비친 상은 본래와 비교해 보면 좌우가 바뀐다.

반면에 곡면에서 일어나는 빛의 반사는 조금 더 복잡하다. 곡면에는 오목한 면과 볼록한 면이 있다. 반사 표면이 구의 안쪽에 있는 경우를 오목 거울이라고 하고, 바깥쪽에 있는 경우를 볼록 거울이라고 한다. 표면이 구부러진 정도는 구의 곡률의 반지름에 따라 달라진다.

광선이 오목 거울의 축과 수평으로 와서 부딪혔다고 했을 때, 이 광선들은 반사될 때와 비슷한 위치로 모이게 되는데, 이를 초점focus이라고 한다.

백미러에 비친 자동차들의 모습이다. 이 거울은 더 넓은 범위를 보기 위해 구부러져 있다. 따라서 자동차들이 실제보다 더 멀리 있는 것처럼 보인다.

빛의 성질 더 알아보기

빛은 파동이므로 앞에서 배운 파동의 성질을 가지고 있다. 빛이 가지고 있는 파동의 성질 중에서 가장 중요한 것은 파장이다. 최초로 빛의 파장을 알아낸 과학자는 토마스 영이었다. 그는 금속판 2개를 사용한 실험에서 관찰된 간섭무늬로 빛의 파장을 측정했다.

오늘날 우리는 빛의 파장을 마이크로미터 $m\mu$ 단위로 나타낸다. $1\ m\mu$는 10억분의 $1\ m$로 나노미터 nm라고도 한다. 그리고 빛의 파장을 나타낼 때 흔히 사용되는 또 다른 단위로는 옹스트롬 Å이 있다. 이 단위는 10분의 $1\ m\mu$에 해당하는데, 옹스트롬Anders Angström, 1814–1874의 이름을 따서

만든 것이다. 빨간색 빛의 파장은 $760\ m\mu$, 또는 $7{,}600\ \text{Å}$으로 나타낸다. 파장이 이보다 긴 것은 파란색 빛이다. 빛에 들어있는 모든 색의 파장의 범위를 옹스트롬 단위로 나타내면 $7{,}600$에서 $3{,}800$이다. 빛이 파장을 가지고 있다는 것은, 빛의 밝기나 강도의 척도를 나타낼 때 사용하는 진동수와 진폭이 있음을 의미한다.

색깔 스펙트럼은 무지개에서 볼 수 있는 모든 색이 도함된다.

빛의 분산 1666년, 뉴턴은 백색 광선을 프리즘에 통과시켰다. 그러자 백색 광선은 무지개 색으로 퍼졌다. 그 전에도 그 현상을 여러 사람이 보았지만, 다양한 무지개 색들이 어디서 왔는지를 처음으로 설명했던 것은 뉴턴이었다.

뉴턴은 첫 번째 프리즘 옆에 프리즘을 하나 더 놓으면서 무지개 색의 스펙트럼이 다시 합쳐져 백색 광선이 된다는 것을 알았다. 이러한 사실을 바탕으로 뉴턴은 백색 광선에 모든 색깔이 포함되어 있다고 주장했다. 실제로 백색 광선이 프리즘을 통과하면 무지개에서 볼 수 있는 모든 색으로 분산되었다. 이 색들을 파장이 긴 것에서 짧은 순서로 나타내면, 빨간색, 주황색, 노란색, 초록색, 파란색, 보라색이다.

1801년, 토마스 영도 중요한 발견을 했다. 토마스 영은 3개의 색깔을 적절하게 배합하는 것

위 색상환(color wheel)은 색깔 스펙트럼을 나타낸 것이다.
아래 뉴턴이 프리즘을 통과한 백색 광선을 관찰하고 있다.

만으로도 모든 색깔들을 만들 수 있다고 확인했다. 이 색들은 빨간색, 초록색, 파란색이다. 이 세 가지 색들을 원색primary colors이라고 하고, 빛의 삼원색이라 부른다. 삼원색을 모두 섞으면, 흰색을 만들 수 있다. 이때 2개의 색을 섞어서도 흰색을 만들 수 있는데, 이를 보색complementary이라고 한다. 예를 들어 노란색과 파란색이 서로 보색인데, 이 두 색을 섞으면 흰색이 된다. 색깔 스펙트럼에서 반대편에 있는 색이 서로 보색이다.

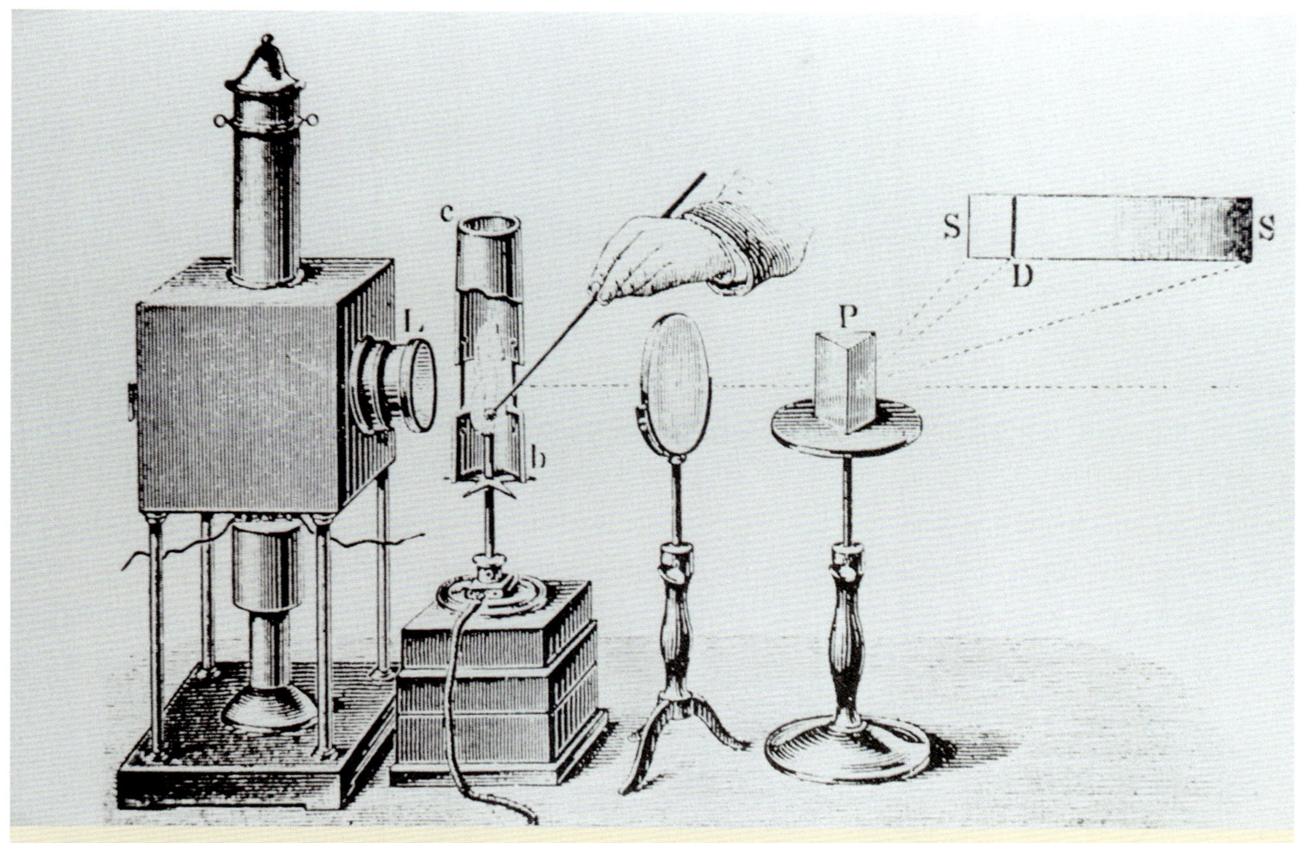

초기의 분광계로 1900년대에 만들어진 것으로 추정된다.

가시광선 스펙트럼

영국의 물리학자 윌리엄 울러스턴(William Wollaston, 1766-1828)은 1802년에 태양 광선을 프리즘에 통과시키자 여러 개의 어두운 선이 색깔 스펙트럼 위에 포개지는 것을 관찰했다. 독일의 물리학자 요셉 본 프라운호퍼(Joseph Von Fraunhofer, 1787-1826)는 이와 같은 선을 600개 발견했는데, 오늘날 이것을 프라운호퍼선이라고 한다. 그 후 1859년, 독일의 화학자 구스타프 키르히호프(Gustav Kirchhoff, 1824-1887)와 로버트 분젠(Robert Bunsen, 1811-1899)이 분광계를 발명했다. 이들이 만든 분광계는 빛이 유입되는 금속판, 평행 광선의 빛을 모으는 평행 렌즈, 프리즘, 그리고 스펙트럼을 관찰할 수 있는 화면으로 이루어져 있었다. 그들은 분광계를 통해 다양한 물질의 스펙트럼을 자세히 관찰할 수 있었고, 또한 물질마다 어두운 선들이 다르게 나타나는 것을 발견했다. 또한 이들은 세 종류의 스펙트럼도 발견했다. 연속 스펙트럼(continuous spectrum), 선 스펙트럼(bright-line spectrum), 흡수 스펙트럼(dark-line spectrum) 등이다. 연속 스펙트럼은 뜨거운 금속에서 나온 백색광에서, 선 스펙트럼은 가열된 야광 기체에서, 흡수 스펙트럼은 백색광이 차가운 기체를 통과할 때 생겼다.

키르히호프는 스펙트럼에서 어두운 선과 밝은 선이 생기는 까닭을 밝혔다. 그것은 물질의 온도와 관계가 있었다. 예를 들어 뜨겁게 가열한 나트륨은 여러 개의 밝은 선을 만들었다. 반면에 백색광의 연속 스펙트럼을 온도가 낮은 기체 상태의 나트륨에 비추면 어두운 선을 만들었다.

굴절

막대기를 물에 담그면, 물에 들어간 부분부터 구부러지는 것을 본 적이 있을 것이다. 이러한 현상이 생기는 원인을 알아보기 위해 다음의 경우를 생각해 보자.

광선이 평면 유리를 통과한다고 생각해 보자. 광선의 각도가 $90°$가 되도록, 즉 수직으로 통과한다면, 광선은 아무런 변화를 일으키지 않고 통과할 것이다. 그러나 광선이 대각선으로 유리를 통과한다면, 구부러져 보일 것이다.

그 이유는 무엇일까? 광선은 파동의 성질을 띠므로 파의 앞부분이 유리에 접근할 때의 상황을 상상하면서 그 이유를 알아보자. 광선은 공기 중에 있을 때보다, 유리 속에 있을 때 속도가 느려진다. 그러므로 유리에 도착한 광선이 유리를 통과하면 광선의 속도에 차이가 생긴다. 유리에 먼저 닿는 광선이 유리 때문에 속도가 지체되는 동안, 나중에 닿는 광선은 공기를 지나고 있으므로 상대적으로 속도가 빠르다. 따라서 광선 전체가 구부러지게 된다. 하지만 광선이 유리를 빠져나올 때는 다시 원래가 된다. 왜냐하면 유리를 먼저 지나간 광선은 공기 중에서 속도가 빨라지고, 유리를 나중에 지나가는 광선은 아직 유리에 있으므로 상대적으로 속도가 느리기 때문이다. 이것은 빛이 밀도가 낮은 투명 매질에서 밀도가 높은 매질로 이동할 때나, 그 반대의 경우에서도 생기는데, 이러한 현상을 굴절이라고 한다.

굴절률 굴절은 서로 다른 물질 속에서 빛의 속도가 다르기 때문에 일어난다. 이때 빛의 상대적 굴절률 n은 두 속도 사이의 비율로 정의할 수 있다.

그리고 빛이 통과하는 한쪽 매질이 진공 상태라고 할 때, 이를 빛의 절대 굴절률이라고 한다. 이를 공식으로 나타내면 다음과 같다.

$$n = \frac{c}{v}$$

여기서 v는 매질 속을 지나는 빛의 속도이고, c는 진공 속을 지나는 빛의 속도이다. 물의 굴절률은 1.33이고, 유리는 종류에 따라 1.5에서 2까지의 굴절률을 가진다.

두 매질의 굴절률과 광선의 입사각을 알면, 수학적으로 반사각을 구할 수 있다. 이러한 계산을 할 수 있도록 식을 만든

위 빨대를 유리컵에 넣으면 굴절 현상을 쉽게 관찰할 수 있다.
아래 이 그림은 광선이 공기에서 물로 진행하고 있는 모습을 나타낸 것이다. 광선은 물에 대한 굴절률이 공기보다 크므로, 광선은 수직선(법선이라고 한다)을 기준으로 구부러지게 된다.

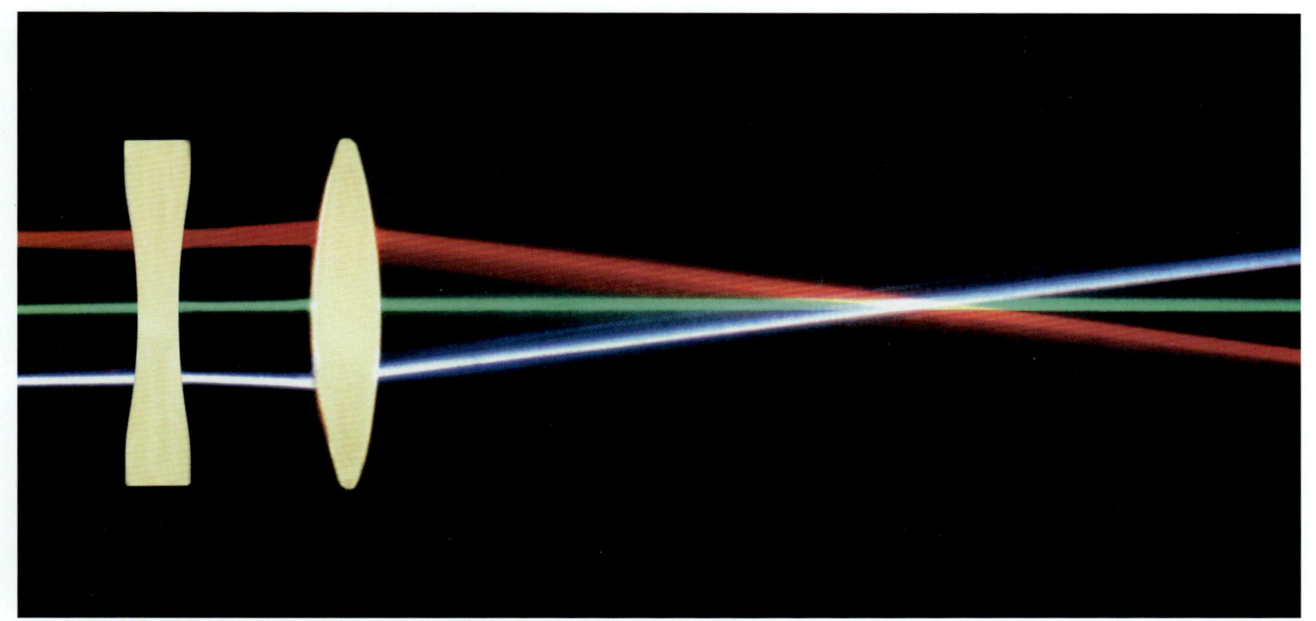

세 개의 광선이 종류가 다른 두 렌즈를 통과하고 있다. 첫 번째 렌즈는 오목 렌즈이고, 두 번째는 볼록 렌즈이다. 광선이 오목 렌즈를 통과할 때는 분산하고, 볼록 렌즈를 통과할 때는 수렴한다.

과학자는 네덜란드의 천문학자이자 수학자인 스넬Willebrord Snell, 1580–1626이었다. 1621년 스넬은 '스넬의 법칙' 을 만들었는데 이를 식으로 나타내면 다음과 같다.

$$n_1 \sin i = n_2 \sin r$$

여기서 n_1과 n_2는 두 매질의 굴절률이다.

내부 전반사 지금까지 상대적으로 밀도가 높은 매질을 통과하는 광선에 대해 알아보았다. 하지만 광선이 물에서 공기로 나가는 것처럼, 밀도가 높은 매질에서 밀도가 낮은 매질로 이동할 때는 어떻게 될까? 이때는 광선이 법선과 멀어지는 쪽으로 구부러진다. 그리고 입사각을 높일수록, 반사각은 더 심하게 구부러진다. 이런 경우, 물에서 공기로 나가는 광선의 굴절각이 90°에 이르는데, 이러한 굴절각을 임계각critical angle이라고 한다.

입사각이 임계각보다 크면, 빛이 모두 반사되는 기이한 일이 발생한다. 물과 공기의 경우 임계각은 48.6°이고, 유리와 공기의 경우 임계각은 약 42°이다. 임계각보다 큰 각도로 수면을 보게 되면, 물은 모든 빛을 반사하여 거울과 같은 효과를 낸다.

프리즘도 거울과 같은 역할을 할 수 있다. 프리즘 표면에 수직으로 접근하는 광선의 경우 내부 전반사total internal reflection가 일어나면서 경사면

이 거울과 같이 보이게 된다. 이러한 특성 때문에 망원경, 쌍안경, 사진기 등에서 흔히 거울 대신 프리즘을 쓴다. 프리즘은 입사하는 빛을 100 % 반사하는데 다른 물체의 표면에는 이와 같은 효율을 가진 것이 없기 때문이다.

백색광이 프리즘을 통과하면 무지개 색이 나타난다.

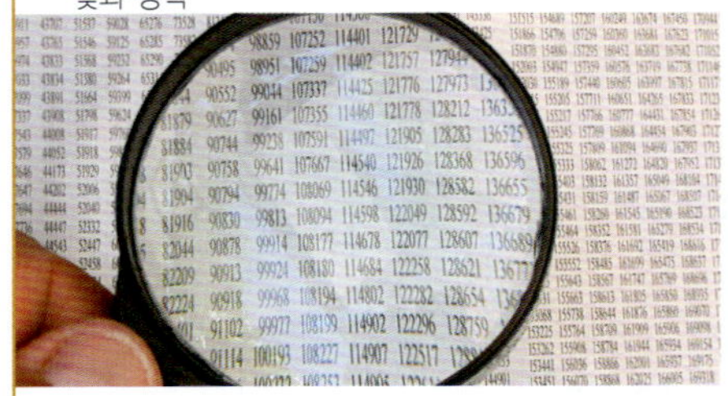

기하 광학

광선이 렌즈를 통과하면 어떻게 될까? 돋보기와 같이 양면이 볼록한 렌즈를 가지고 생각해 보자. 광선이 렌즈와 만나는 지점을 자세히 살피면, 렌즈의 가장자리 쪽으로 통과한 광선이 제일 많이 구부러지는 것을 알 수 있다. 렌즈의 중앙에 가장 가깝게 통과하는 광선일수록 덜 구부러지고, 정중앙을 통과한 광선은 거의 직선으로 지나간다. 렌즈를 통과하는 광선이 모두 렌즈의 축에 나란하게 접근하면, 모든 광선은 한점으로 모이게 된다. 이러한 점을 가리켜 초점이라고 한다. 초점에 맺힌 상은 화면에 나타낼 수 있으므로 실상real이라고 한다.

거울에 오목 거울과 볼록 거울이 있듯이, 렌즈에도 오목 렌즈와 볼록 렌즈가 있다. 오목 렌즈의 경우 광선이 평행으로 렌즈를 통과할 때 광선은 분산된다. 이때 렌즈의 초점 거리를 측정하려면 렌즈를 통해 굴절된 광선을 역으로 추적하면 된다. 이 경우, 평행 광선이 렌즈에 접근하는

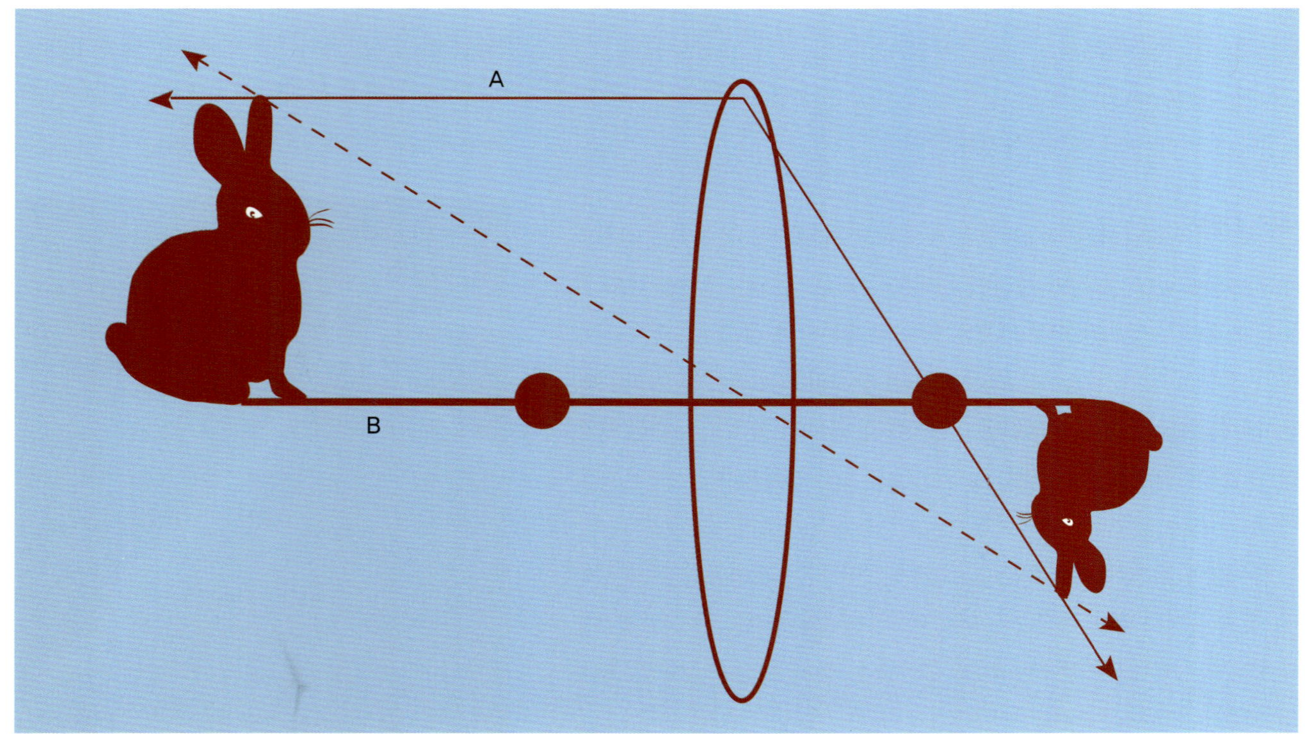

위 돋보기는 양면이 볼록한 렌즈로 되어 있다.
아래 양면이 볼록한 렌즈를 나타낸 것이다. 렌즈의 축과 평행한 광선(A)이 굴절되어 렌즈 반대편의 초점을 지나고 있다. 렌즈 중심을 통과하는 광선(B)은 굴절되지 않고 이 두 광선이 교차하는 지점에 상이 형성된다.

방향 즉, 왼쪽에 점선이 모이는데, 이 지점이 초점이다. 또한 이 지점과 렌즈의 중앙점 사이의 거리를 초점 거리라고 한다. 이 지점에 물체의 상이 나타나면 이를 허상^{virtual}이라고 한다. 이 상을 화면에는 표시할 수 없으나 렌즈로 들여다보면 볼 수 있다.

반사 망원경 반사 망원경은 렌즈 대신 여러 개의 거울로 만들어진다. 렌즈 대신에 거울을 사용하면 여러 가지 이점이 생긴다. 지구에서 매우 멀리 떨어져 있는 희미한 별을 관찰할 때는 빛을 많이 모아야 한다. 이 경우 렌즈를 사용한 망원경은 굴절률이 빛의 파장에 따라 달라지므로, 렌즈의 초점 거리가 변하면서 상이 왜곡되는 현상이 발생한다. 그러나 거울은 빛을 굴절시키는 것이 아니라 반사시키므로 어떤 파장에서나 동일한 초점 거리를 유지할 수 있다.

또한 유리를 깎아 대형 렌즈를 만들 때는 유리의 무게 때문에 렌즈에 결함이 생긴다. 또한 유리 용액을 냉각시키는 과정에서 렌즈에 변형이 일어나므로 렌즈의 광학적 기능에 문제가 생길 수 있다. 반면에 거울은 아무리 크기가 크더라도 렌즈보다는 훨씬 가볍고, 제작 과정에서 원천적인 결함이 생기지 않는다.

그리고 반사 망원경은 굴절 망원경보다 훨씬 가벼워서 천문대에 설치할 때 안정적이다. 굴절 망원경에 들어있는 렌즈 중에서 가장 큰 것은 여키스 굴절 망원경의 렌즈로 지름이 약 1 m이지만, 하와이의 켁^{Keck}에 있는 반사 망원경의 거울은 지름이 약 10 m에 이른다. 그러므로 크기는 비교가 안 된다.

현재 지상 600 km 상공에서 공전을 하며 천체를 관측하고 있는 허블 망원경도 반사 망원경의 원리로 만든 것이다.

태양이나 난로와 같은 열원에서 나오는 복사 에너지^{radiant} ^{energy}는 매질이 없어도 우리에게 잘 전달된다. 우리가 받아들인 복사 에너지는 우리 몸 또는 피부에 있는 원자들을 진동시켜 전도와 대류에 의해 다른 곳으로 전달되기도 한다.

한편, 복사 에너지는 주변보다 온도가 높은 모든 물체에서 방출된다.

거대한 천체 망원경이다. 하늘을 관측하는 광학 망원경들은 대부분 반사 망원경이다.

망원경

최초로 망원경을 만든 사람은 네덜란드의 렌즈 제작자 한스 리페르세이(Hans Lippershey, 1570-1619)이다. 하지만 그는 이 사실을 여러 해 동안 숨겼다. 그래서 갈릴레이는 밤하늘을 관측하는 데 적합한 천체 망원경을 직접 제작했다.

망원경은 크게 반사 망원경과 굴절 망원경 두 종류로 나뉜다. 굴절 망원경의 핵심 요소는 볼록 렌즈이며 두 개의 볼록 렌즈를 사용한다. 빛이 대물렌즈를 통해 형성되는 상은 접안렌즈를 통해 확대된다.

반사 망원경의 경우에는 대물렌즈로 볼록 거울을 사용한다. 여기서도 상은 작은 접안렌즈를 통해 관찰된다.

반사 망원경과 굴절 망원경 모두 대물렌즈가 클수록 망원경의 '빛을 모으는 힘'이 강력하다. 망원경에서 빛을 모으는 능력은 매우 중요한데, 이 능력이 강해야 상이 희미해지지 않는다. 또한 망원경에서는 분해능(resolving power)도 매우 중요하다. 분해능이란, 두 개의 별과 같이 서로 인접한 두 물체를 분리하거나 겹쳐 보이지 않게 하는 능력을 말한다. 분해능은 망원경의 렌즈 크기와 렌즈를 깎는 기술과 관련이 깊다.

우주에 있는 물체를 관측할 때는 지구의 대기권이 방해한다. 따라서 대기권 밖에 망원경을 설치하여 천체를 관측하기도 한다. 세계에서 가장 크고 비싼 망원경 중 하나는 허블 망원경으로, 이 망원경은 1990년에 우주로 발사되어 지구 대기권 밖에서 작동하고 있다. 과학자들은 허블 망원경을 통해, 그 전에는 볼 수 없었던 우주의 모습을 볼 수 있게 되었다.

전기와 자기

왼쪽 두 구름 사이에 전위차(potential difference)가 많이 커지면 방전이 일어나 구름 사이로 막대한 양의 전류가 흐르는데, 우리는 이것을 번개라고 한다.
위 남자 아이의 머리카락이 일어서 있다. 정전기가 발생하여 같은 종류의 전하 사이에서 반발력이 생겨 서로 밀어내기 때문이다.
아래 호박을 문지르면 정전기가 발생하여 전하를 띠게 된다. 호박은 전기 발견의 역사에 중요한 물질이었다.

아주 오래전부터 인류는 전기와 자기에 대해 알고 있었다. 인류가 철기 시대부터 자기에 대해 알고 있었다는 역사적인 자료가 발견되었기 때문이다. 오늘날 사용하고 있는 자석 magnet 이라는 용어도 천연 자석이 최초로 발견된 마그네시아 magnesia 지방의 이름에서 유래된 것으로 알려져 있다. 어떤 이들은 '마그네스 magnes' 라는 양치기가 신발에 박혀 있는 못들이 땅속의 천연 자석과 반응하는 것을 보고 크게 놀란 데서 유래되었다고도 한다.

반면에 전기를 뜻하는 '일렉트리시티 electricity' 라는 말은 호박˙을 의미하는 고대 그리스 어 엘렉트론 elektron 에서 유래되었다고 전해진다. 호박 amber 은 전하를 축적하는 물질 중에서 처음으로 발견된 것이다. 당시에는 호박에서 일어나는 정전기 현상이 전하 때문이라는 사실을 몰랐다. 그래서 호박을 문지르면 먼지나 지푸라기처럼 가벼운 물체들이 호박에 달라붙는 현상을 아무도 설명할 수 없었다. 오랜 시간이 지난 후, 과학자들은 전하가 천연 자석의 '자석' 처럼 서로를 당기기도 하고, 밀어내기도 한다는 사실을 알게 되었다.

초기에 전기와 자기 두 현상은 호기심 수준에 머물렀을 뿐, 과학적인 관심의 대상은 아니었다. 왜냐하면 두 현상은 매우 흥미롭긴 했으나 당시에는 인간에게 유용한 자연 현상이라는 생각을 아무도 하지 못했기 때문이다.

˙ 호박 : 나무의 진이 굳어서 된 것으로, 보석으로 사용하기도 했다(옮긴이).

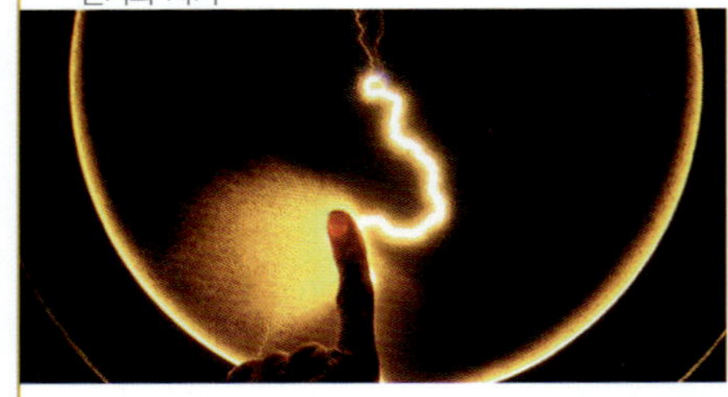

정전기

전기 현상을 처음 발견하고, 그 현상을 밝히기 위해 초기에 했던 실험들은 대부분 '라이덴병 leyden jar'이라는 기구를 이용한 것이었다. 라이덴병이라는 이름은, 이 병을 처음 고안했던 네덜란드의 라이덴 대학교에서 유래했다.

위 손가락 끝에서 전기 방전이 일어나고 있다.
아래 라이덴병은 초기 물리학에서 매우 중요한 역할을 했다. 라이덴병은 전하를 저장할 수 있었으므로 어떤 점에서는 매우 단순한 구조를 가진 축전기라고도 할 수 있다.

라이덴병은 커다란 유리통의 겉과 속이 은박지로 싸여 있고, 나무 뚜껑과, 그 뚜껑을 관통해서 내부 은박지와 연결된 구리선, 그리고 구리선에 연결된 황동 막대로 이루어져 있다. 이 기구는 전하를 저장할 수 있어서 중요한 전기 실험에 여러 번 사용되었는데, 이것을 이용한 대표적인 과학자는 영국의 스티븐 그레이 Stephen Gray, 1666–1736였다.

1729년, 스티븐 그레이는 긴 유리관을 문지르면 유리관이 '대전electrified' 되고, 유리관 끝에 있는 코르크 마개도 대전된다는 것을 발견했다. 그레이는 이 현상을 연구하여 전하의 흐름electrical fluid이 존재한다는 사실을 처음으로 깨달았다. 스티븐 그레이는 전하의 흐름이 쉽게 일어나는 물질과 그렇지 않은 물질이 존재한다는 것도 알아냈다. 그는 물질을 '도체conductors'와 '부도체insulators'로 분류했다. 도체에서는 전하의 흐름이 쉽게 일어나는 반면에, 부도체에서는 그렇지 못했다. 또한 스티븐 그레이는 전하의 흐름은 주로 물체 내부가 아니라, 표면에서 잘 일어난다는 사실을 발견하기도 했다.

비슷한 시기에 프랑스의 물리학자 샤를 뒤 페이Charles du Fay, 1698–1739는 하전된 두 물체가 때로는 서로를 당기고, 때로는 서로를 밀어내는 것을 발견했다. 두 물체가 같은 종류의 전하를 띠면 밀어내지만, 다른 종류의 전하를 띠면 서로 끌어당기는 현상을 발견한 것이다. 샤를 뒤 페이는 이러한 현상을 토대로 자연에는 두 종류의 전하가 존재한다고 주장했다. 그는 이들을 유리 전기vitreous electricity와 수지 전기resinous electricity라고 불렀는데, 그것이 오늘날 양전하와 음전하이다.

프랭클린의 연 1746년, 미국의 정치가이자 과학자였던 벤저민 프랭클린 Benjamin Franklin, 1706–1790은 보스턴에서 열린 과학 강연회에 참석한 후 전기에 큰 관심을 갖기 시작했다. 그는 강연회에서 돌아온 후, 라이덴병을 하나 구입하여 실험을 시작했다. 당시에는 전하를 얻은 라이덴병에 손을 대면 감전된다는 사실과, 또한 바깥을 싸고 있는 은박지와 연결된 철사 가까이에 대면 황동 막대 위에 있는 공이것은 내부 은박지와 연결되어 있다에서 비교적 큰 스파크가 발생한다는 사실도 널리 알려져 있었다.

프랭클린은 라이덴병에서 발생하는 스파크와 번개 사이에 유사성이 있다고 생각했다. 그는 스파크와 번개가 동일한 현상일지도 모른다는 생각을 했던 것이다. 프랭클린은 이 궁금증을 해소하기 위해 번개와 천둥이 치는 날, 연을 날리는 매우 위험한 실험을 했다. 그는 연에 뾰족한 철사를 장착하고, 실 반대편에는 철제 열쇠를 묶어 놓았다. 번개가 발생한 후 손을 열쇠 가까이에 대자, 전하를 얻은 라이덴병과 마찬가지로 스파크가 일어났다.

이 실험을 통해 프랭클린은 라이덴병에 있었던 전하 흐름이 폭풍이 불 때 구름 속에도 발생한다고 생각했다. 하지만 이 실험은 매우 위험했다. 그는 단지 운이 좋아 목숨을 잃지 않았을 뿐이었다. 프랭클린 이후에 같은 실험을 시도했던 사람이 두 명이나 있었는데, 이 두 사람 모두 전기 방전으로 인해 생명을 잃었다.

프랭클린은 전기는 뾰족한 물체일수록 잘 유도된다는 사실도 밝혀냈다. 그는 이 원리를 이용하여 번개가 쳐도 집이 안전하게 보존될 수 있는 뾰족한 침, 즉 '피뢰침 lightning rods'을 발명했다. 벤저민 프랭클린이 만든 피뢰침은 교회의 첨탑과 같이 높은 곳에 설치되었다. 피뢰침은 번개가 칠 때 발생한 강력한 전하의 흐름이 금속으로 된 날카로운 침을 통해 땅으로 흘러가 방전되는 원리를 이용한 것이었다.

라이덴병에 저장된 전하는 어떻게 만들어졌을까? 이에 대한 해답은 고대 그리스 인들에게 있다. 그들은 모피로 호박 막대를 문지르면, 막대가 짚이나 깃털 같은 가벼운 물체들을 끌어당기는 현상을 발견했다. 오늘날 우리는 막대가 음전하를 축적했기 때문에 벌어진 현상이라고 알고 있다. 이와 마찬가지로 유리 막대를 문지르면 양전하가 생기게 되는데, 이 양전하가 라이덴병으로 이동한 것이다.

그러나 벤저민 프랭클린은 전하의 흐름은 한 종류뿐이라고 생각했다. 그는 모피로 호박 막대를 문지르면 음전하가 막대에서 모피로 이동하여 모피는 음전하를 띤다고 생각했다. 반면에 막대는 처음에 양전하와 음전하의 수가 같았으므로 최종적으로 양전하를 띤다고 생각했다.

위 벤저민 프랭클린은 오늘날까지도 유명한 연 실험을 했다. 연에 장착된 금속 철사는 번개를 유도했고, 철사를 타고 전하가 흘렀다. 이 실험을 통해 번개가 전기적 현상이라는 사실이 입증되었다.

아래 피뢰침은 전기를 땅으로 안전하게 방전시킨다. 그래서 피뢰침을 설치하면 건물들이 번개로 인해 피해를 입지 않는다.

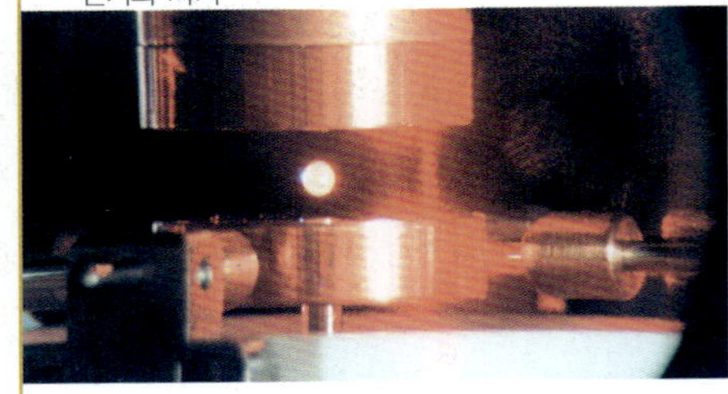

정전기학

같은 전하끼리는 서로 밀어내고, 다른 전하끼리는 서로 끌어당긴다는 사실이 발견된 후, 과학자들은 전하들 사이에 작용하는 힘의 크기가 얼마인지 알고 싶었다. 전하 사이에 작용하는 힘의 크기는 1784년에 프랑스 공학자 샤를 쿨롱Charles Coulomb, 1736–1806이 알아냈다. 쿨롱은 비틀림 저울이라는 매우 정교한 기기를 발명하였다. 그 후 이를 이용하여 두 전하 사이에 작용하는 전기적 인력electrical attraction과 척력repulsion이 두 전하의 크기에 비례하고, 거리의 제곱에 반비례한다는

것을 알아냈다. 이것은 두 질량 사이에 작용하는 인력과 척력을 구하는 식과 동일했다. 쿨롱은 이를 법칙으로 정립했으며, 오늘날 쿨롱의 법칙이라고 부른다.

전기장 쿨롱의 법칙에 따르면 두 전하는 일정한 힘으로 서로 당기거나 밀어낸다. 이를 다른 방법으로 설명한 개념이 '역선line of forces'인데 이것은 패러데이Michael Faraday, 1791–1867가 고안해 냈다. 이 개념은 처음에는 널리 받아들여지지 않았다. 하지만 오늘날 과학에서 매우 중요한 개념으로 사용하고 있는 '장field'이라는 개념의 원조가 되었다.

이 개념에 의하면 모든 전하는 그 힘에 좌우되는 장으로 둘러싸여 있

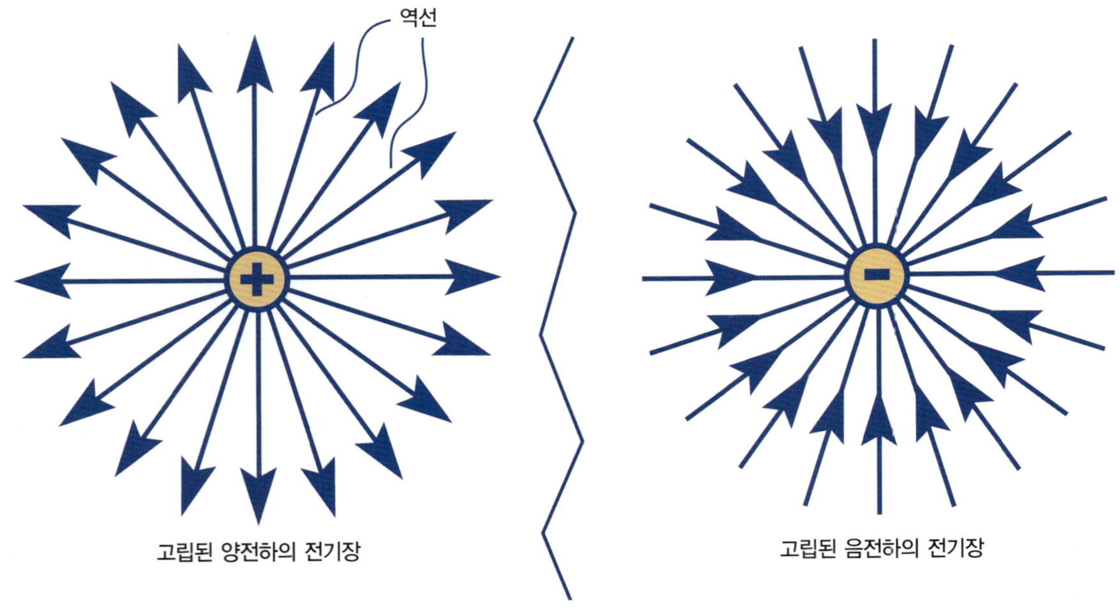

위 니켈 지르코늄 금속을 발광하도록 가열하면, 전하를 얻은 금속이 위로 떠오른다. 이러한 현상을 정전기부상(electrostatic levitation)이라고 한다.
아래 양전하의 전기력선은 전하의 바깥쪽을 향한다(왼쪽). 반면에 음전하의 전기력선은 전하 내부로 향한다.

다. 이때 전하의 힘이 강할수록 장의 힘도 강해진다. 다른 전하가 이 장 안으로 들어오게 되면, 먼저 있던 전하와 반응하여 그에 따른 작용을 한다. 전기장의 방향은 같은 전하의 경우에는 밀어내는 방향으로, 다른 전하의 경우에는 끌어당기는 방향으로 작용한다. 실제로 양전하의 역선은 전하에서 바깥쪽을 향하고, 음전하는 안쪽을 향한다. 과학자들은 역선의 간격을 통해 그 힘의 크기를 측정하는데, 선의 간격이 가까울수록 작용하는 힘이 크다.

전위 차이 지구의 중력이 작용하는 중력장 안에서 지구의 중력에 반대 방향으로 상자를 높이 들어 올리면 상자는 일을 할 수 있는 에너지, 즉 위치 에너지를 갖게 된다. 이와 같은 원리가 전기장 안에서도 적용된다.

전기장 안에서 전하를 한 지점에서 다른 지점으로 이동시키면, 위치 에너지가 변하게 된다. 이때 두 지점에 전위 차이가 있다고 하고, 두 지점 사이의 전위 차이는 기호 V로 나타낸다. 그리고 전하를 한 지점에서 다른 지점으로 이동시킬 때 하는 일로 정의한다. 일반적으로 전위 차이의 단위는 볼트를 사용하는데, 1 V는 1 C의 전하에 1 J의 일을 해주어 한 지점에서 다른 지점으로 옮길 때의 두 지점 사이의 전위 차이로 정의한다.

한편, 한 지점을 기준으로 절대 전위absolute potential의 개념을 정의하기도 한다. 절대 전위란, 한 지점과 전위가 0인 임의의 지점 사이의 전위 차이를 말한다. 전위값이 0이라는 것은 흔히 땅의 전위로 사용된다. 전하를 가진 물체가 도체를 통해 땅과 연결되면, 전하는 물체와 땅 사이의 전위 차이가 0이 될 때까지 흐르기 때문이다.

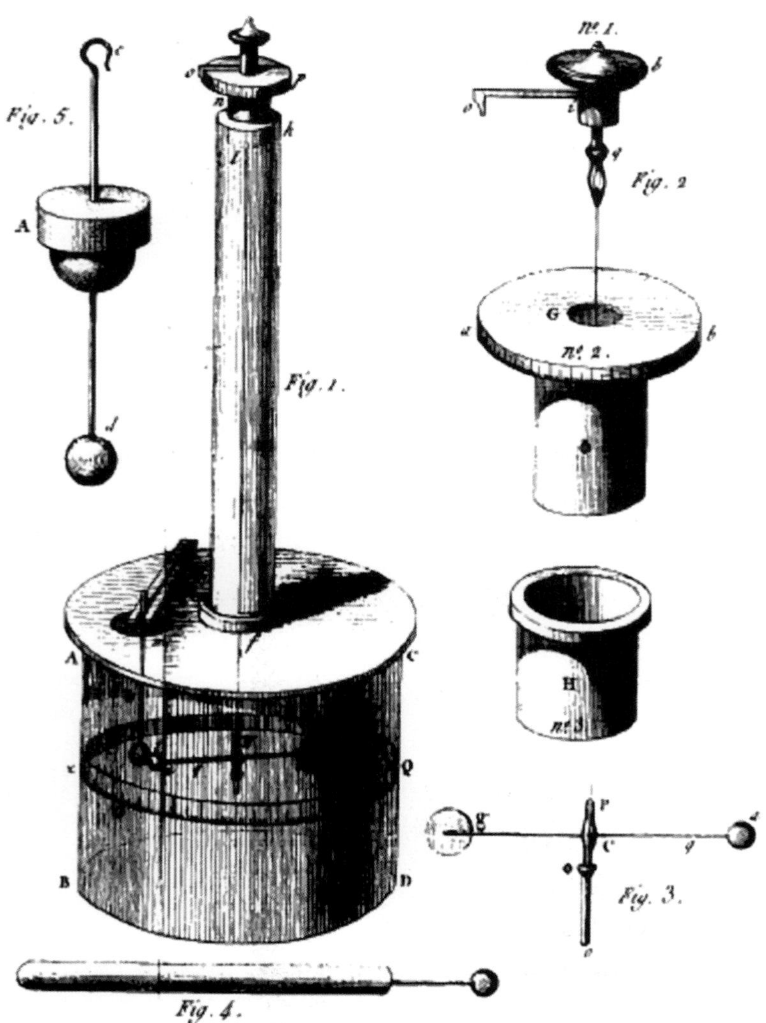

왼쪽 샤를 쿨롱이 전기 전하 사이의 힘을 측정할 때 사용한 것과 같은 모양의 비틀림 저울이다.
아래 프랑스의 물리학자인 샤를 쿨롱이다. 그는 전하 사이에 작용하는 힘의 크기를 처음으로 측정한 과학자이다.

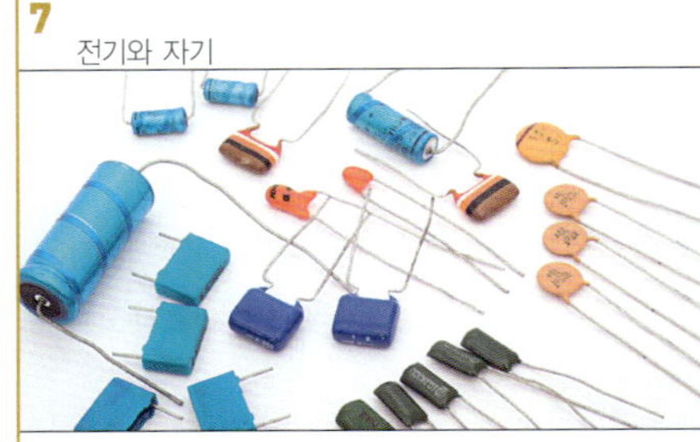

축전기

오늘날 축전기는 대부분의 전기 기계, 특히 전자 제품에 널리 사용되고 있다. 축전기의 원리를 쉽게 이해하기 위해 금속판을 생각해 보자.

음전하를 띠고 있는 금속판 위에 양전하를 띠고 있는 다른 금속판을 그 위로 가져오면 어떻게 될까? 이때 주의할 점은 두 금속판이 서로 닿지 않게 하는 것이다. 이런 장치를 만들면 두 금속판은 서로 접촉하지 않은 상태이지만, 금속판 사이에 전기장이 형성된다. 이 경우 전기장의 방향은 양전하에서 음전하를 향하게 된다.

한편, 두 금속판 사이를 진공 상태라고 가정하자. 그리고 금속판 위에 있는 전하를 Q라고 하자. Q는 일정한 상태를 유지하고, 금속판의 전위차도 일정하게 유지된다고 가정하면, 전기 용량 C는 다음과 같은 식으로 나타낼 수 있다.

$$C = \frac{Q}{V}$$

여기서 Q는 쿨롬, V는 볼트를 의미한다. 전기 용량 C의 크기를 나타내는 단위로는 F를 사용하는데, 패러데이의 이름을 따서 패럿farad이라고 읽는다. 그런데 F은 상당히 큰

테플론(Teflon)은 축전기에서 흔히 유전체로 이용되기도 한다.

위 오늘날 사용되고 있는 여러 종류의 축전기이다.
아래 축전기 한쪽에 양전하가 축적되고, 반대편에 같은 수의 음전하가 축적된다. 그 사이에는 전기장이 발생하는데, 그 세기는 금속판에 있는 전하량에 따라 달라진다.

제초기의 스파크 플러그는 축전기의 방전으로 발생한다.

값이므로 대부분의 축전기들은 주로 1 F의 100만분의 1인 μF 마이크로패럿을 사용한다.

금속판 사이의 공간은 진공 상태가 아니다. 대신 유전체dielectric 라고 하는 물질로 채워진다. 유전체를 사용하면 전기 용량이 상승하게 되는데, 이를 측정한 값이 유전 계수dielectric coefficient 이다.

예를 들어 운모mica의 유전 계수는 약 4인데, 두 금속판 사이에 운모를 두면 전기 용량이 진공 상태에 비해 약 4만큼 증가한다. 다른 물질들의 유전 계수는 유리의 경우 5, 고무는 3, 테플론은 2이다.

축전기는 일반적으로 두 개 이상의 금속판으로 만들어지는데, 이 판들을 둥글게 말아서 원통형으로 사용하기도 한다.

여자 아이가 밴더그래프 발전기에 손을 올려놓고 있다. 아이의 머리카락이 같은 전하를 가지면서 서로 밀쳐내어 머리카락이 공중으로 뜬 것처럼 보인다.

밴더그래프 발전기

1931년, 미국의 물리학자 로버트 밴더그래프(Robert Van de Graaff, 1901-1967)는 많은 양의 전하를 축적할 수 있는 흥미로운 기구를 발명했다. 이 기구의 절연 튜브 위에는 속이 비어있는 금속 구가 설치되어 있다. 튜브 안에는 작은 모터에 연결된 벨트가 있고, 벨트 아랫부분에는 여러 개의 바늘이 닿아있다. 벨트 위쪽에도 여러 개의 바늘이 설치되어 있는데, 이 바늘들이 전하를 구로 전달하는 역할을 한다. 앞의 두 바늘과 또 다른 바늘들이 높은 전위 차이를 일으키면, 구 안에 있는 공기가 이온화된다. 그 결과 양전하들은 벨트로 이동하여 아래쪽으로 모인다. 이 작업이 반복되면 구에는 상당한 양의 음전하가 모이게 되는 것이다. 결과적으로 밴더그래프 발전기에서 하나의 구에는 다량의 음전하가 축적되고, 다른 구에는 다량의 양전하를 축적하게 된다. 두 구에 충분한 전하가 모이면, 두 구 사이는 방전하여 '번갯불(lightning bolt)'이 발생한다.

자기

역사 기록에 따르면, 고대 그리스의 철학자 탈레스는 기원전 600년경에 자기에 대해 연구를 했다고 전해진다. 그러나 이보다 훨씬 앞서 중국인들은 기원전 약 2000년경에 '천연 자석'으로 만든 나침반을 사용했다고 한다. 천연 자석은 여러 지역에 매장되어 있는 철 원석 중에 하나로, 이때 사용된 철 원석은 자연적으로 자기가 발생한다고 해서 자철석이라고 불린다.

자철석에서 천연 자석을 얻은 중국인들은 자석의 끝부분이 항상 지구의 북극과 남극으로 향한다는 사실을 깨달았다. 또한 나중에 자석이 두 개의 극, 즉 북극N과 남극S을 가진다는 사실도 알았다. 그리고 전하와 마찬가지로 같은 극N-N이나 S-S끼리는 서로 밀어내고, 다른 극N-S끼리는 서로 끌어당긴다는 것을 알게 되었다. 중국인이 만든 나침반은 1200년대 초기부터 서양에 전해져 선박용 나침반으로 이용되었다.

1600년대, 영국의 엘리자베스 여왕 1세의 내과 의사로 일했던 윌리엄 길버트William Gilbert, 1544~1603는 나침반이 항상 북극과 남극을 가리키는 것은 지구가 거대한 자석이기 때문이라고 주장했다. 그는 《자석론De Magnete》이라는 책을 출간했는데, 그 책에서 당시 사람들이 알고 있던 자석에 대한 여러 가지 지식을 정리했다.

1785년, 샤를 쿨롱은 비틀림 저울을 이용해 자극magnetic pole 사이에 작

위 나침반
아래 왼쪽 작은 자철석 조각으로, 천연 자석이라고도 한다. 자철석은 산화철의 일종으로 자기 물질이다. 자철석은 지구에 있는 자기 물질 중에서 자기력이 가장 강한 물질에 속한다.
아래 오른쪽 자석의 자기력선을 나타내기 위해 두 자석 위에 철가루를 뿌린 그림이다. 마주보는 극은 같은 극성을 가지기 때문에 철가루를 서로 밀어낸다.

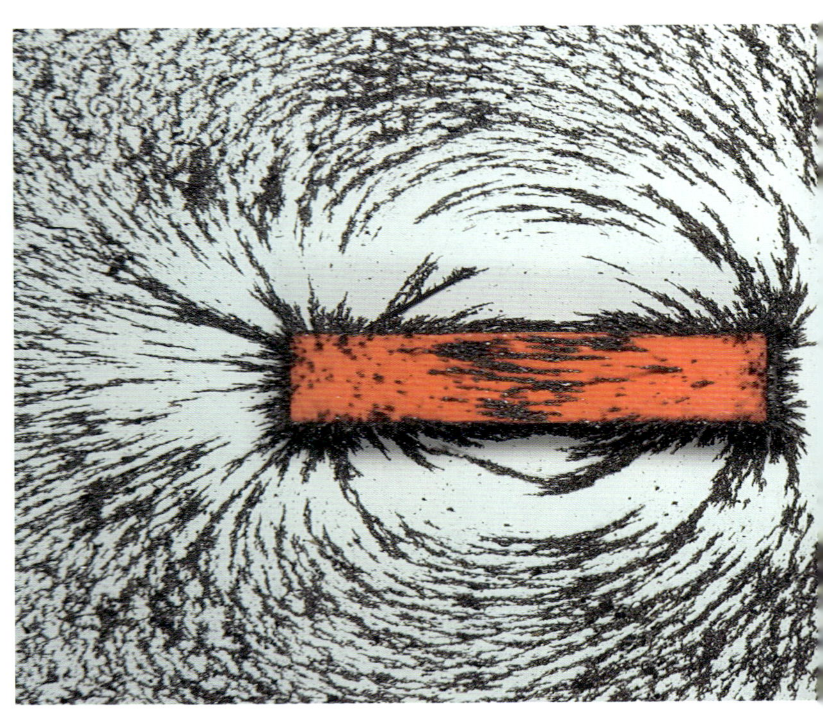

용하는 힘의 크기를 측정했다. 쿨롱은 이 힘이 전기 전하에 작용하는 힘과 비슷하게 작용한다는 사실을 깨달았다. 즉, 자극의 크기에 비례하고, 자극 사이 거리의 제곱에 반비례하는 것을 발견한 것이다. 쿨롱이 발견한 자극 사이에 작용하는 힘은, 서로 끌어당기는 힘인 인력과, 서로 밀쳐내는 힘인 척력 모두에 같은 원리로 적용되었다.

자기장 전하가 전기장으로 둘러싸인 것처럼, 자석의 극은 자기장으로 둘러싸여 있다. 자기장의 모양을 쉽게 볼 수 있는 방법은 자석 위에 종이를 올려놓고 그 위에 철가루를 뿌리는 것이다. 종이 위의 철가루들은 한쪽 극에서 반대쪽 극으로 이어지는 곡선을 그리게 된다. 이 곡선들은 극에 가까울수록 밀집되고, 멀수록 퍼진다.

자기력의 단위로 웨버weber를 사용하는데, 기호로는 Wb로 나타낸다. Wb는 자기 선속magnetic flux에 대한 단위이기도 하다. 여기서 자기 선속이란, 한 표면을 수직으로 통과하는 자기력선lines of magnetic force의 수를 말한다.

자기 선속보다 사용하기 쉬운 개념으로는 자기 선속 밀도magnetic flux density가 있다. 이것은 단위 넓이를 지나는 자기력선의 수를 의미한다. 자기 선속 밀도를 나타내는 단위는 Wb/m^2이다. $N/A \cdot m$을 사용하기도 하는데 이를 테슬라T라고 한다.

코발트는 자석을 비롯하여 다양한 합금, 전기 도금, 전극 등을 만들 때 사용되는 자기 물질이다.

자석의 여러 가지 성질 자기에 대해 말할 때, 흔히 철을 관련지어 설명하지만 코발트, 니켈, 가돌리늄과 같은 금속들도 자석에 쉽게 반응한다. 이러한 금속들을 강자성 금속이라고 한다.

우리가 자석을 배울 때 처음으로 다루는 내용 중 하나는, 철 조각을 자석으로 문질러서 새로운 자석을 만들 수 있다는 것이다. 하지만 일반적인 철로 만든 자석은 자성을 쉽게 잃기 때문에 일시 자석이라고 한다. 반면에 강철은 철에 비해 자성을 쉽게 띠지 않지만, 한 번 자성을 얻으면 쉽게 잃지 않는다. 그렇기 때문에 강철로는 영구 자석permanent magnets을 만들 수 있다.

강자성 금속들은 자성을 띠는데 다른 금속들은 왜 자성을 띠지 않을까? 그것은 자기 구역magnetic domain 때문이다. 강자성 물질의 구조를 성능이 뛰어난 현미경으로 관찰하면, '매우 작은 자석들'로 이루어진 구역들이 물질 전체에 존재하는 것을 알 수 있다. 철광석 또는 순수한 철에는 이 구역들이 정렬되어 있지 않으므로 물질 자체에 자성이 생기지 않는 것이다. 이때 자석을 가져와서 철에 문지르면, 자석에 의해 각 구역들이 정렬되어 자석이 되는 것이다. 이와 같이 작은 자석들은 모든 물질에 존재하지만, 자기 구역은 강자성 물질에서만 볼 수 있다.

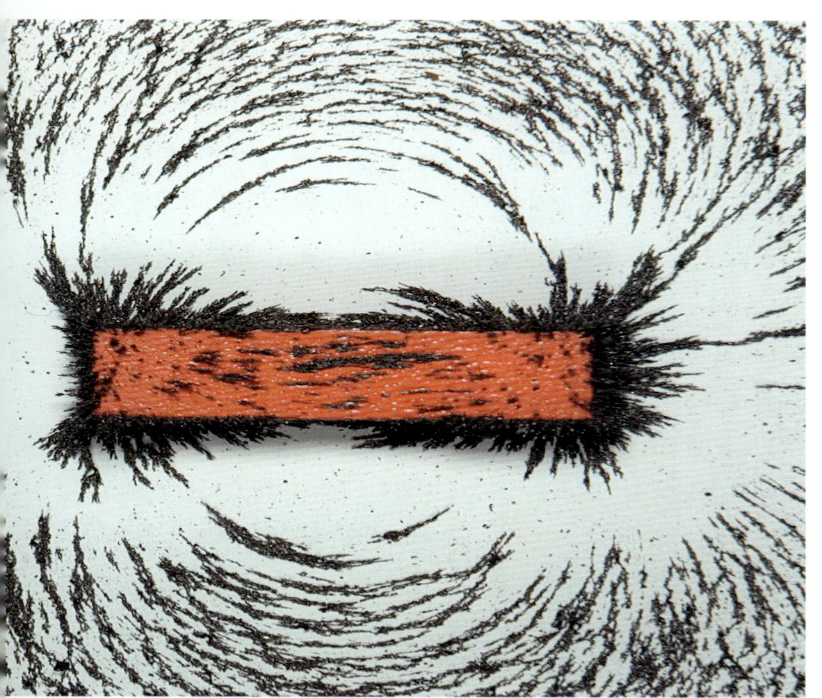

전류

라이덴병이 발명된 후, 얼마 지나지 않아 과학자들은 전하가 한 지점에서 다른 지점으로 이동할 수 있다는 사실을 발견했다. 유리병 윗부분에 있는 손잡이에 손을 대면 감전이 일어나기도 했지만, 곧 전기를 느낄 수 없었다. 라이덴병의 전하도 방전과 함께 즉시 사라졌던 것이다.

따라서 과학자들은 전하를 지속적으로 이동시킬 수 있는 방법을 찾기 위해서 고민했고, 이를 연구하기 위해서는 우선 전하를 계속 생산해낼 수 있는 전원이 필요했다.

갈바니와 개구리 실험 전하를 지속적으로 이동시키는 방법을 연구할 때 개구리가 중요한 역할을 했다는 것이 이상하게 들릴 수 있지만, 이것은 사실이다. 1782년, 루이지 갈바니Luigi Galvani, 1737-1798는 절단된 개구리 다리에 전하를 흘렸을 때, 전원과 다리가 연결되어 있지 않아도 경련이 일어난다는 사실을 발견했다. 갈바니는 한 사람이 금속 메스를 개구리 다리에 접촉시키고, 다른 사람이 가까운 곳에서 라이덴병을 방전시켰을 때 개구리 다리가 움직이는 것을 알아내었다. 갈바니는 개구리 다리에서 근육과 신경을 통해 흐르는 '동물 전기'가 발생한다고 생각했고, 그는 이러한 실험 결과를 1791년에 발표했다.

갈바니가 실험을 하기 몇 해 전, 벤저민 프랭클린이 번개와 전기 사이에 상관관계가 있다는 것을 증명했기 때문에, 갈바니는 폭풍이 칠 때 라이덴병을 방전시키면 개구리 다리가 움직이는지를 관찰하기로 했다. 여러 개의 개구리 다리를 황동 고리에 연결시킨 후, 이를 실험실 테라스에 있는 난간에 부착했다. 갈바니가 예상한 대로 개구리 다리들은 폭풍 중에 경련을 일으켰다. 하지만 폭풍이 그친 후에도 개구리 다리들은 계속 움직였다. 갈바니는 연구 끝에 철이나 황동처럼 2개의 다른 금속이 다리에 연결되어 있는 한, 개구리 다리들이 계속 움직인다는 새로운 사실을

사진의 건전지들은 대개 1.5 V짜리이며, 손전등과 같은 다양한 전자 제품에 사용된다.

위 볼타가 전류를 생성시키는 데 사용한 컵들이다.
아래 루이지 갈바니 초상화이다.

알게 되었다. 그는 같은 현상을 일으키는 금속들을 몇 가지 더 발견했다.

볼타 1790년대 초에 이탈리아의 물리학자 볼타는 갈바니의 실험 소식을 들었다. 그는 곧 갈바니의 실험을 그대로 따라해 보았다. 그 후 볼타는 '동물 전기'라는 것이 존재하지 않는다는 사실을 알게 되었다. 그는 서로 다른 종류의 금속과 습기가 있는 도체^{갈바니의 실험에서 개구리 다리가 도체의 역할을 한 셈이었다}만으로도 같은 실험을 구현할 수 있었다.

볼타는 바이메탈^{bimetal} 조각과 습기가 있는 도체로도 같은 결과를 얻을 수 있으며, 2개 이상의 금속이 더욱 효과적이라고 생각했다. 그리하여 그는 여러 개의 바이메탈 조각과 습기가 있는 도체들로 구성된 장치를 만들었다. 그가 처음으로 사용한 재료는 소금물, 은, 양철 조각이었다. 먼저 은과 양철로 만든 바이메탈 조각 한쪽을 소금물에 담그고, 반대편을 다른 소금물 그릇에 담가 두었다. 그리고 모든 바이메탈 조각에 동일한 작업을 수행했다.

이때 마지막 그릇에 담긴 양철에 연결된 도선을 첫 번째 그릇에 담긴 양철에서 나온 도선에 접촉시키면 스파크가 일어나게 된다. 그러나 마지막 그릇에 담긴 양철에 연결된 도선을 첫 번째 그릇에 담긴 은과 연결된 도선에 접촉시키면 지속적인 전하의 흐름이 생겼다.

볼타가 처음 이 장치를 만들었을 때는 매우 조잡한 것이었지만, 그는 곧 이 장치를 개선하여 현재 화학 전지라는 장치를 만들게 되었다. 볼타는 은과 아연으로 반지름이 약 2.5 cm인 원반을 만들었고, 원반 사이에 소금물에 적신 마분지를 끼우면서 쌓아 올렸다. 그는 20개 정도의 원반을 쌓아 올린 후에, 꼭대기에 있는 원반^은과 밑바닥에 있는 원반^{아연}을 연결시켰고, 전하의 지속적인 흐름을 만들어내는 데에 성공했다. 이것이 바로 인류 최초의 전지이며, 오늘날 우리가 사용하는 건전지의 원조가 되었다.

볼타는 이 결과를 1800년에 발표했다. 볼타의 발견을 통해 과학자들은 지속적으로 흐르는 전류를 처음으로 연구할 수 있게 되었다. 전지의 두 단자는 전극이라고 불리게 되었으며, 양전하를 가진 쪽은 양전극, 음전하를 가진 쪽은 음전극이 되었다.

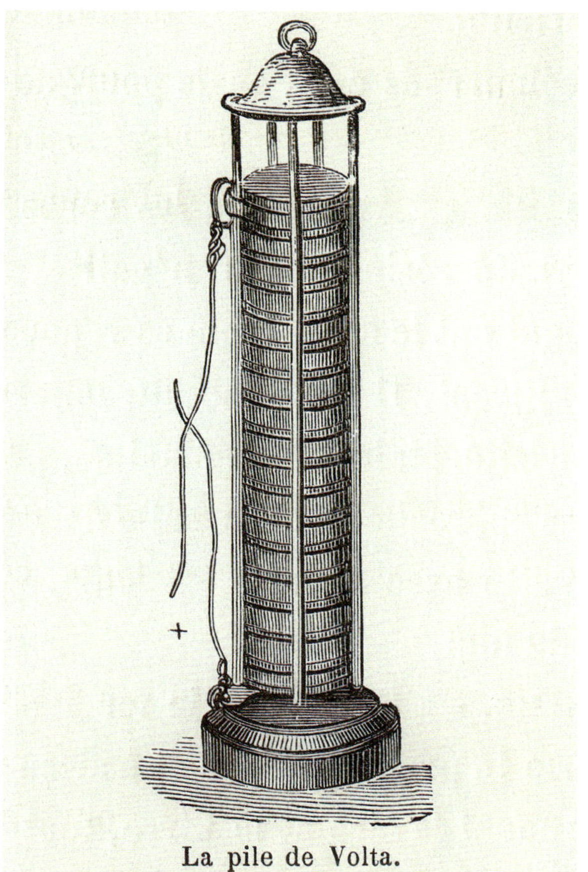

볼타가 만든 최초의 화학 전지

전기 분해

볼타가 화학 전지를 발견한 후, 영국의 과학자 윌리엄 니콜슨(William Nicholson, 1753-181)과 앤서니 칼라일(Anthony Carlisle, 1768-1842)은 전류를 물에 흘려보내자 물이 수소와 산소로 분해되는 것을 발견했다. 이를 전기 분해(electrolysis)라고 한다.

초기 전기 분해에 대한 연구는 주로 패러데이에 의해 이루어졌다. 패러데이는 전지의 두 전극을 액체에 담그면 전류가 흐를 때도 있지만 매번 흐르지는 않는다는 것을 알게 되었다. 예를 들어 전극을 황산에 담그면 전류가 흐르지만, 묽은 설탕물에서는 흐르지 않았다. 패러데이는 황산과 같이 전류가 흐르는 액체를 전해질(electrolyte), 전류가 흐르지 않는 액체를 비전해질(nonelectrolyte)이라고 불렀다. 또한 그는 전류가 전해질을 흐르면 다양한 원소들이 전극에 모이는 것을 발견했다. 구체적으로 이 원소들이 금속인 경우에는 전극을 감싸게 되는데, 이것은 나중에 전기 도금의 원리가 되었다.

회로

과학자들은 전하의 흐름을 발견한 후 새로운 단위를 만들었다. 전하의 단위로는 쿨롬을 사용했으므로, 전하의 흐름은 '쿨롬/초'를 사용하게 되었다.

위 전력계
아래 독일 물리학자인 옴의 초상화이다. 옴은 전류, 전압, 저항 사이의 상관관계를 규명했다. 이 관계를 옴의 법칙이라고 한다.

과학자들은 1초 동안에 1 C 쿨롬이 흐르면 1 A 암페어라고 정의했다. 암페어라는 단위는 프랑스 물리학자 앙페르 Andre Marie Ampere, 1775–1836의 이름에서 따왔다.

한편, 철사를 통해 두 지점 사이를 흐르는 전류는 철사의 저항에 따라 달라진다는 사실도 발견했다. 과학자들은 저항의 단위로 기호로는 Ω이라고 썼다. 이것은 독일의 물리학자 옴 Georg Ohm, 1789–1854의 이름을 딴 것으로 옴으로 읽는다.

저항이라는 개념은 물의 흐름에 비유하면 쉽게 이해할 수 있다. 예를 들면 물이 수도관을 흐를 때 저항이 발생할 수 있다. 수도관이 갑자기 좁아지거나, 관의 길이가 길어지는 것 등이다. 이럴 경우 물의 흐름이 감소하거나, 물이 흐를 때 시간이 많이 들게 된다. 이때 물의 흐름을 전류라고 한다면, 관이 좁아지거나 길어지는 것은 전류의 흐름에 대한 저항에 비유할 수 있을 것이다.

우리는 앞에서 전하가 두 지점 사이를 흐를 때, 전위 차이의 영향을 받는다는 것을 배웠다. 전위 차이는 전하를 밀어내는 압력으로 작용한다. 즉, 물을 전류에 비유한다면, 전압은 물을 밀어내는 수압이 되는 셈이다. 전압의 단위로는 볼트를 사용한다.

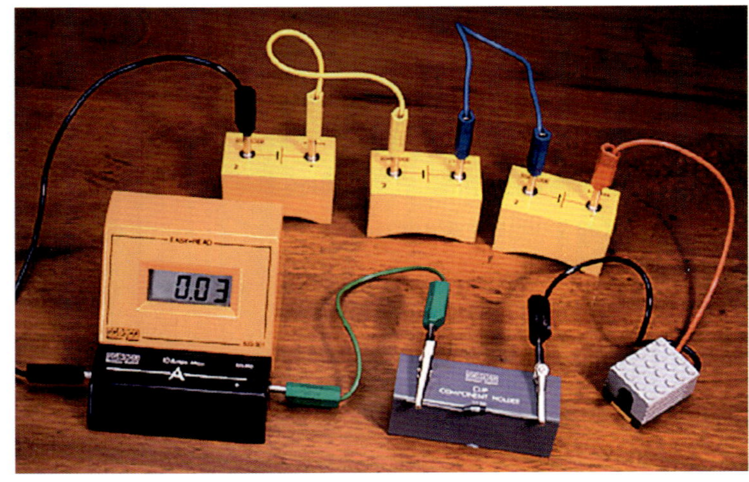

실험실에서 흔히 볼 수 있는 간단한 전기 회로이다. 이 회로는 전기 모터에 동력을 주는 전원을 연결한 것이다. 회로에는 저항기와 전류계도 포함되어 있다.

우리는 지금까지 전기의 3요소인 전압, 전류, 저항을 배웠는데, 이 요소들 사이에는 다음과 같은 관계식이 성립한다.

$$V = IR$$

여기서 V는 전압, I는 전류, R은 저항이다. 이때 회로를 흐르는 전류는 $I = V/R$로도 나타낼 수 있다. 여기서 회로란, 전지와 저항을 포함한 순환 고리로서 도선으로 연결된 것이다.

전력 회로에 있는 저항을 이기고 전류가 계속적으로 흐르기 위해서는 에너지가 필요하다. 전원에 의하여 1초 동안에 공급되는 전기 에너지를 전력이라고 한다. 전압 VV이 걸린 도선에 전류 IA가 일정한 시간 ts 동안 흘렀다면 전기 에너지 $W = VIt$이므로 전력 P는 다음과 같은 식으로 나타낼 수 있다.

$$P = VI = I^2R = \frac{V^2}{R}$$

전력은 전류가 1초 동안에 VIJ의 일을 하는 것에 해당하며, 전력의 단위는 일률의 단위인 와트 W를 사용한다. 이 단위는 J/s와 같다.

예를 들어 전력이 60 W이고, 전압이 120 V인 전구를 생각해 보자. 필라멘트에 흐르는 전류 I = 60/120 = 1/2 A가 되고, 저항 $R = V/I = $ 120/1/2 = 240 Ω이 된다.

가정용 전기 기구에서는 W보다는, 1,000 W를 의미하는 KW를 더 많이 사용한다. 또한 전기세를 청구할 때는 초당 KW보다는 시간당 KW를 주로 사용한다.

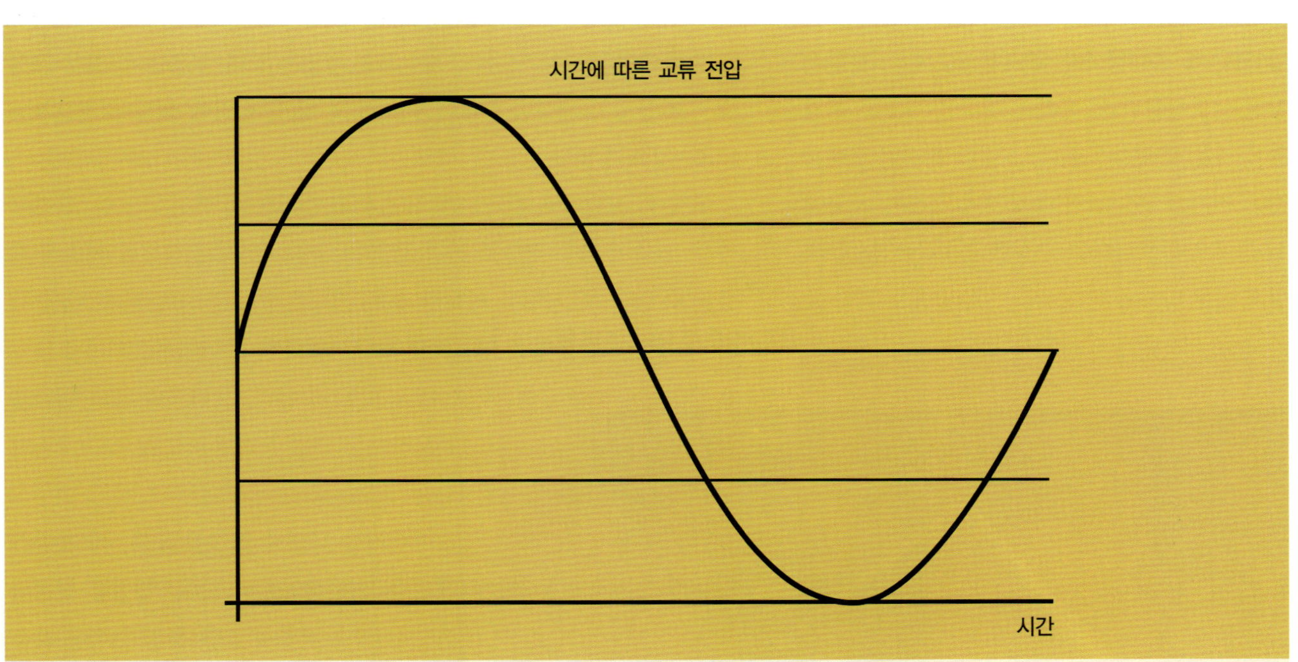

교류의 진폭은 계속 규칙적으로 변한다. 이러한 진폭의 변화는 사인파로 나타낼 수 있다.

직류 및 교류

우리 생활에서 주로 사용하는 전류는 직류(DC)가 아니라 교류(AC)이다. 교류는 몇 십 분의 1초 동안에 한 방향으로 흐르다가, 다음 같은 시간 동안에는 반대 방향으로 흐른다. 이와 같은 현상은 계속 반복된다. 예를 들어, 60사이클의 교류는 1초에 60번 방향을 바꾼다. 그러므로 전류를 시간에 대한 함수로 표현하면 '사인파(sine wave)'(그림 참조)의 형태로 나타낼 수 있다.

교류가 가진 장점 중에서 가장 큰 것은, 교류 발전기가 직류 발전기에 비해 설계하기가 더 쉽다는 것이다. 처음에 교류가 도입될 때는 교류 이론이 직류 이론에 비해 더 복잡하여 수학적으로 매우 어려웠다. 하지만 이 문제는 과학자들에 의해 곧 해결되었다.

직렬 및 병렬 회로

전기 회로에는 직렬과 병렬 두 종류가 있다. 두 가지 중 직렬 회로가 좀 더 단순하다. 직렬 회로는 전지나 전원, 저항, 그리고 전기 회로 등 세 개의 요소로 구성된다.

전선을 따라 실제로 흐르는 것은 음전하를 띤 입자들, 즉 전자들이다. 회로를 흐르는 전자들은 양전하에 이끌린다. 따라서 전자들은 모두 전지의 양극을 향해 이동한다. 그런데 벤저민 프랭클린은 전기를 연구하던 초창기에 전류가 양극에서 음극으로 흐른다고 주장했다. 이는 전자들의 실제 이동 방향과 반대지만, 오늘날에도 과학 교과서에는 전류가 양극에서 음극으로 흐른다고

되어 있다. 이처럼 전자가 흐르는 방향과 전류의 방향을 일치시키지 못하는 까닭은 전류의 방향을 먼저 정한 후에, 전자의 방향이 밝혀졌기 때문이다. 한 번 정한 전류의 방향을 바꾸지 못하고, 그냥 습관대로 사용하고 있는 셈이다.

오른쪽 페이지의 그림에 있는 회로에는 전압이 12 V인 전지와, 여러 가지 형태의 저항체가 있다. 저항체의 예로는 꼬마전구 등이 있다. 그림에서 저항체의 저항이 6 Ω이라고 하면, 옴의 법칙에 의해 전류는 I = 12/6 = 2 A가 된다.

이제 회로에 여러 개의 저항이 있다고 생각하고, 이를 R_1, R_2, R_3라고 하자. 이들이 모두 직렬로 연결되었다고 하면, 이때의 전류를 어떻게 계산할 수 있을까? 직렬로 연결된 경우, 저항은 덧셈을 하면 된다. 예를 들어 각 저항이 순서대로 2 Ω, 4 Ω, 6 Ω이었다면, 총저항은 2 Ω + 4 Ω + 6 Ω = 12 Ω이 된다. 그러므로 옴의 법칙을 적용하여 전류를 구하면, I = 12/12 = 1 A가 된다.

저항기를 직렬로 연결했을 때, 세 저항기에 걸쳐 전체적으로 감소하는 전압은 전지의 전압과 같다. 저항기가 한 개 있을 때는 감소하는 전압의 크기를 간단히 알 수 있으나, 저항기가 세 개일 때는 각 저항기마다 전압이 얼마만큼 감소하는지 각각 계산해야 한다. 이것도 역시 옴의 법칙을 이용하여 구할 수 있다. 2 Ω짜리 저항기에서는 V = IR = 1 A × 2 Ω = 2 V이고, 마찬가지 방법으로 4 Ω짜리 저항기에서는 4 V, 6 Ω짜리 저항기에

위 백열전등이다. 여기서 필라멘트는 저항기의 역할을 한다.
아래 옛날에는 크리스마스트리를 장식할 때 전구를 모두 직렬로 연결했다. 그래서 전구 한 개가 꺼지게 되면 나머지 전구도 모두 꺼졌다. 하지만 지금은 병렬로 연결하기 때문에 그런 일은 일어나지 않는다.

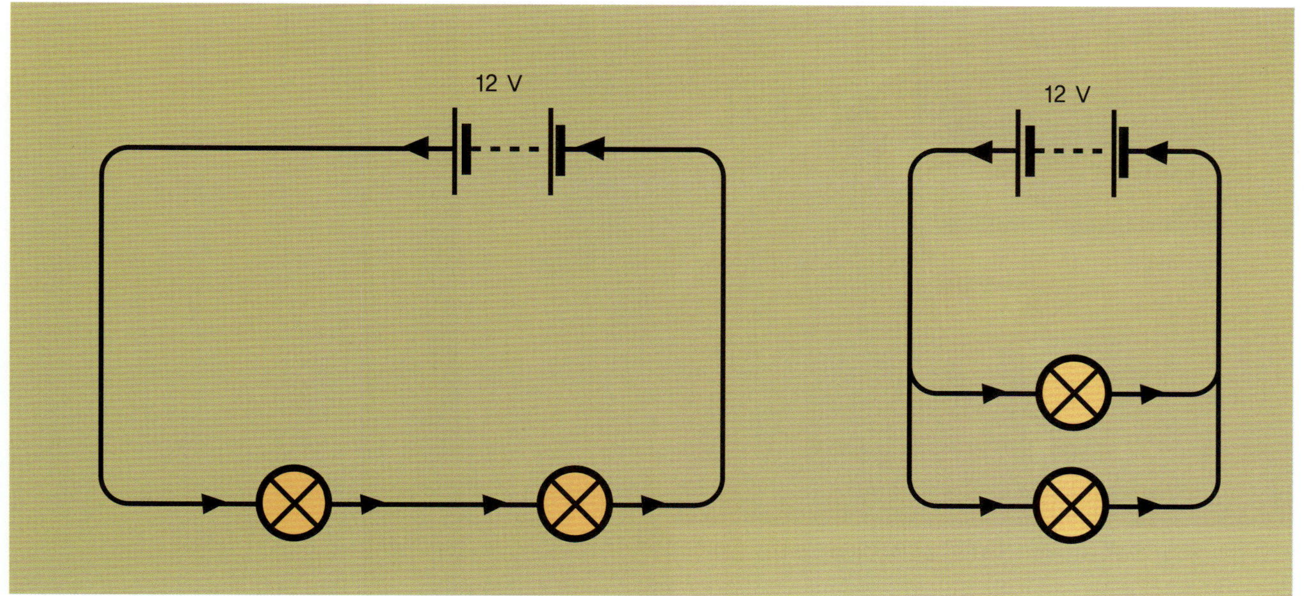

전지와 저항기로 이루어진 회로이다. 왼쪽은 직렬 회로, 오른쪽은 병렬 회로를 나타낸 것이다.

서는 6 V로 계산할 수 있다. 여기서 이 3개의 값을 합하면 12 V로, 전지의 전압과 같다.

병렬 회로 위 그림에서 오른쪽에 있는 그림은 병렬 회로를 나타낸 것이다. 중심 도선을 흐르던 전류는 두 개의 전류로 나누어 흐른다. 전류의 흐름은 수도관을 흐르는 물의 흐름에 비유하면 쉽게 이해할 수 있다.

하나이던 수도관이 두 개로 나뉘면, 하나의 수도관을 흐르던 물이 한

전류는 물의 흐름과 닮은 점이 많다. 수도관에서 흐르는 물이 두 갈래로 나뉘는 이음새에 도착하면, 물의 일부는 한쪽으로, 나머지는 반대편으로 흐르게 된다. 이때 각 수도관으로 흐르는 물의 양은 관의 지름에 따라 달라진다.

쪽 수도관으로 어느 정도 유입되어 흐르고, 나머지는 다른 수도관을 따라 흐르게 된다. 이때 옴의 법칙을 이용하면 두 갈래로 나누어 흐르는 전류의 양을 계산할 수 있다. 먼저 두 도선에 걸린 각각의 저항을 더해 보자. 병렬로 연결된 저항기는 다음과 같은 공식으로 전체 저항을 구할 수 있다.

$$\frac{1}{R_1} + \frac{1}{R_2} + \frac{1}{R_3} = \frac{1}{R}$$

만약 R_1이 4 Ω이고 R_2가 6 Ω이라면,

$$\frac{1}{4} + \frac{1}{6} = \frac{10}{24} = \frac{1}{R}$$

즉, R = 2.4 Ω이 된다. 그리고 도선에 흐르는 전류는 $\frac{12}{2.4}$ = 5이므로 5 A가 된다. 각각 저항기에 대한 전압은 12 V로 동일하므로, 4 Ω짜리 저항기의 전류는 12/4 = 3 A이고, 6 Ω짜리 저항기는 12/6 = 2 A이다.

직렬 회로와 병렬 회로를 섞어서 1개의 회로를 만들 수는 있다. 하지만 현실적으로 이러한 회로는 많이 사용하지 않는다.

전자기

전기와 자기의 정체가 각각 밝혀진 후, 과학자들은 전기와 자기와의 관계를 밝히기 위해 많은 노력을 했다. 하지만 둘의 관계를 밝히는 일은 쉽지 않았고 이 둘의 연관성을 찾아내는 일도 많은 시간이 지나야 했다.

1813년부터 전기와 자기와의 관계를 연구하던 네덜란드의 물리학자 외르스테드Hans Christian Oersted, 1777~1851는 1820년 봄, 강의를 하던 중 전기와 자기의 관계를 밝힐 수 있는 방법을 알아

내었다. 그것은 바로 나침반을 이용한 것이었다. 나침반은 자기장에 민감하게 반응하므로 자기장의 변화를 측정하는 데 매우 효율적인 도구였다. 만약에 나침반을 전류가 흐르는 도선 주위에 둔다면 전류의 흐름으로 발생하는 어떤 영향력에 의해 자기장에 변화가 생길 것이고, 이것을 나침반이 감지할 수 있을 것이라 생각했다.

외르스테드는 학생들이 보는 앞에서 전지에 연결된 전선에 나침반을 가까이 대었다. 처음에는 나침반의 바늘이 전선과 수직이 되도록 대었다. 그러나 아무런 변화가 일어나지 않았다. 다음에는 나침반의 바늘이 전선과 평행하도록 가까이 대었다. 그러자 바늘이 돌면서 전선에 수직 방향이 되었다. 외르스테드는 나침반 바늘의 움직임에 스스로 놀랐으며, 강의를 마친 후에 같은 실험을 여러 번 반복했다.

위 모터 안에 들어있는 솔레노이드이다.
아래 네덜란드 물리학자 외르스테드는 전기와 자기 사이의 상관 관계를 처음으로 알아내었다.

앙페르의 오른손 법칙이다. 전류가 흐르는 방향을 오른손 엄지손가락으로 가리키면, 나머지 손가락들은 자기장의 방향이 된다.

외르스테드는 3개월 후 실험 결과를 발표했다. 그는 3개월 동안에 이와 관련된 여러 가지 실험을 했다. 그는 자기장이 전선 주변을 감싸면서 형성되고, 전선에서 거리가 멀어질수록 자기장이 약해진다는 사실을 알게 되었다. 또한 전선이 굵을수록 자기장이 커지는 것을 보고, 전선을 흐르는 전류의 양이 자기장의 형성에 영향을 끼친다는 것을 알아내었다. 외르스테드는 유리, 대리석, 물과 같은 부도체들을 이용하여 실험을 하기도 했는데, 이 물질들은 자기장에 별 영향을 끼치지 않는다는 사실도 알게 되었다. 마지막으로 전선 근처에 자석을 두었더니, 전선이 그 영향을 받는 사실도 발견했다. 전류가 흐르는 전선 뭉치가 자석에 의해 움직인 것이다.

외르스테드는 이 결과를 1820년 7월에 발표했고, 유럽과 미국을 떠들썩하게 만들었다. 이제 전기와 자기장이 서로 연관되었다는 사실, 즉 전류가 자기장을 생성한다는 사실이 증명된 것이다. 과학자들은 자기장과 전기장 사이의 관계를 전자기라고 불렀고, 전자기학이라는 새로운 물리 분야가 탄생했다.

솔레노이드 외르스테드가 실험에 성공하고 몇 주 후, 프랑스의 물리학자 앙페르는 파리에서 열린 학술회에서 이 사실을 접했다. 앙페르는 외르스테드의 실험을 직접 해보았다. 또한 전선 주변에 형성된 자기장에 대한 실험을 추가적으로 했다.

앙페르는 전류가 두 전선에서 같은 방향으로 흐르면 두 전선 사이에 척력이 생겨 서로 밀쳐내고, 반대 방향으로 흐르면 두 전선 사이에 인력이 작용하여 끌어당기는 것을 발견했다. 그는 이때 작용하는 힘의 크기는 전류의 세기에 비례하고, 거리의 제곱에 반비례한다는 사실도 알아내었다.

또한 앙페르는 '오른손 법칙'을 창안하기도 했다. 오른손 법칙이란, 전류가 흐르는 전선을 오른손으로 잡고, 전류가 흐르는 방향을 엄지손가락으로 가리키면, 나머지 손가락들은 자기장의 방향이 되는 것이다.

그리고 앙페르는 축 주변으로 전류가 원형으로 흐를 때, 그 주위에 생기는 자기장의 방향도 알아내었다. 그는 여러 겹을 감은 원형 코일을 솔레노이드solenoid라고 불렀으며, 코일에 흐르는 자석 주변에 형성되는 원형 전류circular current 사이의 관계를 수학적으로 나타내는 식을 만들기도 했다.

전기장과 자기장의 상호 작용으로 작동되는 컴퓨터의 기억 장치 하드 드라이브 리더(reader)와 라이터(writer)

전자석

영국 물리학자 윌리엄 스터전(William Sturgeon, 1783~1850)은 솔레노이드 내부에 철 막대를 넣으면 자기력의 세기를 증가시킬 수 있다는 사실을 알아내고, 철 막대를 구리선으로 감아서 전자석(electromagnets)을 만들었다. 그리고 전기 공급을 중단시키면 철은 자성을 잃는 반면, 강철은 영구 자석으로 만들 수 있다는 사실도 발견했다. 전자석의 발달에 가장 크게 공헌한 과학자는 미국의 물리학자 조지프 헨리(Joseph Henry, 1797~1878)였다. 그는 전자석에 절연 전선을 이용했는데, 이로 인해 자기장을 더 강력하게 만들 수 있었다. 전자석의 발달로 1832년에는 1,300 kg까지 들어 올릴 수 있는 전자석이 탄생했다.

오늘날의 전자석은 매우 강력한 자기장을 형성한다. 크기가 큰 전자석의 경우, 50,000 G(가우스) 이상의 자기장을 만들 수 있다. 그리고 초전도 물질(이는 0에 가까운 저항을 가진다)을 이용한 자석은 몇 십만 가우스에 이르는 자기장을 만들 수 있다.

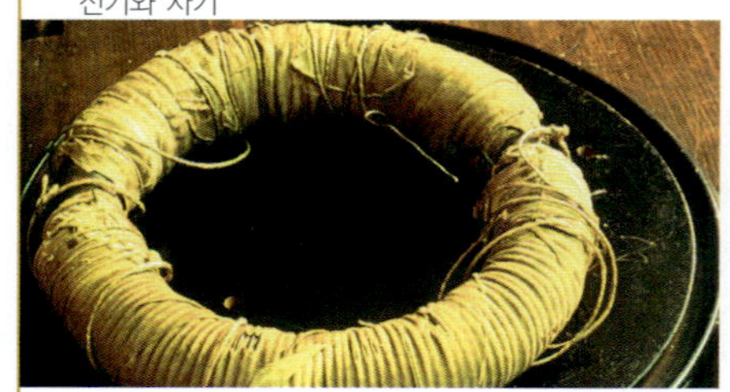

전자기 유도

외르스테드가 전기장에 의해 자기장이 형성된다는 사실을 발견한 후, 반대로 이미 존재하는 자기장이 전류를 만들 수 있는지에 대한 연구가 활발하게 일어났다. 영국의 과학자 패러데이는 이 연구에 특별한 관심을 가지고 1831년부터 이 의문을 풀기 위해 실험을 시작하였다.

패러데이는 먼저 철 고리 일부를 전선 코일로 감았다. 그리고 전선의 끝을 전기에 연결하여 솔레노이드를 만들었다. 또 회로에는 전원 스위치를 장착하여 솔레노이드에 전기를 공급하거나 차단할 수 있게 했다. 철 고리 반대편에는 다른 코일을 감고, 전류가 흐르는지를 감지할 수 있도록 그 끝을 검류계galvanometer에 연결했다. 패러데이는 스위치를 열어 전류를 흐르게 하면, 두 번째 코일에도 전류가 흐르게 될 것이라고 생각했다. 하지만 결과는 아니었다. 두 번째 코일에 흐르는 전류는 아주 미약했다. 첫 번째 코일에 흐르는 전류가 두 번째 코일에 전류를 지속적으로 발생시키지 않은 것이다.

두 번째 회로에 흐른 미약한 전류도 스위치를 열었을 때 발생했다. 이를 본 패러데이는 자기장의 존재가 전류를 발생시키는 것이 아니라, 자기장을 움직여야 전류가 발생한다는 사실을 깨달았는데, 과학자들은 이러한 현상을 전자기 유도electromagnetic induction라고 하였다.

패러데이는 이 실험을 한 후에 전선 코일 안으로 자석을 밀어 넣었다. 그러자 전선에 전류가 발생하는 것을 발견했다. 전선 코일 안으로 자석을 밀어 넣을 때, 전류가 한 방향으로 흐르고, 자석을 꺼낼 때 반대 방향으로 전류가 흘렀다. 그리고 자석을 가만히 두자 전류가 흐르지 않았다.

비슷한 시기에 러시아의 물리학자 하인리히 렌츠Heinrich Lenz, 1804~1865는 패러데이보다 좀 더 진전된 발견을 했다. 렌츠는 회로에 유도되는 전류의 방향은 이 전류를 생성시키는 전류와 반대 방향이라는 것을 알아냈다. 즉, 코일에 전류가 발생하면 이로 인해 전위 차이가 발생하는데, 이 전위 차이는 반대 방향으로 흐르는 전류를 발생시킨다는 것이다.

그리고 전류의 흐름을 차단시키면 원래 전류의 방향과 반대 방향으로 전류를 흐르게 하는 전위 차이가 생기는데 이를 역전압이라고 한다. 여기서 앙페르의 오른손 법칙을 이용하면 전류의 방향을 알 수 있다. 검지는 앞으로 펴고, 엄지는 위로 세운 후 중지를 왼쪽을 가리키면, 검지는 자기장 방향, 엄지는 도선의 운동, 중지는 전류의 방향을 가리키게 된다.

위 패러데이가 사용했던 유도 코일이다. 전자기 유도를 발견했을 때 사용한 것이다.
아래 영국의 물리학자 패러데이다. 그는 전기와 자기 분야에서 중요한 업적을 남겼다.

전기 발전기 전류는 자기력선이 전기 도체를 통과할 때 발생한다. 하지만 이는 매우 일시적인 효과다. 어떻게 하면 지속적인 전류를 발생시킬 수 있을까? 이는 외부 회로에 '슬립링 slip ring'이라는 것을 장착하면 가능하다. 이 링은 끝부분을 브러시나 미끄럼접촉자 sliding contact가 장착된 도선이 누르게 된다. 그리고 전선 코일을 자기장 속에 놓는다. 코일을 회전시키면 전자기장이 발생하는데, 이로 인해 전류가 슬립링에서 외부 회로로 흐르게 된다. 최초의 전자기 발전기는 이런 형태로 만들어졌다. 이 발전기는 운동 에너지를 전기 에너지로 전환시켰는데, 폭포나 바람 같은 외부 에너지원을 이용하여 전기자 armature를 지속적으로 회전시켜야 했다.

같은 원리를 이용하여 모터를 만들 수 있는데, 모터는 사실 발전기를 '반대로' 만든 것에 지나지 않는다. 운동을 통해 전기를 발전시키는 대신, 전기를 통해 운동을 발생시키는 것이다.

거대한 크기의 발전기

변압기는 전압의 크기를 변환시켜 준다.

변압기

패러데이가 발견한 전자기 유도의 원리를 적용한 것에는 변압기가 있다. 변압기는 오늘날에도 곳곳에서 사용되고 있는데, 이것은 전압의 크기를 바꿀 때 사용한다. 예를 들어, 자동차 엔진을 점화시킬 때 사용하는 스파크 플러그는 20,000 V가 필요하지만, 자동차의 전원 장치는 12 V밖에 공급하지 않는다. 그러므로 12 V를 20,000 V로 변환시켜주는 장치가 필요한데, 그것이 바로 변압기이다.

변압기 안에는 비교적 굵은 전선을 수백 번 감아 만든 코일이 있는데, 이를 일차 코일이라고 한다. 그 다음에 얇은 전선을 또 수백 번 감아 만든 코일이 있는데, 이를 이차 코일이라고 한다. 일차 코일보다 이차 코일의 저항이 더 큰데, 이는 코일의 총길이가 월등히 길기 때문이다.

일차 코일에 전류를 공급하다가 중단시키면 자기장이 발생하다가 발생하지 않게 된다. 그러면 이차 코일에 높은 전압이 유도된다. 두 전압 사이의 비율은, 일차 코일과 이차 코일이 감겨있는 횟수의 비율과 같다. 이차 코일이 더 많기 감겨있기 때문에 전압을 상당히 증가시킬 수 있다.

전압을 낮춰주는 변압기도 같은 원리로 만든다.

맥스웰, 빛 그리고 전자기

18세기 말, 과학자들은 전기와 자기에 대해 네 가지 중요한 사항을 알아냈다.

1. 전하는 전기장으로 둘러싸여 있으며, 같은 전하는 서로 밀어내고, 다른 전하는 서로 끌어당긴다.
2. 고립된 자극magnetic pole이란 존재하지 않는다. 즉, N극과 S극은 항상 한 쌍으로 존재한다.
3. 전기장에 변화를 줘야만 자기장을 발생시킬 수 있다.
4. 자기장에 변화를 줘야만 전기장을 발생시킬 수 있다.

1860년대 초, 제임스 맥스웰은 위와 같은 발견을 수학적으로 설명할 수 있는 네 가지 방정식을 만들었다. 오늘날 이 방정식들을 맥스웰 방정식으로 부른다. 이들 방정식으로 전기와 자기의 관계를 깊이 있게 이해할 수 있었고, 새로운 각도로 두 현상 사이의 상관관계를 통찰할 수 있게 되었다.

맥스웰의 업적은 전기와 자기를 분리시켜서 생각할 수 없다는 사실을 밝힌 것이다. 전기와 자기 현상은 매우 복잡하게 얽혀 있으며, 상호작용하여 우리가 전자기장이라고 알고 있는 현상을 일으킨다. 게다가 전하의 진동oscillation은 전자기파를 전하로부터 퍼져 나가게 했는데, 이

파동에는 전기장과 자기장이 함께 있다는 사실도 알아냈다. 자기장은 파동에 대해 평행하게 움직이지만 전기장은 파동에 수직으로 움직였다. 또한 맥스웰은 전자기파의 속도를 계산하는 데 성공했으며, 전자기파의 속도가 빛의 속도와 같다는 사실을 알아냈다. 이것은 매우 중요한 발견으로, 맥스웰은 빛도 전자기파라고 주장하였다.

한편, 맥스웰은 이론적으로 전자기파를 발생시키는 전하들이 그 어떤 진동수라도 가질 수 있기 때문에, 빛에는 최단 파장에서 최장 파장까지 진동수가 서로 다른 전자기파가 존재할 것이라고 생각했다. 즉, 빨간빛보다 긴 파장, 보랏빛보다 짧은 파장이 있을 것이라고 생각한 것이다.

1873년, 맥스웰은 그의 유명한 저서인 《전자기학Treatise on Electricity and Magnetism》을 통해 이러한 사실을 발표했다. 그는 이 책을 통해 전자기파

위 안테나를 통해 전자파가 송출되고 있는 장면을 그림으로 나타낸 것이다.
아래 1920년대 초, 라디오를 생산하기 위해 기술자가 작업하고 있다.

에 대한 자신의 이론을 설명하고, 그 성질에 대한 세부 사항을 심층적으로 분석했으며, 당시의 전기와 자기에 대한 지식을 요약했다.

헤르츠 독일의 물리학자 하인리히 헤르츠 Heinrich Hertz, 1857–1894는 전자기파가 자연에 실제로 존재한다는 사실을 증명했다. 그는 비교적 단순한 기기를 이용하여 실험을 했는데, 그 기기는 절단된 고리 모양의 전선 두 개로 구성한 것이었다. 절단된 부분은 황동 구슬로 연결되었다.

맥스웰의 이론에 따르면 전자기파는 스파크 형태로 절단된 부분을 뛰어넘어야 했다. 그리하여 헤르츠는 두 코일을 떼어놓고 첫 번째 코일에 전류를 흘려보내어, 그 사이를 뛰어넘게 했다. 그의 실험은 두 번째 코일에도 전류가 흐르면서 성공했다. 헤르츠는 이 실험을 성공하면서 최초로 인공적인 전자기파를 발생시킨 사람이 되었다. 그는 이 전자기파에 전기장과 자기장이 모두 들어있다는 것을 밝혔다.

헤르츠는 전도체가 파동을 반사할 수 있으며, 오목 반사체를 통해 수렴될 수 있다는 것도 알아냈다.

독일 물리학자 하인리히 헤르츠이다. 그는 라디오파를 최초로 발견했다.

이탈리아의 물리학자 굴리엘모 마르코니 사진이다. 그는 최초로 전자기파를 이용하여 영국과 신대륙 사이에 메시지를 주고 받는 데 성공했다.

라디오파

전자기파 중에는 라디오파가 있다. 1894년, 이탈리아의 굴리엘모 마르코니(Guglielmo Marconi, 1874–1937)는 라디오파에 대한 논문을 읽고, 이를 감지할 수 있는지를 알아보기로 했다.

그는 라디오파를 이용하면 메시지를 교신하는 데에 유용할 것이라고 생각했다. 마르코니는 헤르츠의 파동 생성 기술을 이용하여 발신기와 수신기를 만들었다. 특히 그는 라디오파를 감지하기 위해 금속으로 채운 코히러(coherer)라는 기기를 사용했다. 마르코니는 코히러와 같은 기기는 전자기파를 받으면 전류로 전환시킬 수 있다는 사실을 알았다. 그러나 마르코니는 좀 더 발전된 기기를 만들었고, 그것은 오늘날 사용하는 안테나의 원조가 되었다. 마르코니는 라디오파를 주고받는 데 효율적인 장비들을 계속 발전시켰다.

1875년, 마르코니는 2.4 km가 넘는 거리에서 라디오파를 발신하고 수신할 수 있었으며 2년 후에 그 거리는 19 km로 늘어났다.

또한 그는 라디오파를 이용하여 영국과 신대륙 사이에 메시지를 주고받을 수 있는 장치를 개발하기 위해 노력했다. 그러나 전자기파는 직선으로 이동하는 반면에, 지구의 겉 표면은 곡선이기 때문에 불가능할 수도 있다고 생각을 했다. 하지만 다행히도 전자기파가 지구의 곡률을 따라 움직인다는 사실을 알게 되었다. 그 이유는 전자기파가 대기권에 있는 하전 입자에 의해 반사되거나 굴절되었기 때문이었다. 결국 그는 라디오파를 이용하여 대륙 간 통신에 최초로 성공한 사람이 되었다.

전자기 스펙트럼

맥스웰의 예측은 옳았다. 전자기파에는 가시광선보다 파장이 짧은 것들이 있었다. 전자기파에는 파장이 매우 짧은 감마선에서부터 파장이 매우 긴 라디오파까지 다양한 종류의 파들이 존재하는데, 이를 전자기 스펙트럼이라고 한다.

우리는 앞에서 가시광선의 파장 범위가 약 3,800 Å에서 7,600 Å까지 라는 것을 배운 적이 있다. 그런데 실제로는 이 범위를 넘어 파장이 길고 짧은 다양한 전자기파들이 존재한다. 전자기 스펙트럼의 빨간빛 너머에는 적외선이 있고, 그 너머로는 마이크로파microwaves가 있다. 마찬가지로 보랏빛 너머에는 자외선이, 그 너머로는 X선이 있다. 또한 X선 너머에는 감마선이 있다.

그리고 전자기파는 에너지를 가진다. 전자기파 자체가 에너지의 한 형태이기 때문이다. 파동의 진동수가 높고, 파장이 짧을수록 에너지가 크다. X선이 가시광선보다 에너지가 월등히 큰 것도 바로 이러한 이유 때문이다.

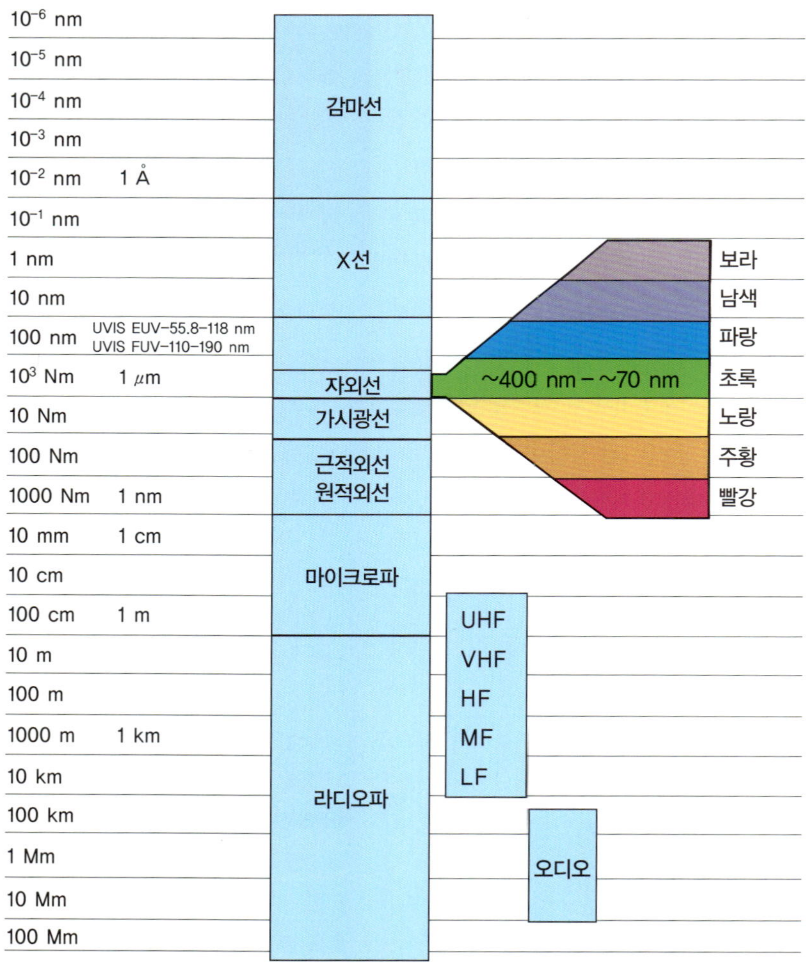

nm = 나노미터, Å = 옹스트롬, μm = 마이크로미터, mm = 밀리미터,
cm = 센티미터, m = 미터, km = 킬로미터, Mm = 메가미터

위 고속도로에 설치되어 있는 과속 단속 카메라는 레이더를 이용한다.
아래 전자기 스펙트럼이다. 파장이 매우 짧은 감마선부터 매우 긴 라디오다까지 잘 나타나 있다. 다양한 종류의 파동에 따른 파장은 왼쪽에 표기되었다. 가시광선 스펙트럼은 오른쪽에 표시되어 있다. 여기에 나타난 모든 전자기파는 빛의 속도로 움직인다.

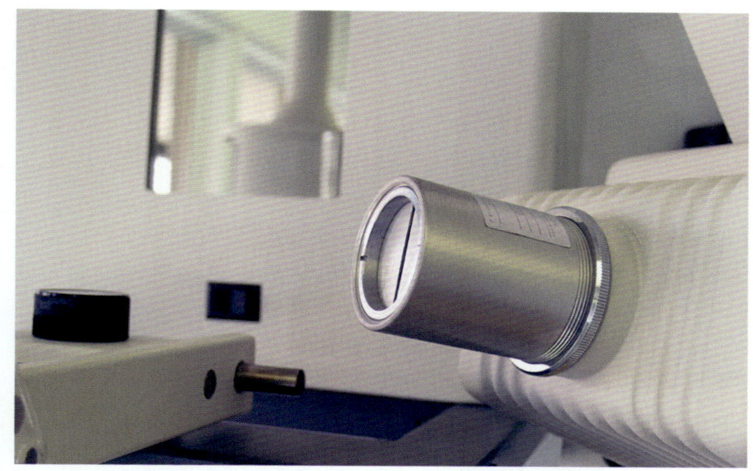

X선 장비이다. X선으로 인체의 내부 골격을 살필 수 있다는 사실이 알려진 후, X선은 의료 행위에 필수적인 장비가 되었다.

자외선, 마이크로파, 라디오파

1800년대, 천문학자 윌리엄 허셜William Hershel, 1738－1822은 온도계로 태양의 스펙트럼을 분석하던 중, 온도계를 적외선 영역에 두면 온도가 가장 많이 상승한다는 것을 알게 되었다. 그는 태양 빛에 열을 전달하는 투명한 복사선이 있다고 결론을 내렸는데, 그것이 바로 적외선이었다. 적외선 복사를 가장 잘 일으키는 것은 가열된 물체들이다. 가스레인지의 버너를 작동시키면 버너가 빨갛게 달아오르기 전에 열기가 느껴지는 것도 적외선 복사 때문이다.

전자기파의 다양한 파들은 파장이나 진동수로 구분할 수 있다. 진동수의 단위는 초당 사이클 수로 헤르츠라 하고, Hz로 표시한다. 예를 들어 적외선의 진동수는 100,000 MHz이다. 이때 M은 메가로 읽고, 백만을 의미한다.

마이크로파microwave oven, 극초단파라고도 한다는 파장이 약 30 cm에서 0.1 cm 사이의 값을 가지고, 진동수로 표현하면 1,000에서 100,000 MHz 사이의 값을 가진다. 마이크로파는 전자레인지에서 음식을 데우는 데 사용되기도 하지만, 휴대폰이나 위성 TV에도 사용된다. 제2차 세계 대전 때 레이더가 개발된 후, 마이크로파는 전자레인지를 개발하는 데 중요한 역할을 했다.

전자레인지는 약 12 cm의 파장을 가진 마이크로파로 음식을 요리하는 기구이다. 물은 극성 분자로서 마이크로파를 잘 흡수하는 성질을 가진다. 마이크로파는 아주 빠른 속도로 진동하는 전기장을 발생시키는데, 이 전기장 때문에 물 분자들이 아주 빠르게 회전하고, 이러한 회전 운동 때문에 음식물을 데우게 되는 것이다.

한편, 라디오파는 몇 센티미터에서 수천 미터 이상까지 매우 넓은 범위의 파장을 가진다. 라디오파는 주로 라디오에 사용되는데, 진동수로 비교하면 AM 라디오는 KHz의 진동수를, FM 라디오에는 MHz의 진동수를 가진다.

자외선과 X선

자외선ultraviolet 또는 UV은 1801년 독일의 물리학자 요한 리터Johann Ritter, 1776－1810가 발견하였다. 자외선의 파장은 3,600 Å에서 약 10 Å까지이고, 진동수는 약 1015 Hz이다.

자외선 너머에는 X선이 있다. X선은 1895년에 독일의 물리학자 빌헬름 뢴트겐Wilhelm Conrad Roentgen, 1845－1923이 발견했다. X선은 투과력이 커서 인체 내부를 들여다보거나, 공항 검색대에서 가방 등의 물체 안을 살피는 데 이용된다.

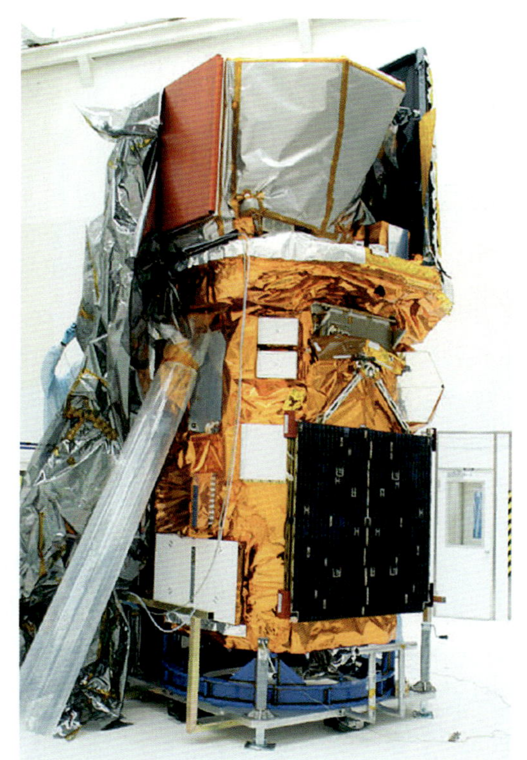

우주의 감마선 폭발을 분석하기 위해서 2004년 NASA가 우주 왕복선 스위프트를 통해 발사한 장비이다.

물리학 연대표

기원전 250년

아르키메데스가 아르키메데스의 원리, 즉 부력의 원리를 발견했다.

150년

프톨레마이오스는 천동설을 주장했다.

1543년

코페르니쿠스가 태양을 중심으로 하는 태양계 모델을 주장했다. 이를 태양 중심설 또는 지동설이라고 한다. 이 모델은 프톨레마이오스의 천동설보다 화성과 같은 외행성의 역행 운동을 더 정확하게 설명했다.

1609년

케플러가 행성 운동의 세 가지 법칙을 발표했다. 그는 행성들이 태양을 초점으로 한 타원 궤도로 공전한다고 주장했다.

1610년

갈릴레이는 공기 저항을 무시할 경우, 모든 물체가 동일한 속도로 낙하한다고 주장했다. 또한 그는 천체 망원경을 직접 제작하였으며 목성의 위성, 금성의 위상 변화, 태양 흑점 등을 관측하였다. 이러한 연구들은 천문학의 발전에 크게 기여했다.

1665년

뉴턴은 운동에 대한 세 가지 법칙과 만유인력의 법칙을 발견했다. 빛의 정체에 대한 연구를 본격적으로 하여, 빛이 입자라는 주장도 했다.

1678년

크리스티안 호이겐스는 빛이 파동이라고 주장했다.

1752년

벤저민 프랭클린은 번개가 치는 날, 연을 날려 번개가 전기 현상임을 증명했다.

1791년

루이지 갈바니는 개구리 다리의 근육과 신경 세포가 전기를 생산한다고 생각했으나, 나중에 이 생각은 잘못된 것으로 밝혀졌다.

1800년

볼타가 인류 최초로 화학 전지를 발명했다.

1803년

돌턴이 원자설을 주장했다.

1803년

토마스 영이 빛이 파동이라는 사실을 증명하는 여러 증거들을 발표했다.

1820년

외르스테드는 전류가 흐르면 자기장이 형성된다는 사실을 발견했다.

1824년

사디 카르노는 열기관의 효율성을 계산할 수 있는 공식을 고안했고, 그의 연구는 열역학의 토대가 되었다.

1830년-1831년

패러데이는 자기를 이용하여 전류를 유도할 수 있다는 것을 발견했다. 이를 전자기 유도라고 한다.

1864년

제임스 맥스웰은 전기와 자기에 대한 개념을 방정식으로 표현했다. 오늘날 이 방정식들은 맥스웰 방정식으로 불린다. 그는 또한 전자기파의 존재를 예측하기도 했다.

1887년

알버트 마이켈슨과 에드워드 몰리는, 빛의 속도가 광원의 움직임에 대해 독립적으로 일정하다는 사실을 실험으로 증명했다.

1888년

하인리히 헤르츠는 전자기파를 발견했다.

1895년

빌헬름 뢴트겐이 X선을 발견했다.

1896년

앙투안 베크렐이 방사선을 발견했다.

1897년

조셉 존 톰슨이 전자를 발견했다.

1900년

막스 플랑크가 흑체 복사를 설명하는 공식을 만들었다. 그리고 방출을 설명하는 공식을 개발하였다.

1903년

앙투안 베크렐과 퀴리 부부가 방사능 물질의 복사 현상에 대한 연구를 인정받아 노벨상을 수상했다.

1905년

아인슈타인이 특수 상대성 이론을 발표했다. 특수 상대성 이론으로 시공간에 대한 새로운 개념이 생겼다.

1910년

로버트 밀리컨은 밀리컨의 기름방울 실험을 통해 전자의 전하량을 측정하고, 전자의 질량도 계산해 냈다.

1911년

어니스트 러더퍼드가 원자의 중심에 있는 원자핵의 존재를 밝혔다. 또한 그는 양성자를 발견하기도 했다.

1913년

닐스 보어는 원자핵 주변으로 전자들이 각각의 궤도로 운동하고 있음을 밝혔다.

1915년

아인슈타인이 일반 상대성 이론을 발표했다. 그는 일반 상대성 이론을 통해 중력이 휘어져 있는 공간이라고 주장했다.

1919년

아서 에딩턴이 일식 때 별빛이 휘어지는 현상을 관측하여 일반 상대성 이론을 입증했다.

1924년

볼프강 파울리는 배타율의 원칙을 발견했다.

1925년

루이 드브로이가 전자를 비롯하여 모든 입자는 파동성을 지닌다고 주장하였다.

1925년

베르너 하이젠베르크가 양자 역학의 토대가 되는 행렬 역학을 고안했다.

1926년

에르빈 슈뢰딩거는 양자 역학의 기초가 되는 파동 방정식을 창안했다.

1927년

베르너 하이젠베르크가 불확정성 원리를 개발했다. 이 이론에 따르면 어떤 입자의 운동량과 위치를 동시에 정확하게 측정하는 것은 불가능하다.

1929년

에드윈 허블은 은하들이 서로 멀어지고 있는 현상을 발견했다. 또한 우주는 팽창한다는 이론을 주장했다.

1932년

제임스 채드윅이 중성자를 발견했다.

1935년

유카와 히데키는 중간자의 존재를 예측했다. 그리고 중간자가 실제로 발견되었다.

1945년

최초로 원자 폭탄이 만들어지고 투하되었다. 이 프로젝트는 로버트 오펜하이머의 지도 아래 미국에서 이루어졌다.

1947년

리처드 파인만, 줄리안 슈윙거, 도모나가 신이치로는 각자 양자 전기 역학을 개발했다.

1953-1958년

찰스 타운스가 마이크로파를 증폭하여 메이저(maser)를 유도했다. 그는 나중에 복사선의 유도 방출에 의한 광 증폭, 즉 레이저(laser)를 통해 빛을 증폭하기도 했다.

1962년

머레이 겔만이 쿼크 이론을 고안했다.

1964년

아르노 펜지어스와 로버트 윌슨이 우주 배경 복사를 발견했다.

1967년

스티븐 바인베르크와 압두스 살람은 전자기와 약한 핵력을 통합했다.

1974년

셀던 글라쇼는 양자 색역학(QCD)을 개발했다. 이는 통일장 이론(GUT)으로 가는 첫걸음이었다.

1982년

존 슈워츠와 마이클 그린이 초끈 이론을 제안했다.

1988년

스티븐 호킹이 《시간의 역사》를 출간했다.

1995년

에드워드 위튼이 끈 이론을 통합했다.

2006년

미국 천문학자 존 매더와 조지 스무트는 우주 배경 탐사(COBE) 위성에 대한 작업을 인정받아, 노벨 물리학상을 수상했다. 이 위성을 통해 빅뱅 이론을 크게 발전시켰다.

물리학에서 사용되는 여러 가지 단위들

과학의 모든 분야에서 어떤 것을 측정하는 일은 매우 중요하다. 특히 물리학에서는 세 가지의 물리량이 매우 중요한데, 길이와 질량 그리고 시간이다. 현재 이들을 나타내는 데 사용되는 단위계로는 MKS 단위계, CGS 단위계, FPS 단위계, SI 단위계 등이 있다.

기본적인 물리량

MKS 단위계에서 사용하는 세 가지 기본적인 물리량은 미터(meter), 킬로그램(kilogram), 초(second)이다. 반면에 CGS 단위계에서는 센티미터(centimeter), 그램(gram), 초(second)이다. 이 두 단위계는 미터법을 사용한다. FPS 단위계는 영국에서 사용하는 단위계이다. 기초 물리량은 피트(foot), 파운드(pound), 초(second)이다. FPS 단위계는 공학 분야에서 때때로 쓰이는 경우가 있으며, 미국인들이 일상생활에서 널리 사용한다. 그러나 나머지 국가들은 대부분 미터법을 사용한다. 1960년에 국제단위계(SI)가 정해진 후 전 세계에 소개되었다. 다른 단위계는 3개의 기본 물리량만 사용하는 반면에 SI 단위계는 미터, 킬로그램, 초와 함께 암페어(ampere), 켈빈 온도(degrees kelvin), 몰(mole), 칸델라(candela)까지 총 7개의

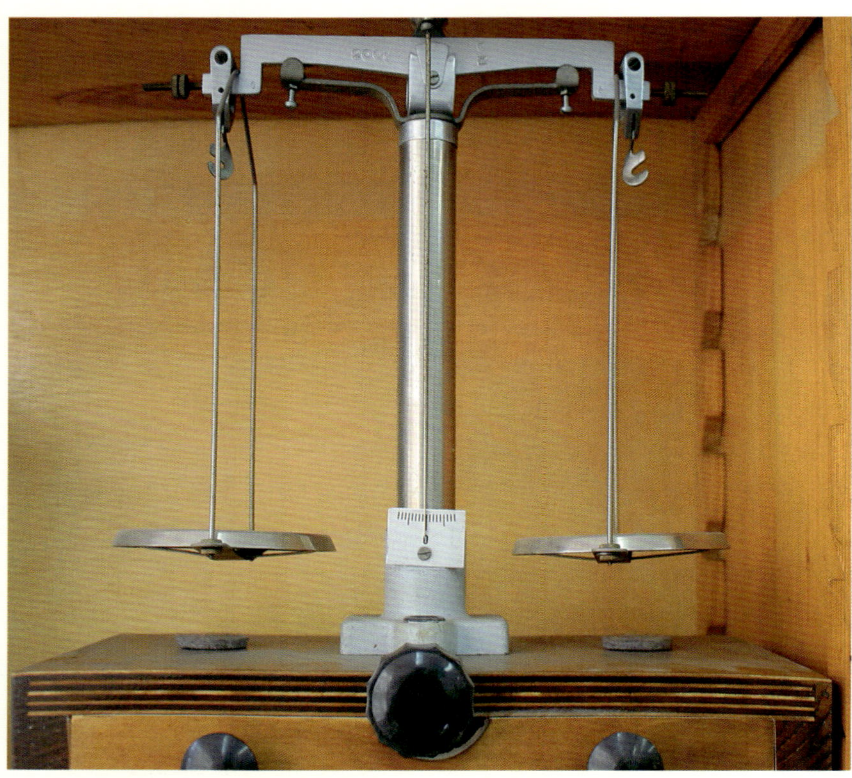

옛날에 사용했던 아날로그 방식의 저울이다.

SI 기본 단위

기본 물리량	SI 기본 단위	
	읽기	기호
길이	미터	m
질량	킬로그램	kg
시간	초	s
전류	암페어	A
열역학 온도	켈빈	K
물질의 양	몰	mol
광도	칸델라	cd

물리량을 기본적으로 사용한다. 추가로 사용되는 4개의 단위는 순서대로 전류, 온도, 물질의 양, 빛의 밝기에 대한 단위다.

한편 MKS 단위계에서 힘의 단위로는 뉴턴(N), 에너지의 단위는 줄(J)을 각각 사용하지만, CGS 단위계에서는 힘의 단위로 다인(dyne), 에너지 단위로는 에르그(erg)를 사용한다.

유도 물리량

기본 물리량이 아닌 것들을 유도 물리량이라 한다. 이 물리량들은 기본 물리량을 곱하거나 나누어서 얻는다. 예를 들어 m/s나 s^2초와 같이 어떤 기본 물리량을 반복한 것들이다.

쉽게 설명하자면 속도나 가속도와 같은 유도 물리량은 길이와 시간으로 분해할 수 있다. 속도(v)의 단위에서 L을 길이의 단위, T를 시간의 단위로 나타내면 다음과 같다.

$$L/T^2 = m/s^2 = m/sec^2$$
$$\rightarrow v = L/T = m/s, \ a = L/T^2 = m/s^2$$

높은 온도를 측정하는 데 사용하는 지멘스–할스케 온도계

SI 유도 단위의 예

	SI 유도 단위	
유도 물리량	읽기	
넓이	제곱미터	m^2
부피	세제곱미터	m^3
속력, 속도	초당 미터	m/s
가속도	초당 미터제곱	m^2/s
밀도	세제곱 미터당 킬로그램	kg/m^3
비부피	킬로그램당 세제곱미터	m^3/kg
전류 밀도	제곱미터당 암페어	A/m^2
자기장 힘	미터당 암페어	A/M
물질량 밀도	세제곱미터당 몰	mol/m^3
광도	제곱미터당 칸델라	cd / m^2

물리학은 우리 생활에 어떤 영향을 주고 있을까?

물리학은 우리 주변 곳곳에 존재한다. 물리학은 우리 주변에서 일어나는 다양한 자연 현상을 설명해 주고, 일상생활을 편리하게 하는 데 필요한 기술을 제공한다. 그러므로 물리학의 세계를 연구하는 일은 상상 이상으로 우리에게 중요한 일이다.

뉴욕의 도로

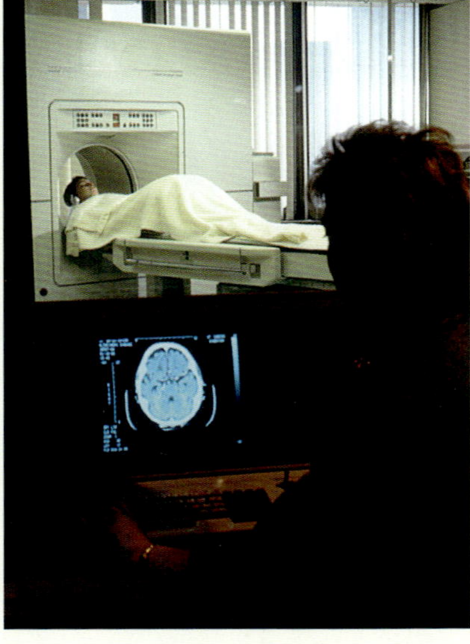

의사가 MRI를 이용하여 환자를 진단하고 있다.

연구를 하였기 때문에 제동 장치도 제대로 작동하는 것이다. 자동차에 장착된 CD, 휴대 전화, GPS 등도 모두 물리학의 결과물이다.

그리고 쇼핑이 끝나면, 점원은 우리가 산 물건을 계산하기 위해 레이저로 바코드를 스캔한다. 이때 사용하는 레이저 역시 물리학자가 발명한 것이다. 레이저는 의료 분야에서 매우 중요하게 사용되고 있다.

우리는 아침에 대부분 자명종 소리 때문에 잠에서 깬다. 전기가 없었다면 이것은 불가능한 일이다. 전기는 물리학자들이 발견했고, 전기를 생산하는 원리도 물리학자들이 알아냈다.

또 아침 식사를 하기 위해 음식을 전자레인지에 넣고 데운다. 그리고 이메일을 확인하기 위해 컴퓨터를 작동시킨다. 이것도 물리학이 없었다면 있을 수 없는 일이다. 물리학자들이 마이크로파를 발견했고, 컴퓨터와 인터넷 기술을 만들었기 때문이다. 우리가 자동차를 운전해서 직장으로 갈 때도 물리학은 우리 주변을 에워싸고 있다. 속력, 가속도, 힘, 토크, 마력 등이 모두 물리학에서 개발한 중요한 개념들이고, 동시에 자동차를 개발하고 움직이는 데 사용하는 개념들이다. 자동차에 동력을 제공하는 엔진도 열역학을 통해서 개발되었고, 현재 수준으로 성능이 향상되었다. 뿐만 아니라, 전기 시스템과 전지가 없었다면 자동차는 움직일 수 없었을 것이다. 특히 점화 코일은 기본적인 전기 기기인 변압기를 응용한 것이다. 물리학자들이 마찰에 대해 많은

GPS를 이용한 내비게이션 시스템

라디오 방송을 할 때 필요한 송출탑

안과 의사는 손상된 망막을 치료하고, 눈의 종양을 제거하며, 백내장을 치료하는 데에 레이저를 사용한다. 그리고 외과 의사들은 레이저를 이용하여 종양을 잘라내고, 다양한 형태의 심장 수술과 동맥 수술을 한다. 피부과 의사들도 역시 레이저를 이용하여 손상된 피부와 피부암을 치료한다. 또한 레이저는 통신 분야에서도 널리 쓰인다.

이 외에도 물리학에서 얻은 성과는 현대 의학의 다양한 영역에 크게 기여하고 있다. X선과 DNA 분자 모형도 물리학자들이 개발한 것이며, 핵자기 공명(NMR) 역시 물리학에서 개발한 것이다. 의사들은 이 기구들을 이용하여 인체 내에서 종양을 찾고, 피의 흐름을 연구하며, 뇌를 진료한다. 그리고 핵물리학을 통해 발전된 원리들을 이용하여 핵의학이라는 새로운 의료 기술이 개발되었다. 핵의학에서는 방사성 동위 원소, 방사성 화학 물질을 비롯한 여러 기술을 이용해 암을 감지하고 치료하며, 뇌 사진을 촬영한다.

핵물리학을 통해 발전된 과학 이론과 기술은 의학 분야 외에도 다양한 분야에 크게 기여하고 있다. 핵물리학의 발전으로 탄생한 원자로는 오늘날 전 세계에 공급되는 전기 에너지의 상당 부분을 차지한다. 또한 핵잠수함, 핵융합 원자로, 핵전지 등의 분야도 핵물리학에 크게 의존하고 있다.

현대 문명에서 인공위성이 차지하는 비중은 매우 크다. 특히 통신 분야의 휴대 전화, 텔레비전, GPS는 모두 인공위성으로 작동되기 때문이다. 로켓을 이용하여 인공위성을 지구 궤도에 올려놓고, 이를 운용하는 것도 물리학자들이 한 일이다. 물리학자들이 중력의 법칙과 궤도 역학을 고안해 냈기 때문에 가능하다.

월드 와이드 웹(world wide web)은 세계

무선 인터넷 기술 덕분에 원격으로 인터넷에 접속할 수 있다.

적으로 과학자들끼리 데이터를 공유하기 위해 개발되었다.

초기의 인터넷은 유럽 원자핵 공동 연구소(european organization for nuclear research, CERN)와 스탠포드 선형 가속기 센터(stanford linear accelerator center)에서 주도적으로 개발했다.

물리학은 가장 작은 입자에서부터 우주가 움직이는 원리까지 모든 분야에서 사물이 작동하는 방식을 설명한다. 그러므로 물리학은 첨단 기술의 미래를 열어주는 가장 중요한 과학이라고 할 수 있다.

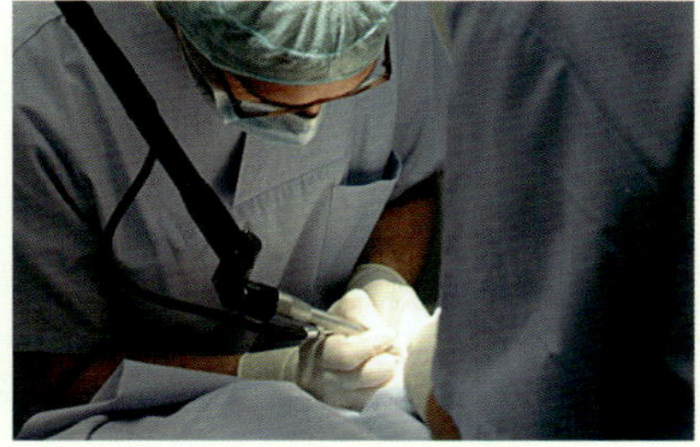

의사가 레이저를 이용하여 수술을 하고 있다.

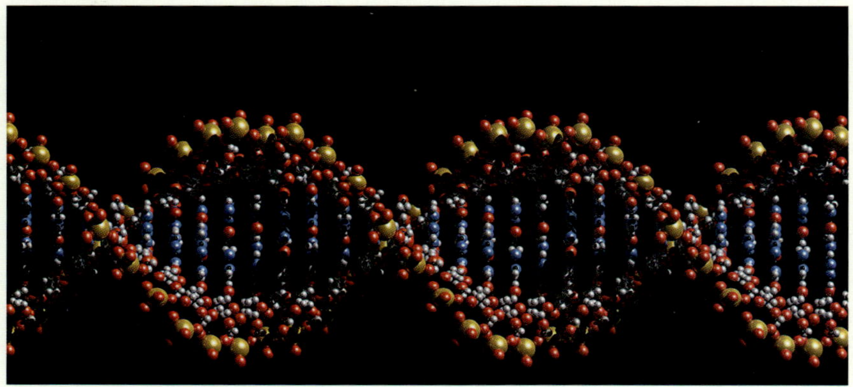

물리학자들이 DNA의 이중 나선 모델을 개발했다.

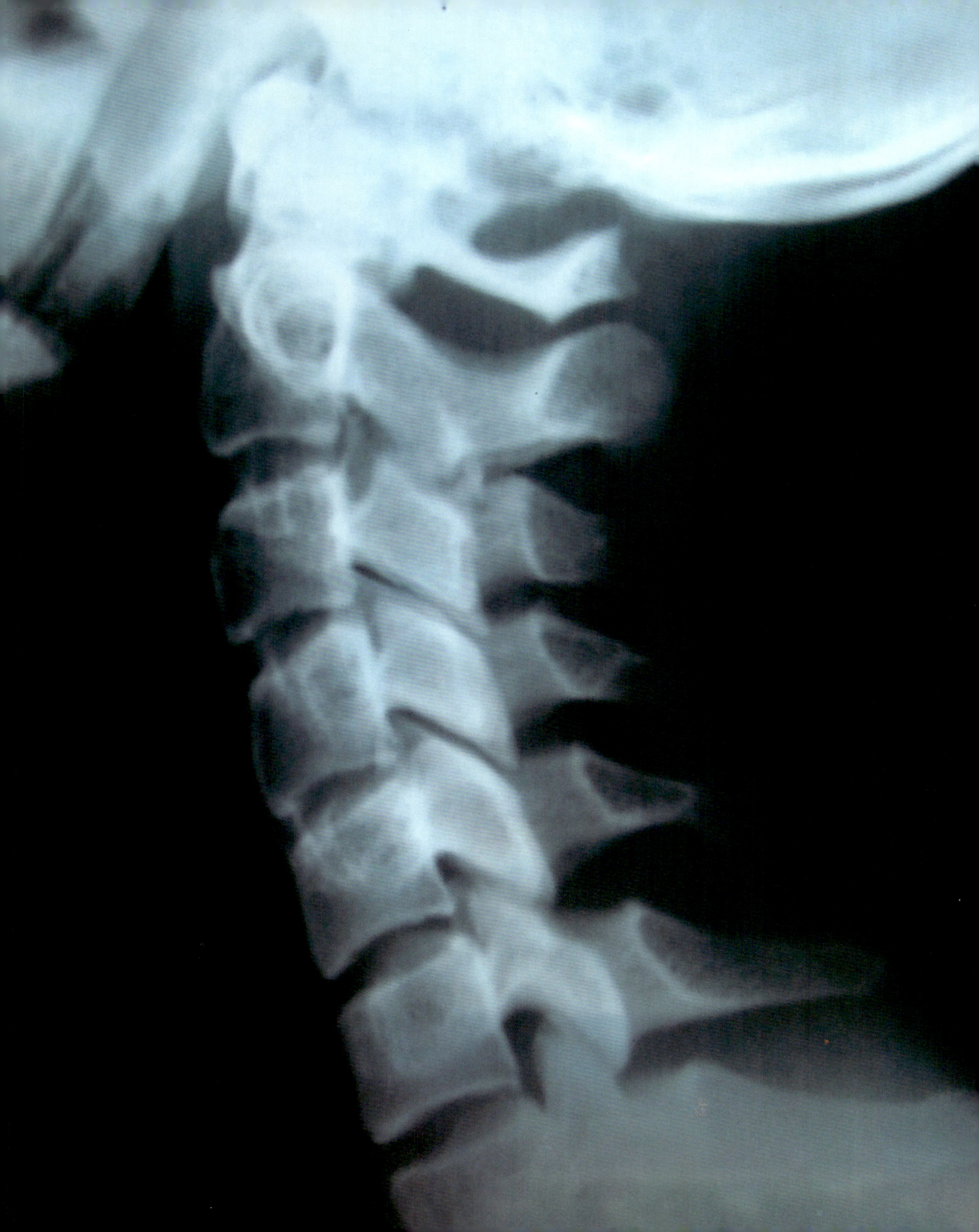

CHAPTER 8

방사성과 초기 원자 이론

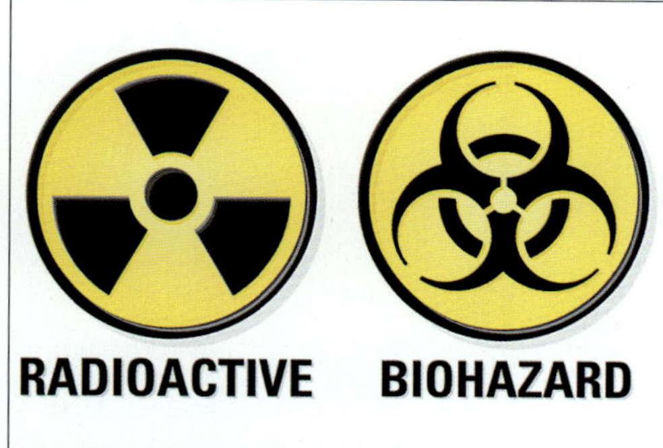

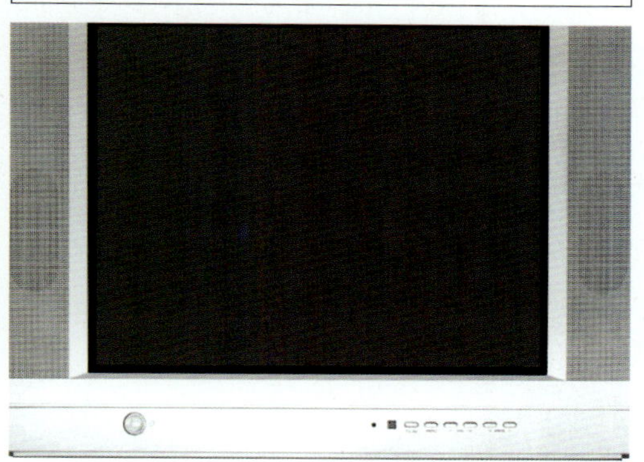

왼쪽 X선으로 찍은 인체 사진. 빌헬름 뢴트겐은 음극선 실험을 하던 중 X선을 발견했다.

위 방사성 물질을 처음 발견했을 때, 과학자들은 이 물질들이 얼마나 위험한 것인지 미처 알지 못했다.

아래 음극선은 19세기 초에 활동했던 과학자들의 주된 연구 대상이었다. 음극선을 생성하는 음극선관은 브라운관을 사용하던 텔레비전과 컴퓨터 모니터에서 핵심 부품이었다.

1800년대 말 물리학계의 분위기는 우울했다. 여러 해 동안 주목할 만한 새로운 발견이 없었기 때문이다. 많은 과학자들은 이제 더 이상 물리학 분야에서 눈에 띄는 발전은 어려울 것이라 생각했다. 뉴턴, 패러데이, 제임스 맥스웰로서 물리학의 황금기는 끝난 것처럼 보였다.

하지만 그들의 판단은 옳지 않았다. 겉으로는 드러나지 않았지만 물리학계에서는 흥미로운 발견이 속속 이루어지고 있었다. 어떤 점에서는 오히려 물리학의 진정한 황금기가 바로 이 기간이라고 할 수 있을 정도였다. 물리학을 통째로 바꿀 수 있는 일이 일어나고 있었기 때문이었다. 물리학의 새로운 시대는 1895년부터 시작되었다. 새 시대는 그동안 알지 못했던 전혀 새로운 형태의 방사선이 발견되면서 시작되었다. 그 발견은 바바리아^{bavaria}의 뷔르츠부르크 대학교에서 물리학 과장으로 있던 빌헬름 뢴트겐에 의해서 이루어졌다. 그는 당시의 여러 물리학자처럼 음극선에 대한 연구를 하던 중에 물체를 관통하는 X선을 발견했다. 바로 이 X선의 발견으로 핵물리학과 현대 물리학의 시대가 시작되었다.

복사

빌헬름 뢴트겐은 특정한 화학 물질에서 생성되며 열을 내지 않는 빛, 즉 냉광luminescence에 특별한 관심을 가졌다. 그는 화학 물질에 음극선을 쪼이면 어떤 냉광이 발생하는지 연구했다. 뢴트겐은 냉광의 밝기가 너무 약했기 때문에 1895년 말, 주로 암실에서 이 실험을 했다. 실험을 하던 중, 벽으로 막혀있는 방 건너편의 시안화백금산염을 칠한 종이에서 저절로 빛이 나는 현상을 관찰했다. 그리고 뢴트겐은 음극선관에서 음극선 발생을 중단시켰을 때, 그 빛도 사라지는 것을 알았다. 뢴트겐은 음극선관에서 눈에 보이지는 않지만, 벽이나 사물을 관통하는 힘이 센 복사선이 방출되고 있을지 모른다는 생각을 했다.

뢴트겐은 음극선관을 세밀하게 관찰한 결과, 음극선이 유리와 부딪히는 부분에서 복사가 일어나는 것을 발견했다. 그는 몇 주에 걸쳐 이 새로운 복사선을 관찰했고, 음극선이 기체를 이온화*시킬 때 그 복사선이 나온다는 사실을 알게 되었다. 또한 이 복사선은 전기장이나 자기장의 영향을 받지도 않았으며, 물체를 관통하는 힘이 매우 커서 나무 조각과 금속판도 쉽게 통과하는 것을 관찰했다. 복사선은 사람의 손도 관통했는데, 이를 이용하여 손의 골격도 관찰할 수 있었다. 뢴트겐은 이 복사선을 잘 이용하면 의학적으로 매우 유용하게 사용될 수 있을 것이라 생각했다. 예를 들어, 골절 부위나 인체에 박힌 총알을 찾는 데에 효과적이라고 믿었다.

뢴트겐은 자신이 발견한 이 새로운 광선을 뭐라고 불러야 할지 결정하기가 어려웠다. 왜냐하면 과학적으로 광선의 정체를 밝히지 못한 상태였기 때문이다. 하는 수 없이, 그는 복사선의 정체를 잘 모른다는 의미에서 X선이라고 불렀다. 1895년 뢴트겐은 X선 발견에 관한 내용을 발표했으며, 1901년에 그 업적을 인정받아 물리학 분야에서 최초로 노벨상을 수상했다.

베크렐과 방사능 뢴트겐이 X선을 발견할 무렵, 프랑스의 물리학자 앙투

위 피에르 퀴리와 마리 퀴리는 피치블렌드라는 암석에서 폴로늄이라는 방사성 원소를 추출했다.
아래 X선을 최초로 발견한 빌헬름 뢴트겐의 초상화이다.

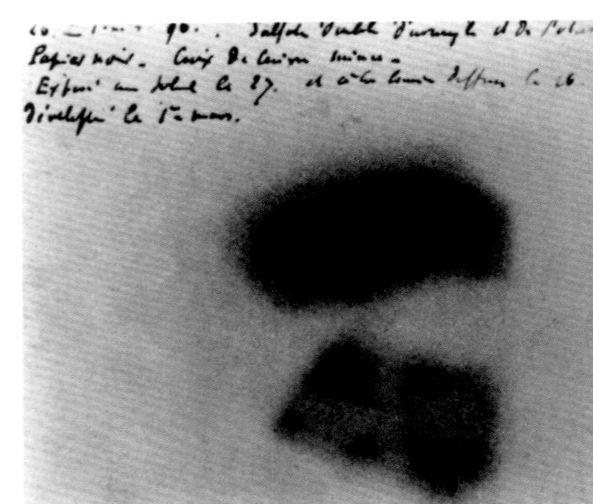

사진 인화지에 우라늄 결정을 올려놓았을 때 생긴 무늬. 앙투안 베크렐은 이 실험을 통해 최초로 방사능을 발견했다.

안 베크렐Antoine Henri Becquerel, 1852-1908은 화학 물질 연구하고 있었다. 베크렐은 그가 실험 대상으로 삼고 있던 물질도 X선을 방출하는지 안 하는지가 궁금했다. 이를 확인하기 위해 베크렐은 사진 인화지를 두꺼운 검은색 종이로 싸고, 그 위에 화학 물질을 올려놓았다. 그 다음 햇빛에 화학 물질을 노출시켜 형광을 유도했다. 베크렐은 만약에 화학 물질에서 X선이 발생하면 검은색 종이를 관통하여 인화지에 무늬를 만들 것이라 생각했다. 실험 결과는 성공이었다. 인화 필름에 희미한 무늬가 생긴 것이다.

그 후, 베크렐은 같은 실험을 여러 차례 반복했다. 자신이 한 실험의 결과를 대중들에게 발표하기 위해서는 검증을 해야 했기 때문이다. 그는 실험을 하기 위해 맑은 날을 기다렸지만, 며칠 동안 구름 낀 날씨가 계속되었다. 그는 맑은 날까지 참지 못하고 필름을 인화했다. 하지만 놀랍게도 햇빛에 노출시켰을 때와 마찬가지로 인화지에 희미한 무늬가 생겼다. 그는 햇빛이 인화지를 희미하게 만든 것이 아니라고 생각했다.

마지막으로 베크렐은 화학 물질과 필름을 암실로 가져갔다. 그런데 필름은 계속해서 희미하게 인화되었다. 그는 화학 물질에서 눈에 보이지 않는 복사선이 발생한다고 생각했다. 그가 발견한 복사선은 X선과 유사했으나 전혀 다른 새로운 것이었다. X선은 자기장의 영향을 받지 않았지만, 베크렐이 발견한 복사선은 자기장의 영향을 받아 방출될 때 방향이 한 쪽으로 기울었기 때문이었다.

퀴리 부부

피에르 퀴리Pierre Curie, 1859-1906와 마리 퀴리Marie Curie, 1867-1934 부부는 베크렐의 실험 결과가 화학 물질로 인한 것이 아니라, 그가 사용했던 물질 속에 우라늄이 들어있었기 때문이라고 생각했다. 그들은 우라늄뿐만 아니라 토륨에서도 같은 종류의 복사선이 발생한다는 것을 알게 되었다. 그리고 피치블렌드pitchblende에서 이런 복사가 많이 일어나는 사실도 발견했다. 그래서 그들은 몇 해 동안 피치블렌드에서 새로운 방사성 물질을 채취하는 실험을 했다. 첫 번째로 발견한 방사성 물질은 마리의 조국인 폴란드의 이름을 따서 폴로늄이라고 지었다. 그리고 이런 종류의 원소들을 통틀어 방사성radioactive 원소라고 불렀다.

폴로늄을 발견하고 얼마 지나지 않아 퀴리 부부는 우라늄보다 방사성이 900배나 강한 라듐이라는 방사성 원소를 추출하는 데 성공했다. 그리고 여러 해 동안 라듐을 추출하기 위해 엄청나게 노력했던 퀴리 부부는 1902년에 약 0.1 g에 해당하는 라듐을 추출했다. 퀴리 부부는 방사성 물질의 발견에 대한 공로를 인정받아 1903년에 앙투안 베크렐과 함께 노벨상을 공동 수상했다.

피에르 퀴리와 마리 퀴리 부부. 이들 부부는 1903년에 방사성에 대한 연구 업적을 인정받아 앙투안 베크렐과 공동으로 노벨상을 받았다.

피치블렌드에서 라듐을 추출하다.

피치블렌드는 주로 이산화우라늄으로 된 암석이다. 하지만 여기에는 삼산화우라늄, 이산화납, 토륨, 라듐 그리고 여러 가지 희귀 원소들이 포함되어 있다.

퀴리 부부가 피치블렌드에서 라듐을 추출한 이야기는 오늘날에도 매우 유명하다. 필요한 양의 라듐을 추출하기 위해 두 부부는 수 톤에 달하는 피치블렌드 원석을 가지고 작업했다. 그들은 원석을 그램 단위의 아주 작은 양으로 갈고, 용해하고, 여과 처리하고, 침전시키고, 결정화하여 라듐을 추출할 수 있었다. 이는 매우 성가신 작업으로 필요한 양의 라듐을 추출해내기까지 약 4년이나 걸렸다. 마리 퀴리는 이 작업이 얼마나 인체에 해로운지 잘 모르는 상태에서 밤낮을 가리지 않고 일했다. 그래서 그는 나중에 백혈병에 걸려 세상을 떠났다. 아마도 실험을 하는 동안 방사성 물질에 지나치게 노출되었기 때문으로 짐작된다.

* 이온화 : 기체 분자를 들뜨게 하여 전하를 띠게 하는 일(옮긴이)

초기 원자론

원자는 1800년대 말 돌턴에 의해 그 존재가 알려졌다. 하지만 돌턴은 원자가 어떤 특징을 지니고 있는 입자인지는 밝히지 못했다. 그러다가 1869년, 러시아의 화학자 드미트리 멘델레예프

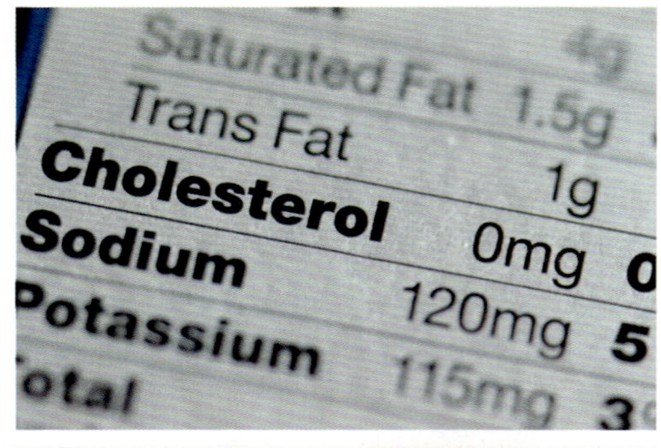

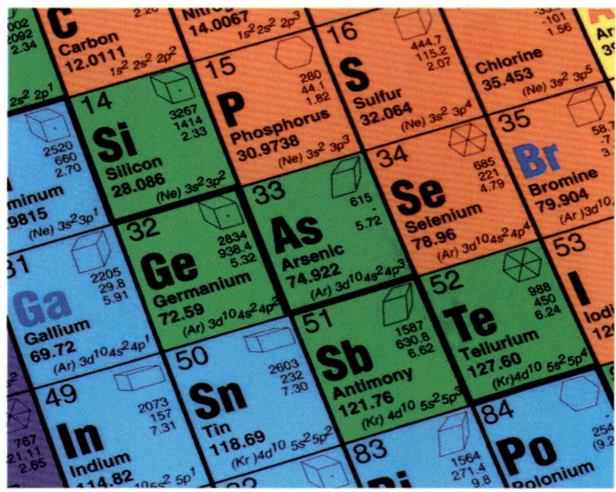

위 아인슈타인은 평범한 차 한 잔에서 영감을 얻어 원자의 크기를 연구하게 되었다.
가운데 패러데이는 원자 또는 원자 그룹이 전하를 띤 이온이라는 새로운 사실을 발견했고, 생명 유지 활동에 매우 중요한 역할을 한다고 밝혔다. 예를 들어 나트륨 이온의 경우 심장 활동을 규칙적으로 할 수 있도록 해준다.
아래 오늘날 화학과 물리학에서 중요하게 사용하는 원소 주기율표를 최초로 만든 과학자는 드미트리 멘델레예프였다.

Dmitry Ivanovich Mendeleev, 1834–1907가 원자의 특징을 몇 가지 알아냈다. 멘델레예프 당시까지 과학자들은 60여 종에 이르는 원소들을 발견했는데, 멘델레예프는 이 60여 종에 해당하는 원소들의 특징을 연구하면서 어떤 공통점이 있지 않을까 생각을 했다. 그래서 그는 원소들의 특징을 카드에 적은 후, 카드를 분류하면서 원소들의 공통된 특징을 찾는 작업을 했고, 곧 그는 놀라운 사실을 알게 되었다. 원소의 특징이 적힌 카드를 행과 열로 적절하게 배열하면, 같은 열에 있는 원소들끼리 유사한 성질을 갖는다는 것을 알게 된 것이다. 하지만 이런 식으로 카드를 배열했을 때, 완벽하게 들어맞지 않는 카드들도 있었다. 그래서 멘델레예프는 이들이 들어갈 자리를 비워 놓고 카드를 배열했다. 그 결과 비어있는 빈 칸들은 원래 원소가 없는 것이 아니라 아직 발견되지 않은 물질임을 깨닫게 되었다. 그의 노력은 원소 주기율표의 탄생으로 이어졌고, 그 후 원소 주기율표는 여러 차례 개량되어 오늘날 화학과 물리학에서 매우 중요하게 쓰이고 있다.

패러데이의 이온과 음극선 패러데이는 전기 분해에 많은 업적을 남겼다. 그는 전류가 전기 분해 장치에 흐를 때, 특정한 원소들이 전극 주위에 나타나는 것을 관찰했다. 이를 통해 패러데이는 일종의 '입자particles' 들이 액체 속을 흐른다고 생각하게 되었다. 그는 이 입자들의 정체를 알 수 없었지만, 그중 일부는 양전하, 일부는 음전하를 가지고 있음을 알게 되었다.

몇 년 후, 음극선관에서도 전류가 흐르는 현상이 관찰되었다. 음극선관은 양극과 음극이 설치된 진공관의 일종으로, 양 끝은 유리로 밀폐되어 있다. 이 진공관에 약 10,000 V의 전압을 걸어주면, 흐린 광선이 관의 중앙을 타고 내려가는 것을 관찰할 수 있다. 양극에 구멍을 뚫으면 광선

은 그 구멍을 통과하면서 유리와 부딪혀 빛을 내기 시작하는 것이다.

이처럼 원자나 이온 등과 같이 여러 입자들의 특성을 분석할 수 있는 유용한 방법들이 있었지만, 과학자들은 자신들이 사용했던 실험 방법들의 진정한 가치를 알지 못했다. 그래서 입자들의 크기나 구성 등의 정체를 밝히는 데에는 더 많은 시간이 걸렸다.

원자의 크기

어느 날, 아인슈타인Albert Einstein, 1879~1955은 취리히의 한 찻집에서 친구를 만나 원자의 여러 가지 과학적인 문제에 대해 이야기를 나누고 있었다. 아인슈타인은 원자의 크기를 계산하는 방법이 좋은 논문 주제가 될 수도 있다고 친구에게 말했다. 그러면서 아인슈타인은 찻잔에 설탕을 넣고 저었다. 그 순간 아인슈타인은 차의 점성viscosity이 변하는

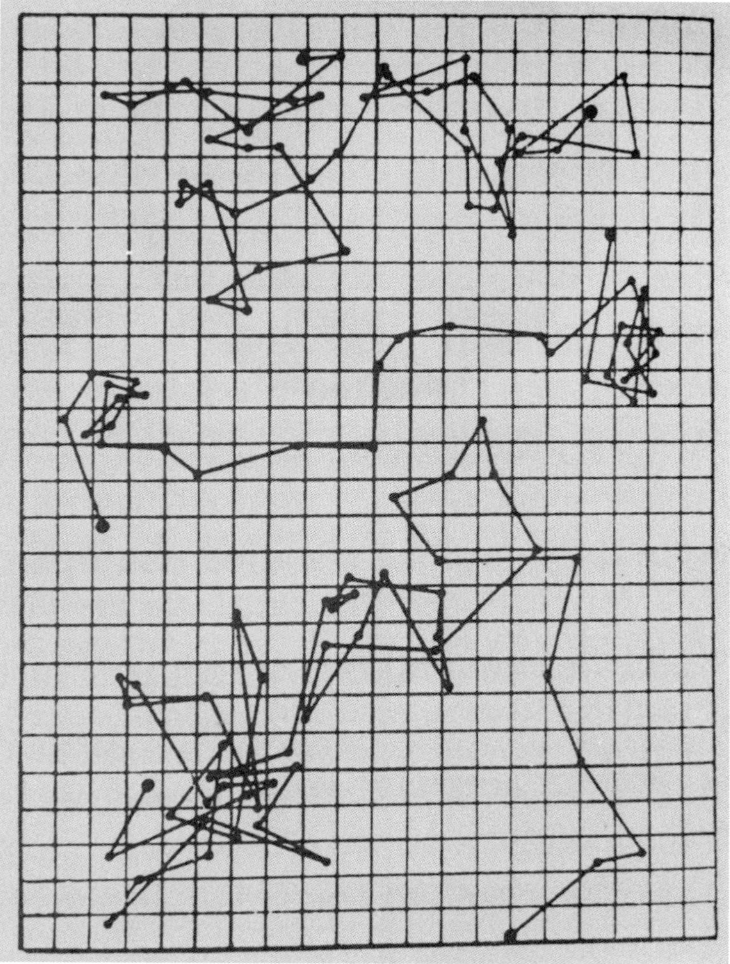

스코틀랜드의 식물학자 로버트 브라운이 물 위에 떠 있는 꽃가루의 운동을 관찰하고 그린 것이다. 브라운 운동으로 불리는 꽃가루의 운동은 분자 및 원자가 존재한다는 사실에 대한 확실한 증거가 되었다.

것을 보게 되었다. 아인슈타인은 점성의 변화가 설탕 분자의 크기에 따라 달라질 수도 있다는 생각을 했다.

그날 저녁, 그는 이 문제를 더 심층적으로 연구하여 차의 점성과 확산 계수를 통해 설탕 분자의 크기를 계산할 수 있다는 결론에 도달했다.

다음 날, 아인슈타인은 설탕 분자의 지름을 1만분의 1 cm 단위로 계산했다. 아인슈타인은 여기서 멈추지 않고 원소의 원자량원자들의 질량을 나타내는 것은 수소 원자를 기준으로 한다을 계산할 수 있는 방법을 찾기 시작했다. 그 방법은 브라운 운동을 이용한 것이었다.

브라운 운동은 아인슈타인이 연구를 하기 약 75년 전에 스코틀랜드의 식물학자 로버트 브라운Robert Brown, 1773~1858이 발견한 현상이었다. 브라운은 물에 매우 작은 꽃가루가 떨어져 있는 것을 현미경으로 관찰했을 때, 미세하게 떨리는 운동을 관찰했고 이를 브라운 운동Brownian motion이라고 했다. 하지만 당시에는 브라운 운동의 중요성을 깨달은 과학자는 거의 없었다.

그런데 아인슈타인이 원자량 연구에 중요한 원리로 인용하면서 세간에 널리 알려지게 되었다. 아인슈타인은 꽃가루에 수많은 원자 알갱이들이 충돌한다면 꽃가루가 움직일 수 있다고 생각했다. 그는 한 꽃가루의 알갱이에 부딪히는 원자들의 숫자가 반대쪽보다 많다면, 꽃가루 알갱이는 원자들의 숫자가 적은 쪽으로 밀려날 것이라고 생각했다. 아인슈타인은 이러한 꽃가루의 움직임이 원자들의 운동 때문에 생긴 것으로 확신했고, 이를 이용하여 원자량을 계산할 수 있었다. 또한 이것은 원자의 존재에 대한 강력한 증거가 되었다.

톰슨의 원자 모형

케임브리지 대학교의 조셉 존 톰슨Joseph John Thomson, 1856-1940은 음극선에 큰 관심을 보였다. 당시 음극선이 음전하를 띠고 있다는 것은 널리 알려진 사실이었다. 과학자들은 이 광선이 입자로 이루어진 것이라고 생각했으나 아무도 이것을 증명하지는 못했다.

문제는 음극선이 자기장의 영향을 받았으나, 전기장에는 아무런 영향을 받지 않았다는 점이었다. 만약에 음극선이 입자들의 흐름이었다면 전기장에도 당연히 반응을 보여야 했다. 이런 상황에서 톰슨은 음극선관의 전기장을 높였다. 그리고 음극선관 내부의 진공 상태를 좀 더 강화시켰다. 그러자 이전에는 확인하지 못했던 현상을

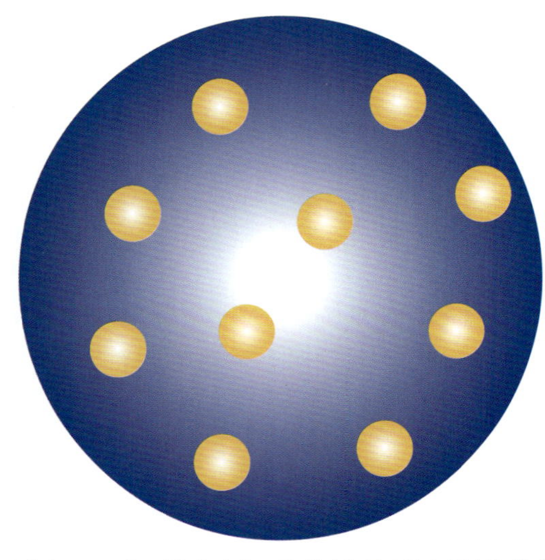

조셉 존 톰슨의 '건포도 푸딩 모형'에 따라 그린 원자의 구조이다. 톰슨은 각 원자는 양전하를 띤 유체(분홍색)가 가득한 구의 형태로 존재하고, 그 안에 건포도 알갱이처럼 전자(노란색)들이 퍼져 있다고 했다.

관찰할 수 있었다. 음극선이 입자의 흐름이라는 것을 확인한 것이다. 또한 톰슨은 전기장과 자기장 속으로 흐르는 입자의 속도를 계산할 수 있었다. 계산 결과, 음극선을 이루는 입자의 속도는 놀랍게도 빛의 속도의 약 10분의 1에 해당하는 매우 빠른 속도였다. 그동안 이렇게 속도가 빠른 입자는 발견된 적이 없었기 때문에 톰슨은 매우 놀랐다. 톰슨은 입자가 편향되는 것을 관찰하면서 가속도를 구했고, 이 가속도를 이용하여 전하와 질량의 비율e/m으로, e는 전하, m은 질량을 나타낸다을 구했다. 그 결과 입자들의 전하와 질량의 비율은 전하를 띤 수소 이온보다 약 770배 높은 것으로 나타났다.

만약에 이 입자와 수소 입자의 질량이 같다고 한다면, 음극선관 속의 입자는 수소보다 770배 가볍다는 것을 의미했다. 그리고 나중에 더 정확

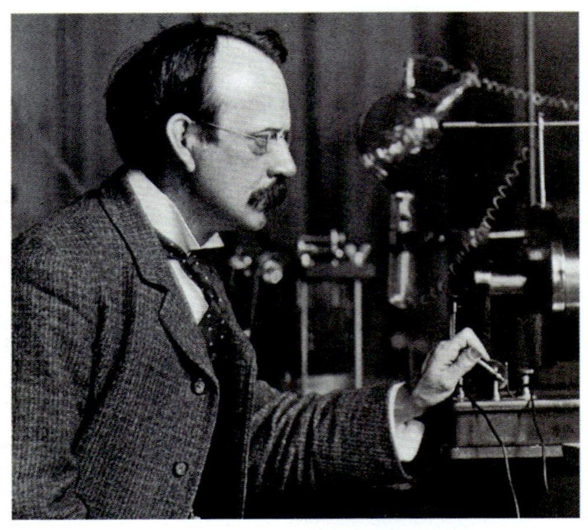

위 조셉 존 톰슨이 전자를 발견했을 때 사용한 음극선관이다.
아래 조셉 존 톰슨의 사진으로, 그는 전자가 존재한다는 증거를 제시했다.

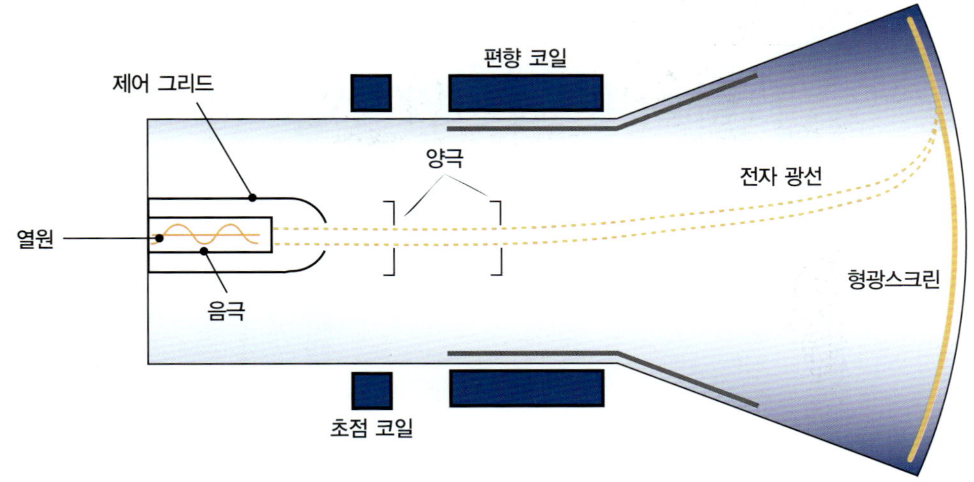

음극선관의 한쪽 끝에는 전자총이 있고, 반대쪽에는 형광스크린이 장착된 진공관이다.

한 실험으로 이 입자들은 약 1,836배 가볍다는 사실이 입증되었다.

1834년, 아일랜드의 물리학자 조지 스토니 George Stoney, 1826–1911 는 이 입자의 이름을 전자 electron 라고 부르기를 제안했다. 그래서 톰슨의 반대에도 불구하고 이 이름은 지금까지 널리 사용되고 있다.

건포도 푸딩 모형

전자를 발견한 톰슨은 전자가 전류를 이루는 입자라는 것과, 원자의 중요한 구성 입자라는 사실을 곧 알게 되었다. 그는 자신의 발견을 토대로 '건포도 푸딩 모형'이라는 원자 모형을 창안했다. 이 모형에 따르면, 전자는 양전하 구름 속에 건포도처럼 박혀 있으며, 음전하와 양전하 사이의 균형을 통해 위치가 정해졌다. 톰슨은 자신의 원자 모형으로 빛의 방출이 일어나는 과정을 논리적으로 설명했다. 그는 빛의 방출이 일어나는 것은 외부 충격으로 인해 전자들이 평형 위치상에서 진동하게 되고, 전자들이 진동하면서 각 진동수에 해당하는 빛을 발산한다는 것이었다.

하지만 모든 사람들이 톰슨의 이론을 지지하지 않았다. 일부 과학자들은 전자들이 궤도상에 있는 '행성 planetary' 모형을 더 지지했다. 원자의 크기는 약 10^{-8} cm인 것으로 알려졌으며, 수학적으로 이 범위 내의 궤도들이 적절한 진동수의 가시광선을 발산한다는 것이다. 하지만 이 이론에는 치명적인 문제가 있었는데, 이론적으로 이 방출을 중단시킬 방법이 없었다. 원자는 빛을 지속적으로 복사해야 했다. 그리고 전자들이 복사 에너지를 모두 잃게 되면, 이론적으로 원자 내부로 끌려들어가야 했다. 수학적으로 따지면 100만분의 1초 안에 이런 현상이 벌어져야 했는데, 아무도 이런 과정에 대해 논리적으로 설명하지 못했다.

밀리컨의 기름방울 실험

톰슨이 전자의 비율(e/m)을 측정했으나, e와 m값은 각각 분리된 채로 알지 못했다. 미국의 물리학자 로버트 밀리컨(Robert Millikan, 1868–1953)이 이에 대한 답을 내놓았다. 1911년, 밀리컨은 두 개의 수평판을 약 1.6 cm 떨어뜨려 놓은 후, 양전하를 띤 위쪽 판에 아주 작은 구멍을 뚫었다. 그리고 밀리컨은 판 윗부분에 기름을 조금씩 뿌렸다. 아주 적은 양의 기름이 구멍을 지나서 두 판 사이에 방울로 나타났고, 밀리컨은 이를 망원경(eye piece)으로 관찰했다. 그는 기름방울이 떨어지는 속도를 측정하여 그 질량을 측정했다. 그리고 밀리컨은 판에 뿌린 기름을 X선으로 이온화시켰다. 그는 이온화된 기름방울을 통해 전자가 가진 전하의 양을 정확하게 측정했다. 밀리컨은 기름방울 실험을 통해 전자의 전하량이 1.602×10^{-19} C이고, 질량은 9.11×10^{-31} kg이라는 것을 알아냈다.

로버트 밀리컨은 기름방울을 이용하여 전자의 질량과 전하값을 측정했다.

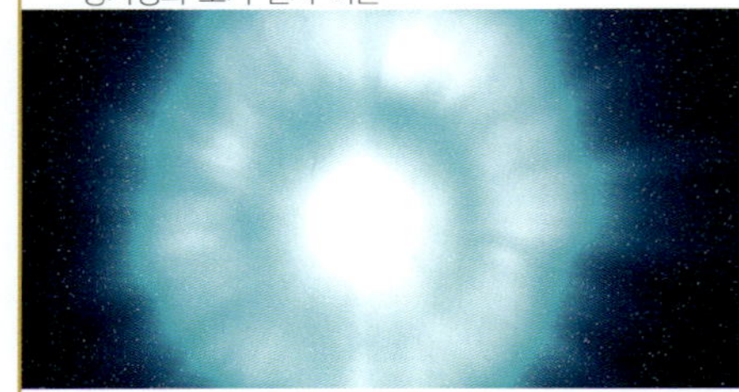

러더퍼드와 원자핵

1895년, 뉴질랜드 출신의 과학자 어니스트 러더퍼드Ernest Rutherford, 1871-1937는 조셉 존 톰슨과 공동 연구를 하기 위해 영국의 케임브리지 대학교로 갔다. 러더퍼드가 톰슨의 실험실에서 공동 연구를 시작한 지 1년이 안 되어 빌헬름 뢴트겐이 X선을 발견했다. 이 소식을 들은 러더퍼드는 다른 과학자들과 마찬가지로 비상한 관심을 보였다. 러더퍼드는 곧 전기장과 자기장을 이용하여 새로 발견한 X선을 연구하기 시작했다. 그러던 중 이번에는 앙투안 베크렐이 방사성을 발견했다는 소식을 들었다. 그러자 러더퍼드는 즉시 연구 주제를 바꾸었다. 러더퍼드는 우라늄이 두 종류의 복사선을 낸다는 사실을 발견했고, 두 복사선의 이름을 각각 알파선과 베타선이라고 불렀다. 알파선은 나중에 이온화된 헬륨 원자임이 밝혀졌고, 베타선은 고속으로 움직이는 전자라는 사실이 밝혀졌다. 그리고 나중에 러더퍼드는 추가로 감마선이 방출되는 것도 발견했다.

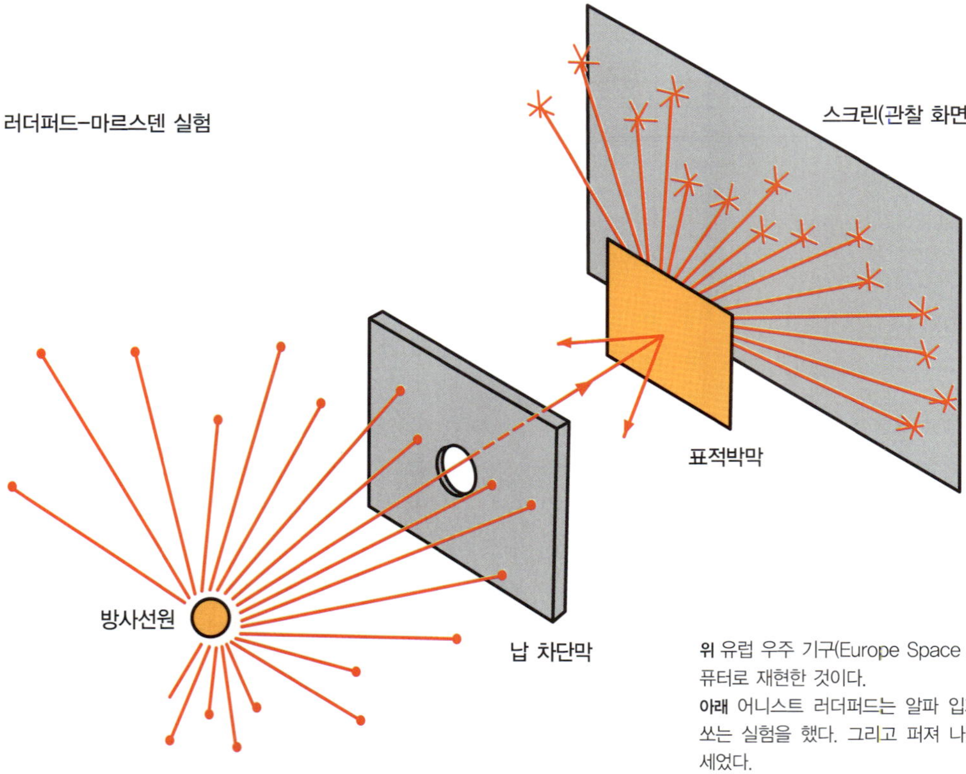

위 유럽 우주 기구(Europe Space Agency)가 감마선 폭발을 컴퓨터로 재현한 것이다.
아래 어니스트 러더퍼드는 알파 입자를 여러 종류의 금속박지에 쏘는 실험을 했다. 그리고 퍼져 나간 입자의 개수를 현미경으로 세었다.

러더퍼드–마르스덴 실험

어느 날, 동료 과학자였던 가이거Hans Geiger, 1882-1845가 러더퍼드를 찾아왔다. 그는 마르스덴Ernest Marsden이라는 스무 살짜리 학부생에게 적합한 프로젝트가 있는지 물었다. 러더퍼드는 금박지에 알파 입자를 쏘는 실험을 제안했다. 이 실험은 입자가 금박지와 부딪힐 때 얼마큼 휘어지는지를 알아보는 것이었다. 가이거와 러더퍼드는 알파 입자가 금박지를 이루고 있는 원자들보다 훨씬 무겁다고 생각했기 때문에 이 실험에 큰 기대를 하지 않았고 그래서 학부생에게 맡기려고 한 것이다.

예상대로 대부분의 알파 입자는 휘어지지 않은 채로 금박지를 통과했

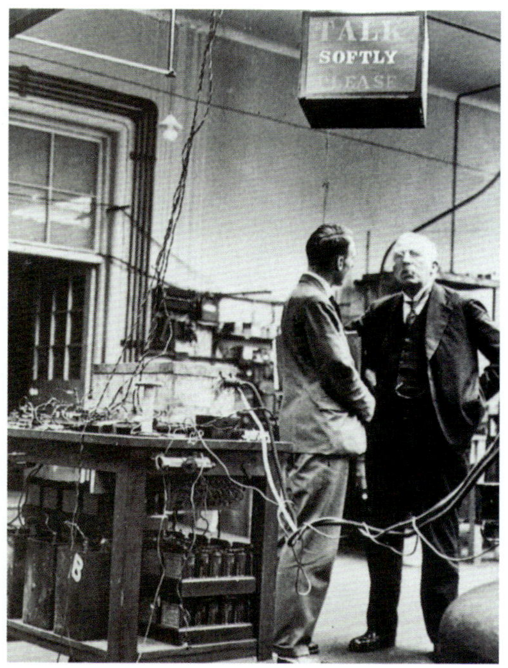

케임브리지 대학교의 캐번디시 실험실에서 촬영한 어니스트 러더퍼드(오른쪽 인물)의 사진이다.

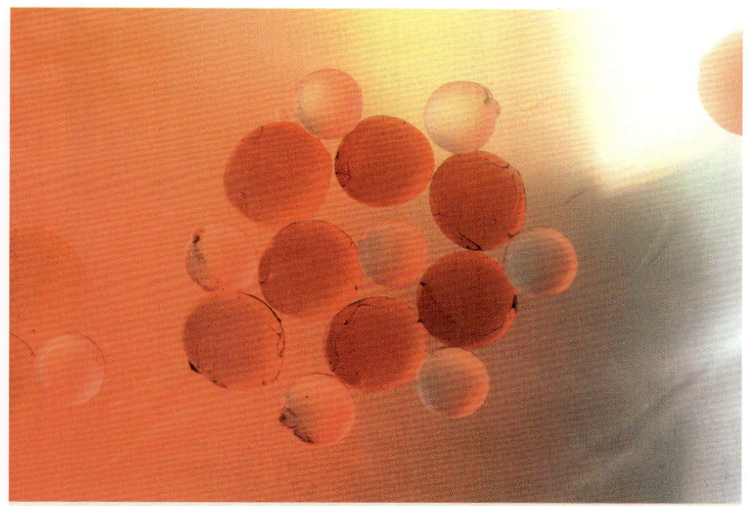

어떤 미술가가 어니스트 러더퍼드의 원자 모형을 아름다운 그림으로 나타냈다.

양성자와 중성자

1920년, 어니스트 러더퍼드는 원자가 두 종류의 입자들, 즉 전자와 양성자로 구성된다고 생각했다. 그러나 1930년에 이르러, 원자에 세 번째 입자가 존재한다는 증거가 발견되었다. 예를 들어, 베릴륨에 알파 입자를 쏘았을 때 자기장의 영향을 받지 않는 입자가 방출된 것이다. 처음에는 이를 일종의 복사선이라고 생각했다. 하지만 다른 에너지 복사들처럼 물질을 이온화시키지는 않았다. 또한 파라핀과 같은 물질을 입자가 지나가는 경로에 놓으면 파라핀의 양성자들이 튕겨 나갔다.
1932년 영국의 물리학자 제임스 채드윅(James Chadwick, 1891-1974)은 이 입자의 정체를 밝혔다. 제임스 채드윅은 전기적으로 중성이며, 양성자와 동일한 질량을 가진 입자가 원자에 존재한다고 생각했다. 그가 발견한 이 입자는 훗날 중성자라고 불리게 되었다. 제임스 채드윅이 중성자의 존재를 밝히고 얼마 지나지 않아 독일의 물리학자 베르너 하이젠베르크는 원자핵이 양성자와 중성자로 구성된다는 것을 밝혔다.

다. 그런데 놀랍게도 일부 알파 입자는 크게 휘어지는 것이 관찰되었다.

예상 외의 실험 결과에 러더퍼드와 가이거는 흥미를 가졌다. 러더퍼드는 이러한 결과가 나오는 까닭을 이해하는 데 약 2년이 걸렸다. 그는 알파 입자가 휘어지는 원인을 원자의 중심에 핵이 있기 때문이라고 결론을 내렸다. 원자핵의 지름이 매우 작음에도 불구하고, 원자의 질량 대부분을 차지한다고 생각했다. 실제로 원자핵의 지름은 원자 전체 크기의 10,000만분의 1밖에 차지하지 않았다.

이 실험 결과는 톰슨의 원자 모형을 수정하는 계기가 되었다. 하지만 어니스트 러더퍼드는 스스로 새로운 원자 모형을 제시하지는 않았다. 그는 원자 중심에 크기가 매우 작지만, 원자 질량의 대부분을 차지하는 핵이 있다는 사실만 밝혔을 뿐이었다.

나머지는 다른 과학자들의 할 일로 남겼다.

방사성 붕괴

원자핵을 연구하는 과학자들은 원자핵이 양성자와 중성자로 구성되고, 양성자와 중성자의 수가 같을 때 원자가 안정된다는 사실을 밝혀냈다. 가장 단순한 구조의 핵을 가진 원소는 수소였다. 대부분 수소의 원자핵은 중성자 없이 양성자 1개로 이루어져 있었다. 그러나 수소 핵 중에 양성자와 중성자를 1개씩 가진 것과, 양성자 1개와 중성자 2개를 가진 핵들도 있다는 사실이 곧 밝혀졌다.

과학자들은 핵 속에 있는 양성자의 수는 같지만, 중성자의 수가 다른 원자들을 동위 원소isotopes라고 불렀다. 핵이 2개의 양성자를 가지는 것은 헬륨이었고, 헬륨에는 2가지 형태의 동위 원소가 존재했다. 그중 하나에는 1개의 중성자가 있고 다른 하나에는 중성자가 2개 있었다. 이들은 기호로 각각 ^3_2He, ^4_2He로 나타낸다. 여기서 위첨자로 들어간 수는 원자핵 안에 들어 있는 입자의 총개수를, 아래첨자는 양성자의 개수를 나타낸다.

이런 표기법에 의하면 라듐은 $^{226}_{88}\text{Ra}$로 나타낼 수 있는데, 이는 라듐의 원자핵은 총 226개의 입자를 가지고 그중 양성자의 개수는 88개라는 의미이다. 또한 일반적으로 우라늄은 $^{238}_{92}\text{U}$로 표기하는데, 이를 우라늄 − 238로 부른다.

우리는 앞에서 방사성 원소가 알파선과 베타선을 방출한다고 배웠다. 어니스트 러더퍼드는 우라늄이 붕괴할 때 알파선이 방출되는 것을 발견했는데, 알파선은 곧 헬륨 핵을 의미했다. 과학자들은 이러한 과정을 다음과 같이 간단한 식으로 나타내었다.

$$^{238}_{92}\text{U} \mapsto {}^4_2\text{He}+$$

우라늄이 헬륨 핵을 방출한 후 어떤 원소가 되는지 알 수 없을 때는 간단한 계산을 통해 그 원소의 종류를 알 수 있다. 위 식에서 양변의 입자의 총개수와 양성자의 총개수는 같아야 한다. 그러므로 238에서 4를 빼고 92에서 2를 빼면, 새로운 원소는 총 234개의 입자들과 90개의 양성자를 가진다. 원소 주기율표를 보면 이에 부합하는 원소는 토륨, 즉 $^{234}_{90}\text{Th}$밖에 없다는 것을 알 수 있다. $^{234}_{90}\text{Th}$은 토륨의

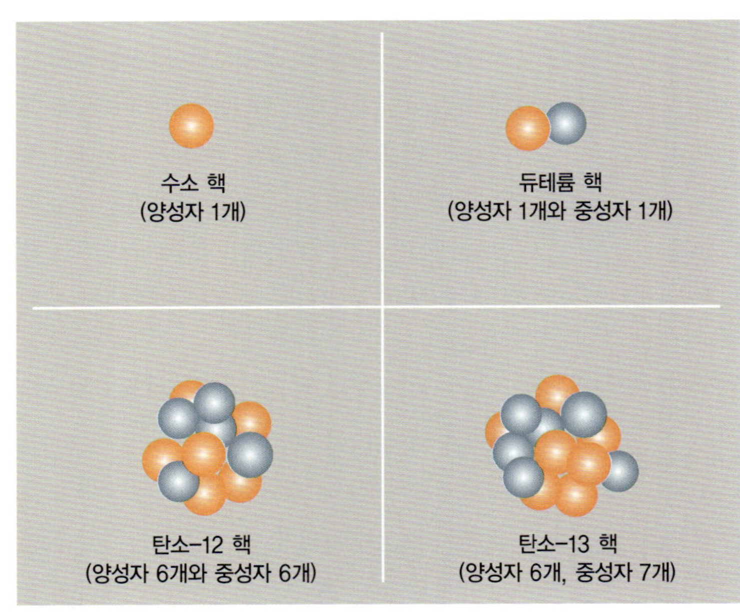

위 산호초의 나이는 방사성 연대 측정법을 이용하여 측정한다.
아래 동위 원소란 어떤 의미에서는 원소의 화학적 변형체라고 할 수 있다. 위 그림은 각각 수소(위)와 탄소(아래) 두 가지 동위 원소의 원자핵 구조를 나타내고 있다.

불안정한 동위 원소 중 하나이며, 베타 입자를 방출하면서 빠르게 분해된다. 전자에 불과한 베타 입자들이 방출될 때 원자핵에는 큰 변화가 생기지 않을 것이라고 생각할 수 있다. 하지만 실제로는 핵이 전자를 방출하는 것은 중성자를 양성자로 전환시키는 것과 같은 효과를 낸다. 그러므로 입자의 총개수는 변하지 않지만 양성자가 1개 더 늘어나게 된다. 이에 부합하는 원소는 $^{234}_{91}Pa$ 즉, 프로트악티늄으로 추정할 수 있다.

연쇄 반응 핵반응에는 여러 종류가 있고, 대부분의 경우 연쇄적으로 일어난다. 예를 들어 방사성 원소가 붕괴하면 역시 불안정한 상태에 있는 다른 방사성 원소로 변하게 된다. 일정한 시간이 지나면 이는 또 새로운 방사성 원소로 변하게 되는데, 이 동위 원소도 불안정 상태일 수 있다. 그러나 이런 과정이 계속되면 나중에는 안정한 원소가 되는데 이러한 반응을 연쇄 반응이라고 한다. 우라늄, 악티늄, 토륨, 그리고 넵투늄 계열의 원소들이 이런 반응을 한다. 각각의 경우에서 10종류의 붕괴를 거치게 되면 안정된 원소가 된다. 우라늄, 토륨, 악티늄 계열에서 붕괴가 멈추는 안정된 원소는 모두 납의 동위 원소들이고, 넵투늄 계열의 안정된 원소는 탈륨이다.

이들 반응에서 특별히 의미가 있는 것은 반감기 half life 이다. 반감기는 방사성 원소가 절반은 남고, 나머지 반이 붕괴하는 데에 걸리는 시간을 말한다. 각각의 방사성 원소는 서로 다른 반감기를 가진다. 예를 들어 $^{238}_{92}U$의 반감기는 45억 년이다. 만약 20 g의 우라늄 샘플이 있다면, 45억 년 후에는 10 g만 남게 된다는 뜻이다. 그러나 모든 원소의 반감기가 이렇게 길지는 않다. $^{226}_{88}Ra$의 반감기는 1,620년이고, $^{234}_{90}Th$의 반감기는 24.1일에 불과하다.

탄소 연대 측정법의 대상이 될 표본들이 캡슐에 들어있다.

방사성 연대 측정법

1907년, 미국의 물리학자 볼트우드(Bertram Boltwood, 1870-1927)는 방사성 원소의 붕괴를 이용해 지층의 연대를 측정하고자 했다. 만약에 지층을 이루는 암석 속에 우라늄이 붕괴하여 만든 납 원소가 들어있다면, 그 양을 측정하여 지층의 연대를 알 수 있다는 것이었다. 하지만 암석 속에 들어있는 납이 모두 우라늄이 붕괴해서 만들어진 것이 아니라는 문제점이 있었다. 하지만 그 문제점은 곧 해결되었다. 납에는 4개의 동위 원소가 있는데, 납-204는 붕괴로 인해 만들어진 것이 아니라는 사실을 알아냈기 때문이었다.

오늘날 많은 부분에서 볼트우드가 알아낸 원리를 이용하여 연대를 측정하고 있다. 지구의 나이가 약 46억 년이라는 사실도 방사성 연대 측정법으로 알아낸 것이다.

아폴로 16호가 달에 착륙했을 때, 우주 비행사 찰스 듀크가 촬영한 사진이다. 당시 달 표면에서 채취한 암석 샘플은 방사성 연대 측정 기술을 이용해 연대를 추정할 수 있었다.

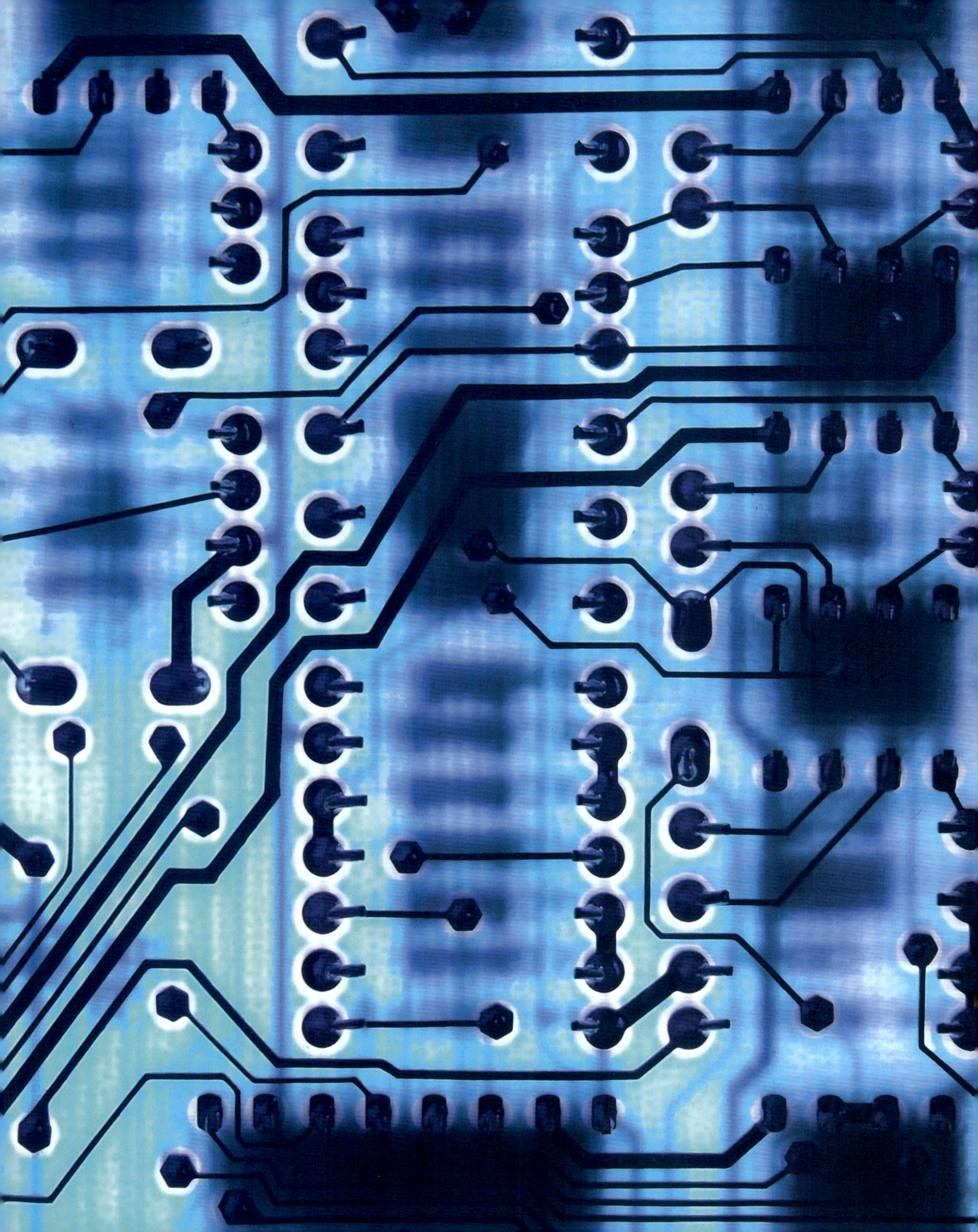

양자 물리학

왼쪽 컴퓨터 회로 기판이다. 양자 역학의 발달로 오늘날 우리가 사용하는 다양한 첨단 기술이 탄생할 수 있었다.
위 최초의 레이저는 전자 자극 실험에서 탄생했다.
아래 금속이 가열될 때 색깔이 달라지는 것은 온도에 따라 방출되는 복사선의 종류가 달라지기 때문이다. 이 복사선의 정체를 밝히는 과정에서 양자 역학의 기초가 정립되었다.

1900년대가 시작될 무렵, 물리학에는 중요한 변화가 있었다. 양자 역학이 물리학의 핵심으로 자리를 잡기 시작한 것이다. 양자 quantum라는 용어는 물리학에서 다루는 가장 작은 입자들의 물리량을 의미한다. 양자 이론을 개발했던 물리학자들은 아주 작은 세계에서 일어나는 자연 현상을 설명할 수 있게 되었다. 특히 그들은 원자에 대한 인식을 완전히 바꿔 놓았다. 양자 역학의 발전은, 뉴턴의 고전 역학을 뛰어 넘는 위대한 업적이었다.

오늘날 양자 역학은 여전히 일반인들에게 매우 낯설고 어려운 분야이지만, 생활의 모든 분야에서 실용화되었다. 컴퓨터, 디지털시계, 텔레비전, 레이저 등과 같은 현대 문명을 상징하는 대부분의 기술이 양자 역학에서 비롯되었기 때문이다.

1800년대 말, 고전 물리학이 해결하지 못했던 의문 중 하나는 가열된 금속이 방출하는 복사 에너지를 설명하는 것이었다. 금속이 가열되면 그 색이 빨간색에서 노란색, 그 다음에는 파란색을 거쳐 청백색으로 변하게 되는데, 당시의 과학자들은 왜 이런 현상이 생기는지 설명하지 못했다. 이 현상이 일어나는 것은 금속이 열을 받으면 온도에 따라 방출되는 복사선이 다르기 때문이었다. 이 의문을 풀 수 있는 열쇠는 하이델베르크 대학교의 구스타브 키르히호프 Gustav Kirchhoff 1824~1887가 제시했고, 이로 인해 양자 역학은 힘찬 도약을 할 수 있는 발판을 마련했다.

$$h = 6.6262 \times 10^{-27} \text{ erg s} =$$
$$= 6.6262 \times 10^{-34} \text{ J s}$$

초기의 양자 이론

구스타브 키르히호프는 모든 파장의 전자기파를 다 흡수하고, 다 방출할 수 있는 가상의 물체를 흑체blackbody라고 불렀다. 그리고 흑체 내부의 벽은 모두 흑색이고 아주 작은 입구를 하나 가지고 있다고 가정했다. 이 흑체를 이용하면 방출되는 복사의 밀도와 진동수에 대한 그래프를 그릴 수 있었다.

그래프는 오른쪽 그림에서 보듯이 종과 비슷한 모양이며, 가장 높은 진동수와 가장 낮은 진동수에서 복사되는 양이 가장 적게 나타났다. 그리고 주어진 온도에서 다양한 진동수를 가진 복사가 일어나지만, 양자는 진동수가 최고인 지점에서 방출되었다. 과학자들은 이것이 금속이 가열될 때 온도에 따라 다른 색깔의 복사선을 내는 이유라고 설명했다.

영국의 물리학자 레일리Lord Rayleigh, 1842–1919와 독일의 물리학자 빌헬름 빈Wilhelm Wien, 1864–1928이 이러한 현상을 설명하는 공식을 만들었다. 그러나 두 과학자의 공식에는 모두 문제가 있었다. 레일리의 공식은 낮은 진동수에만 잘 맞았고, 빈의 공식은 높은 진동수에만 잘 맞았다. 레일리는 고전 물리학을 기초로 진동수가 증가함에 따라 복사의 밀도도 증가해야 한다고 주장했다. 그러나 그의 이론에 따르면 특히 짧은 파장 즉, 자외선 부근에서는 복사 에너지가 무한대로 발산하는 결과가 나왔다. 하지만 실험 결과는 그렇지 않았다. 과학자들은 그 모순의 원인을 설명할 수 없었으므로, 이를 자외선 파탄ultraviolet catastrophe이라고 불렀다.

위 플랑크 상수를 나타내는 공식
아래 막스 플랑크 사진이다. 그는 양자 이론의 원조라고 불리기도 한다.

플랑크 이론 1900년, 막스 플랑크Max Karl Ernst Ludwig Planck, 1858–1947는 흑체 복사 그래프를 수학

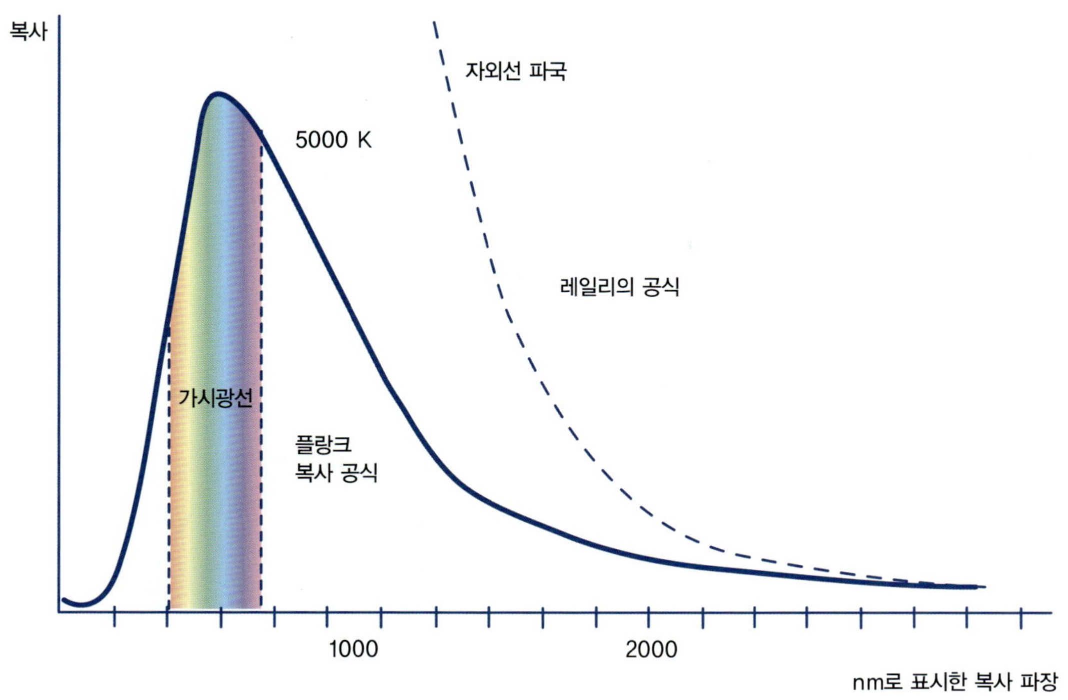

플랑크의 복사 곡선을 레일리의 곡선과 비교한 그래프이다. 실험 결과 가열된 물체, 즉 흑체는 플랑크의 공식에 따라 복사되는 것이 밝혀졌다. 그래프는 파장과 복사 밀도의 상관관계를 나타낸다.

적으로 설명할 수 있는 식을 만들었다. 플랑크는 진동하는 전자가 흡수하거나 발산하는 에너지는 불연속적인 값을 갖는 양자quantum의 형태로만 가능하다고 설명했다. 이것은 고전 물리학자들의 주장과는 전혀 다른 혁명적인 착상이었다. 오랜 세월, 연속적이라 생각했던 에너지가 불연속적인 에너지 다발로 되어 있다는 것이었다.

플랑크는 물체가 복사 에너지를 방출할 때, 에너지는 E_0라는 최소 에너지가 있고, 물체는 E_0, $2E_0$와 같이 E_0의 정수 배에 해당하는 에너지만 방출할 수 있으며, 그 중간값은 가능하지 않다고 주장했다.

그 후, 플랑크는 E_0가 진동수에 비례한다면, 에너지가 양자화 되었다는 가정하에 그린 그래프와 실험의 결과로 얻은 그래프가 잘 일치한다는 것을 발견했고, 자외선 파탄을 일으키지도 않았다. 그는 다음과 같은 식으로 자신의 주장을 정리했다.

$$E_0 = hv$$

여기서 v는 주파수이고, h는 오늘날 플랑크 상수라고 불리는 상수이며, 6.626×10^{-34} J·s 값을 가진다. 에너지가 양자화 되어 있다quantized는 플랑크의 가정은 고전 물리학에 대한 중대한 도전이었고, 그로 인해 양자 역학으로 상징되는 현대 물리학이 시작되었다.

플랑크가 자신의 이론값과 실험값을 일치시키기 위해 만든 플랑크 상수 h는 오늘날 빛의 속력을 의미하는 c와 전하량을 나타내는 e와 함께 물리학에서 가장 기본적인 상수가 되었다.

공식에 대한 반응

막스 플랑크는 새로운 공식을 만들고 그 결과에 만족했지만 특별히 큰 의미를 두지 않았다. 다른 과학자들도 마찬가지였다. 당시 과학자들은 플랑크의 공식과 상수가 주는 의미를 제대로 이해하지 못했다. 과학자들은 X선과 방사성의 발견에 집중할 뿐 플랑크의 연구 결과에 큰 관심을 주지 않았다. 하지만 플랑크의 발견에 큰 의미를 둔 단 한 사람이 있었으니, 그가 바로 아인슈타인이었다.

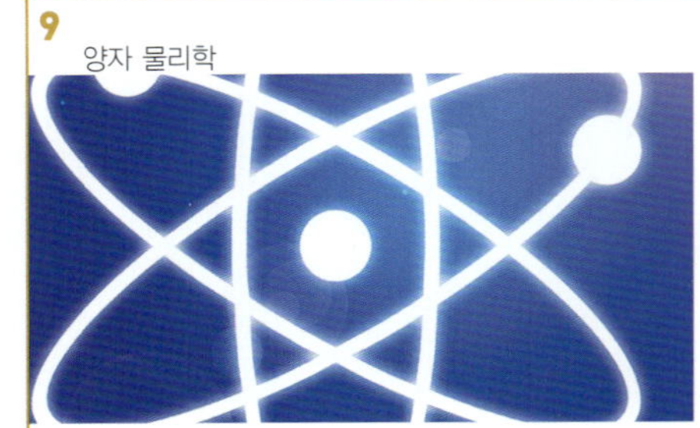

광전 효과와 보어의 원자

하인리히 헤르츠는 특정한 금속 표면에 빛을 쪼이면 일어나는 현상인 광전 효과를 발견했다. 그러나 이 발견은 몇 해 동안 과학자들에게 크게 주목받지 못했다. 그러다가 1902년, 독일의 물리학자 필립 레나르트Philipp Lenard, 1862-1947에 의해 새롭게 조명되었다. 레나르트는 금속 표면에 빛을 쪼이면 전자가 방출된다는 사실을 알아냈다. 그는 또한 빛의 모든 진동수 영역에서 전자가 방출되는 것은 아니며, 빛의 세기와도 관련이 없다고 했다. 대신에 전자가 방출되는 것은

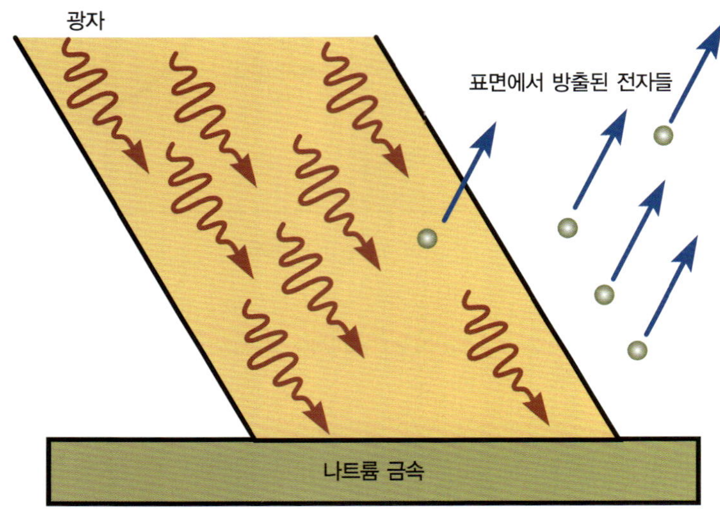

광전 효과는 빛이 입자처럼 작용하는 것을 말한다. 이 입자들을 오늘날 광자라고 부른다. 그림에서 빛이 나트륨 금속 표면에 부딪히면 표면에 있던 전자들을 내보내게 된다.

전자의 진동수에 달려있다고 했다. 레나르트는 자신의 발견을 논문으로 발표했다.

아인슈타인의 혁명적인 아이디어

아인슈타인은 레나르트의 논문을 읽은 후, 그의 생각에 비상한 관심을 보였다. 당시 아인슈타인은 막스 플랑크가 논문에서 말한 '양자'의 개념을 어떻게 도입할 것인지를 고민하고 있던 중이었다. 플랑크는 방출되는 빛이 불연속적인 에너지 다발, 즉 양자로 이루어진다고 생각했으며, 이를 빛을 발생시키는 입자의 진동수와 연결시켰다. 아인슈타인은 양자의 개념을 설명하는 데에는 광전 효과가 매우 적절할 것이라 생각했다.

아인슈타인은 빛 자체가 양자의 형태를 가진다고 가정하는 것이 보다 더 합리적이라고 생각했다. 그는 빛의 양자를 광자photon라고 불렀다. 아

위 보어의 원자 모형을 단순하게 표현한 그림이다. 중심에 원자핵이 있고 전자들이 그 주변의 궤도를 돌고 있다.
아래 아인슈타인이 광전 효과를 발표했을 즈음에 찍은 사진이다 (1905년). 그는 1921년에 이 논문을 인정받아 노벨상을 수상했다.

인슈타인은 광전 효과를 설명하기 위해, 금속 표면에 있는 전자들이 빛 양자, 즉 광자를 흡수하며, 전자가 받은 에너지는 광자가 흡수한 에너지에 따라 달라진다고 가정했다. 또한 아인슈타인은 금속 표면에서 전자를 붙들고 있는 힘을 뿌리치기 위해서는 특정한 양의 힘이 필요하다고 생각했다. 그는 전자에 부딪히는 광자의 에너지가 충분하지 않을 때 전자는 금속 표면에 그대로 남아있고, 반면에 광자의 진동수, 즉 에너지 $E = h\nu$에 의해가 충분하면 전자는 표면에서 튕겨 나간다고 했다.

1905년, 아인슈타인은 광전 효과를 설명하는 논문을 학술지에 제출했다. 그런데 우연히도 논문을 받은 것은 당시 학술지의 편집장이었던 막스 플랑크였다. 플랑크는 아인슈타인이 제출한 논문을 보았으나, 그리 대단한 논문이라고 생각하지 않았다. 하지만 몇 년 후, 아인슈타인은 이 논문으로 노벨상을 수상했다.

보어의 원자 모형 덴마크의 물리학자 닐스 보어 Niels Henrik David Bohr, 1885–1962는 박사 학위를 받은 후, 영국으로 건너가서 조셉 존 톰슨과 함께 연구하였다. 하지만 곧 보어는 톰슨에게 실망했다. 톰슨은 보어를 자주 만나주지 않았고, 중요하지 않은 실험 프로젝트만 맡겼다. 보어가 영국에서 만족스럽지 않은 연구 생활을 하고 있을 때, 당시 맨체스터 대학교에 있던 어니스트 러더퍼드가 케임브리지 대학교를 방문했으며, 보어는 러더퍼드와 만났다. 보어는 금방 러더퍼드에게 호의를 가지게 되었고, 그를 따라 맨체스터 대학교로 연구실을 옮겼다. 그리고 그 곳에서 원자에 대한 '양자' 모형을 구상했다.

광선. 아인슈타인은 빛을 입자라고 주장했으며, 광전 효과로 그 사실을 증명했다.

입자로서의 빛과 파동으로서의 빛

아인슈타인은 빛을 입자라고 가정했고, 이를 광전 효과로 설명했다. 그는 이 입자를 광자라고 불렀다. 아인슈타인이 빛을 입자라고 주장한 것은 당시 과학자들에게 충격적인 일이었다. 빛이 파동이라는 사실은 이미 100년이 넘게 과학계가 인정한 진실이었으며, 또한 빛이 파동이라는 사실은 여러 가지 현상에서 입증되었기 때문이다. 그렇다면 빛의 정체는 파동일까? 아니면 입자일까? 여러 해 동안 과학자들은 빛의 진실을 밝히기 위해 노력했다. 과학자들은 농담처럼 일주일 중 월, 수, 금에는 파동 이론을, 화, 목, 토에는 입자 이론을 사용한다고 말하곤 했다. 그러다가 과학자들은 빛을 상황에 따라서 파동 또는 입자로 봐야 한다는 결론에 이르게 되었다. 즉, 빛은 입자인 동시에 파동이었다. 빛은 어떤 경우에서는 입자의 성질을 가졌고, 어떤 경우에서는 파동의 성질을 가졌다. 과학자들은 이를 빛의 이중성이라고 했다.

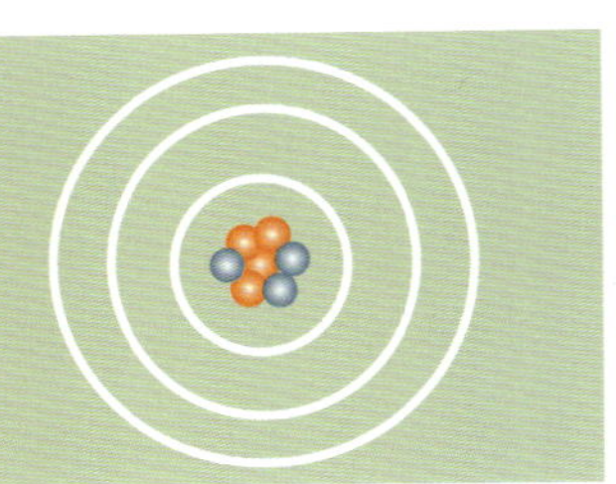

양자와 원자

닐스 보어는 원자의 행성 모형을 지지했지만, 전자가 핵으로 끌려 들어가는 문제를 해결하지 못하고 있었다. 그는 원자의 행성 모형을 사용하기 위해서 새로운 아이디어를 제안했으며, 자신의 아이디어를 우선 수소 원자에 한정해서 적용했다. 그는 전자들이 원자핵 주위의 궤도를 돌 때 복사를 하지 않는다고 가정했다. 그리고 전자가 궤도를 바꿀 때, 즉 궤도를 '옮겨 다닐jumped' 때만 에너지를 방출하거나 흡수한다고 생각했다. 전자는 준위가 낮은 궤도로 옮길 때 광자 형태로 에너지를 방출하고, 준위가 높은 궤도로 옮길 때 광자를 흡수한다고 주장했다.

발머 계열 전자가 궤도를 옮길 때, 광자를 방출하거나 흡수한다는 이론은 매우 진보적인 아이디어였다. 대부분의 과학자들은 닐스 보어의 생각이 매우 이단적이라고 여겼으며, 보어 자신도 그 아이디어가 여러 사람들을 설득하기에는 부족하다고 여겼다. 하지만 일부 과학자들은 보어의 아이디어에 깊은 관심을 보였다.

그러던 어느 날 보어가 동료 과학자와 이야기를 나누고 있었다. 그때 동료 과학자가 보어에게 자신의 이론으로 발머 계열Balmer series을 설명할 수 있는지 물었다. 여기서 발머 계열이란, 원자가 방출하는 스펙트럼 계열의 하나이고 가장 단파장에 해당하는 것으로 수소 원자 네 개의 가시광선 영역에서 방출되는 복사선을 말한다. 측정하던 중 발머가 발견하여 발머 계열이라는 이름을 얻었다.

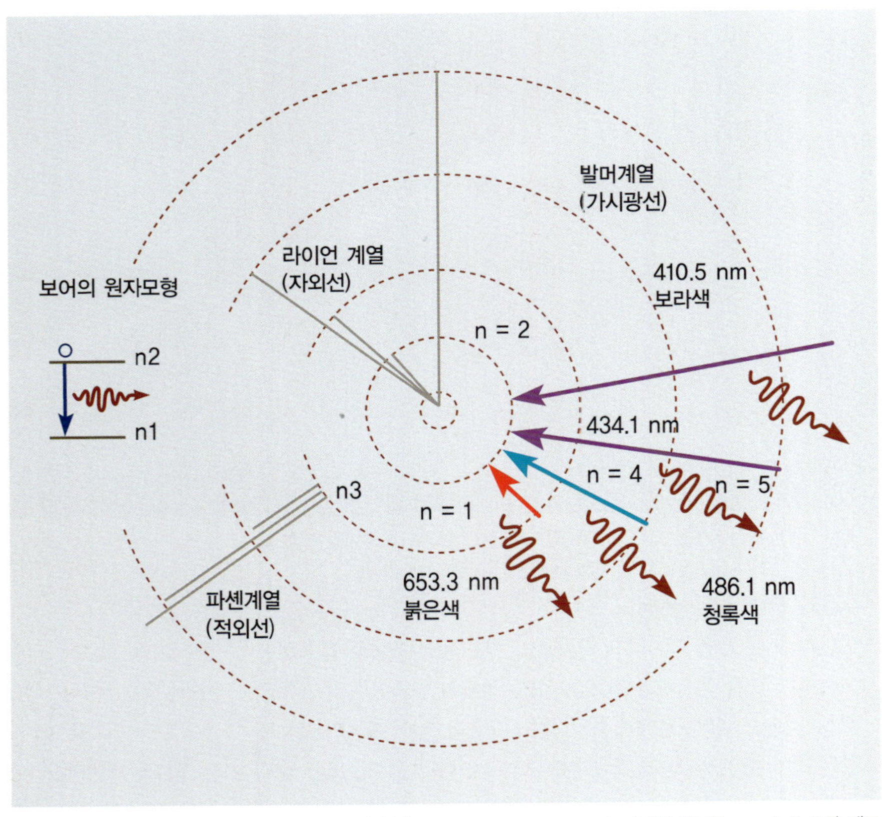

위 원자를 간단하게 표현한 그림이다. *n*을 주양자수(principle quantum number)라고 할 때, *n* = 1, 2, 3의 궤도가 표시되어 있다.
아래 닐스 보어의 원자 모형을 상세하게 나타낸 그림이다. 오른쪽에는 발머 계열이 표시되어 있다. 이들은 *n* = 2 준위로 자리를 이동한 전자가 낸 것이다. 이 복사는 발머 스펙트럼선들과 함께 분광기로 감지된다.

이론 물리학자인 아놀드 조머펠트(왼쪽)와 닐스 보어(오른쪽)의 사진이다. 아놀드 조머펠트와 닐스 보어는 원자 구조에 대한 새로운 개념을 만들었다.

이 네 개의 가시광선 영역 선은 656.3 nm ^{빨강}, 486.1 nm ^{초록}, 434.1 nm ^{파랑}, 410.2 nm ^{보라}의 파장에서 발생했다.

보어는 분광학spectroscopy 분야에 관심이 적어서 동료 과학자가 무엇을 말하는지 정확하게 이해하지 못했다. 이야기를 끝내자마자, 보어는 곧바로 도서관으로 달려갔다. 그리고 발머의 스펙트럼 공식을 본 순간 자신의 연구에 가장 필요한 것이 무엇인지 깨달았다.

발머는 일찍이 스펙트럼선의 간격을 계산할 수 있는 공식을 유도했으나, 아무도 스펙트럼선의 간격과 수소 원자 사이의 관계를 설명할 수 없었다. 그런데 보어는 자신의 원자 모형으로 이를 설명할 수 있음을 알았다.

보어는 자신의 원자 모형을 이용하여 수소 원자의 에너지 준위에 대한 정확한 값을 계산했다. 그리고 수소 원자의 크기를 정확하게 예측했다. 보어가 예측한 수소 원자의 반지름은 수소 원자가 바닥상태에 있을 때 원자핵과 전자 사이의 거리였다. 또한 보어는 발머의 공식에 사용되는 리드베리 상수Rydberg constant를 계산하는 방법을 알아내기도 했다. 그리고 이 상수값을 이용하여 전자의 궤도 반지름과 에너지를 구할 수 있는 공식을 유도했다.

반응과 검토 닐스 보어의 원자 모형이 처음 공개되었을 때, 과학자들의 반응은 대부분 부정적이었다. 하지만 얼마 지나지 않아 보어의 이론은 여러 실험을 통해 사실로 입증되었고, 과학자들의 지지를 받기 시작했다.

1913년, 모즐리H. G. J. Moseley, 1887-1915는 다양한 물질에서 X선이 방출되는 것을 연구하였는데, 방출된 X선의 파장이 보어의 이론이 예측하는 바와 일치한다는 것을 밝혔다. 다음으로 보어의 원자 모형이 합리적이라는 사실을 증명한 과학자는 독일의 물리학자 슈타르크Johannes Stark, 1874-1957였다. 슈타르크는 원자가 전기장에 있을 때, 스펙트럼선이 나뉘는 것을 발견했다. 이와 유사한 효과는 피터 제만Pieter Zeeman, 1865-1943이 자기장을 가지고 실험을 했을 때 나타나기도 했다.

모즐리와 슈타르크의 실험 이야기를 들은 보어는 이 실험이 모두 자신의 원자 모형으로 설명이 가능함을 입증했다. 그 후 제임스 프랑크James Franck, 1882-1964와 구스타프 헤르츠Gustav Hertz, 1887-1975는 수은 원자에 전자를 쏘게 되면 에너지를 흡수한다는 사실을 증명하는 실험을 했다. 이 소식을 들은 보어는 이 실험의 결과도 자신의 이론으로 설명할 수 있음을 보였다.

독일의 물리학자 슈타르크. 그는 전기장이 스펙트럼선을 분리하는 현상을 발견했다.

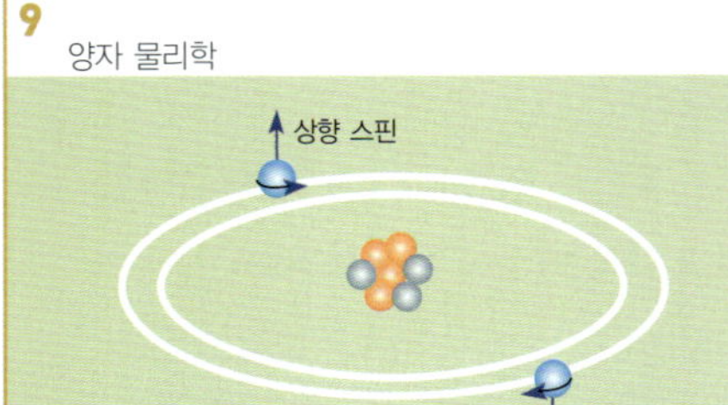

파울리의 전자들

닐스 보어가 제안한 원자 모형으로 과학자들은 원자를 더욱 깊이 이해할 수 있었다. 또한 과학자들은 보어의 원자 모형을 연구하여 '양자수 quantum numbers' 라고 부르는 4종류의 숫자가 매우 중요하다는 사실을 알아냈다. 4종류의 양자수는 다음과 같다.

위 전자는 핵 주변의 궤도를 돌면서 자전한다.
아래 볼프강 파울리는 오스트리아 태생의 물리학자로, 프린스턴 고등과학원의 이론 물리학 과장으로 선출되었으며, 1946년에는 미국으로 귀화했다.

첫 번째 양자수는 전자의 궤도를 나타내는 것으로, 주양자수principle quantum number라고 한다. 이는 기호 n으로 표시하며 1, 2, 3 등으로 나타내는 정수이다. 그리고 두 번째 숫자는 아놀드 조머펠트Arnold Sommerfeld, 1868-1951가 제시한 것으로 궤도 양자수orbital quantum number라고 하고 l로 표시한다. 이 값은 0, 1, 2, 3 등으로 나타내는데, 주양자수보다 1 적은 값, 즉 $n-1$의 값을 가진다. 예를 들어 n이 3이라고 하면, l은 0, 1, 2 중 하나의 값을 가진다. 또한 세 번째 숫자는 자기 양자수magnet quantum number라고 한다. 이는 m으로 나타내고, 그 값은 l과 동일하지만 음수의 값을 가질 수도 있다. 즉, n이 3이라고 하면, m은 −1, −2, 0, 1, 2 중 하나의 값을 가진다. 마지막으로 네 번째 숫자는 s로 표시하는데, 전자들의 스핀이 발견되면서 갖게 된 숫자이다. +1/2나 −1/2의 값을 가질 수 있다.

양자수의 의미를 간단히 정리하면, 주양자수가 궤도의 에너지, 궤도 양자수는 궤도의 모양, 자기 양자수는 궤도의 방향, 스핀은 전자의 순간적인 자기장의 방향을 나타낸다고 할 수 있다.

네 종류의 양자수를 통해 과학자들은 원자 안에 있는 전자를 식별할 수 있게 되었다. 오스트리아 물리학자 볼프강 파울리Wolfgang Pauli, 1900-1958는 한 원자 안에 4개의 번호가 일치하는 전자는 존재할 수 없다고 주장했는데, 이를 파울리의 배타 원리Pauli's exclusion principle라고 한다.

좀 더 자세한 관찰 첫 번째 궤도 $n = 1$을 생각해 보자. 앞에서 알아본 바로 $l = 0$이고, $m = 0$이며, $s = +1/2$ 혹은 −1/2가 된다. 이는 첫 번째 궤도에 2개의 전자가 존재할 수 있으며, 두 전자는 반대 방향의 스핀을 가진다는 의미다.

두 번째 궤도인 $n = 2$의 경우를 생각해 보자. $l = 0$이나 1이고, m은 0, 1, −1을 가질 수 있다. 즉, $l = 0$일 때 $m = 0$이고, $l = 1$일 때 $m = 0, 1, −1$

중 하나의 값을 가진다. 이는 두 번째 궤도의 양자수가 [2, 0, 0], [2, 1, 0], [2, 1, 1], [2, 1, −1]이 되고, 각 경우의 스핀 번호는 +1/2와 −1/2가 된다. 그러므로 두 번째 궤도에는 8개의 전자가 있다는 것을 알 수 있다. 같은 방식으로 세 번째 궤도 $n = 3$을 생각하면, 18개의 전자가 존재할 수 있다. 이러한 사실로 미루어 보면, 원자에서 각 궤도에 존재할 수 있는 전자의 수는 n을 궤도 번호라고 할 때 $2n^2$으로 나타낼 수 있다.

여기서 한 걸음 더 나아가면, 각 궤도의 전자는 어떠한 방향으로도든 움직일 수 있기 때문에 껍질shells로 표현하는 것이 편리하다. 껍질은 K, L, M 껍질과 같은 순서로 나타낸다. 이 껍질은 하나 또는 그 이상의 버금 껍질subshells로 이루어져 있는데, 버금 껍질은 양자수 n과 l값에 따라 정해진다. 예를 들어 $n = 1$일 때, $l = 0$이고, 첫 번째 껍질은 1개의 버금 껍질만 갖는다. 하지만 $n = 2$일 때는 $l = 0, 1$이고, $l = 0$일 때는 각 경우에서 스핀이 +1/2나 −1/2인 경우들로 [2, 1, 0], [2, 1, 1], [2, 1, −1]이 있다. 그러므로 전자는 총 6개가 있다.

따라서 두 번째 껍질에 있는 8개의 전자들은 2개의 버금 껍질로 나눌 수 있다. 이 버금 껍질들은 s, p, d, f, g, h, i와 같은 방법으로도 표시된다. 버금껍질(=부껍질)들은 전통적으로 s, p, d, f, g, h로 부른다. 예를 들어 전자들이 $1s, 2p\cdots$ 등의 껍질에 있다는 말이다.

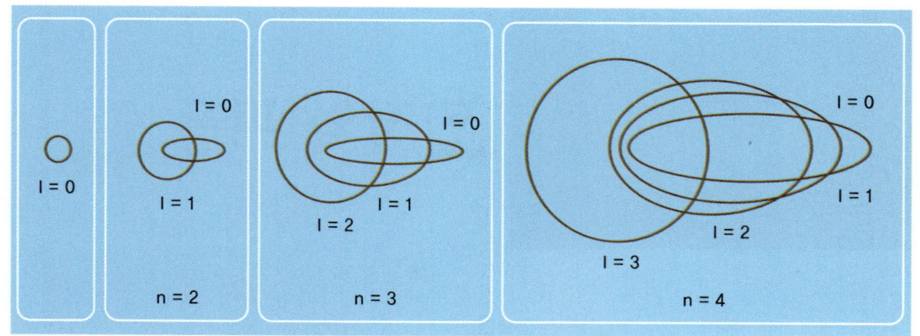

보어–조머펠트 모델을 이용해서 네 종류의 양자수에 대한 전자의 궤도를 그려본 것이다.

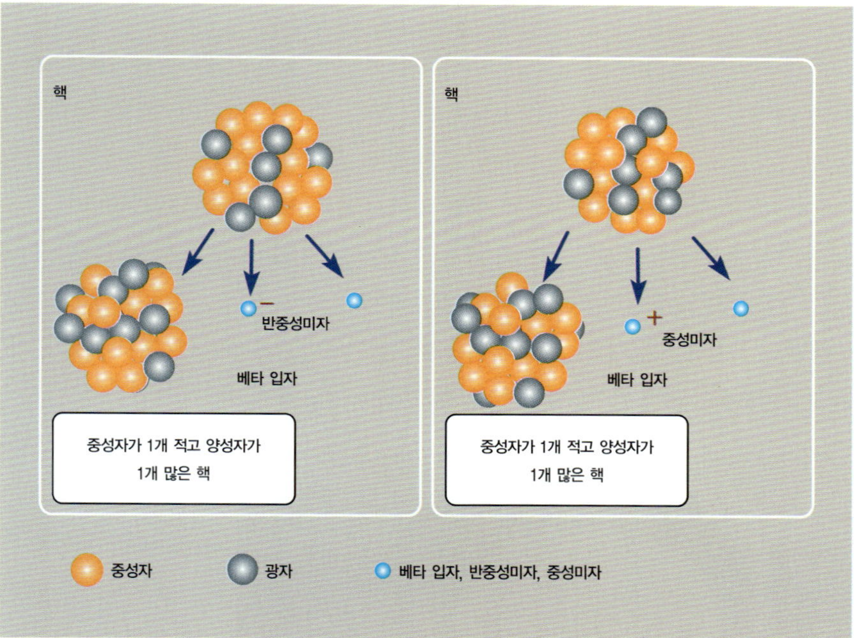

베타 붕괴는 그림과 같이 두 가지 방법으로 일어날 수 있다. 왼쪽의 경우에서는 중성자가 반중성미자와 전자를 방출하면서 양성자로 변한다. 오른쪽의 경우에서는 양성자가 중성미자와 양전자를 방출하면서 중성자로 변한다.

파울리, 베타 붕괴 그리고 중성미자

볼프강 파울리는 배타 원리를 발표하고 난 후, 물리학에 또 다른 중요한 업적을 남겼다. 원자핵의 중성자가 베타 입자를 방출하면서 양성자로 변하는데, 양성자도 양전자를 방출하면서 중성자로 변할 수 있다. 이를 베타 붕괴라고 한다. 그런데 베타 붕괴를 설명하는 데 어려움이 있었다. 베타 붕괴가 일어날 때 베타 입자는 에너지와 동시에 방출되어야 했기 때문이다. 베타 입자가 핵에서 방출될 때 동반하는 에너지를 설명해야 하는데 그 부분에서 과학자들은 큰 어려움을 겪었다.

1931년, 파울리는 베타 붕괴는 또 다른 입자가 연관되어 있다고 주장하면서, 이 문제를 해결했다. 파울리는 이 입자에 전하나 질량이 없으며, 손실되는 에너지를 운반한다고 하면서 이 입자를 중성미자(neutrino)라고 불렀다. 중성미자는 전하와 질량이 없기 때문에 감지하기 매우 어려운 입자였다. 실제로 과학자들이 중성미자를 감지하는 데에 약 25년이나 걸렸다.

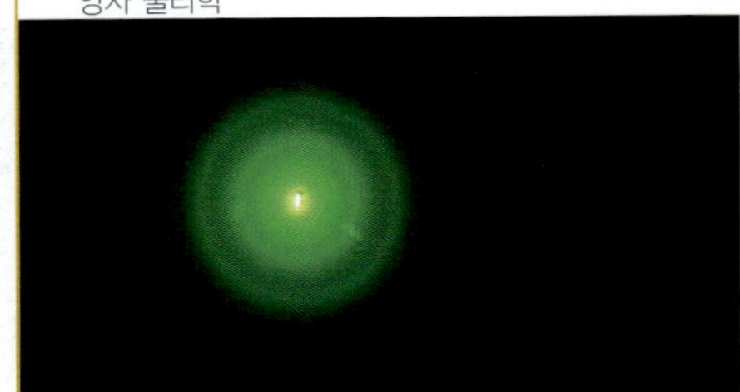

입자와 파동

프랑스의 물리학자 루이 드브로이Louis de Broglie, 1892~1987는 학부 과정에 있을 때부터 파동에 남다른 관심을 가지고 연구했다. 그는 빛광자의 이중성을 보어의 원자 궤도와 연관 지어서 생각했다. 그는 전자가 도는 궤도의 크기를 결정짓는 것은 무엇인가를 두고 고민했다. 그는 빛이 이중적인 본질을 지닌다면, 전자도 이중적인 본질을 가질 것이라고 생각했다. 즉, 드브로이는 전자도 광자처럼 입자와 파동 모두의 성질을 가진다고 생각한 것이다. 그는 자신의 생각이 옳다면, 궤도의 크기는 전자의 파동적 본질과 깊은 관련이 있을 것이라고 생각했다. 그는 이러한 생각을 다음과 같이 수학적인 식으로 나타냈다.

$$\frac{2\pi r}{\lambda} = n$$

여기서 r은 전자 궤도의 지름, λ는 전자에 따른 파동의 파장, n은 정수를 나타낸다.

그리고 드브로이는 전자의 운동량P이 플랑크 상수 h와 파동 수 k가 연결되어 있다는 사실을 알아냈다. 그 상관관계를 식으로 나타내면 다음과 같다.

$$p = hk$$

드브로이는 위 두 공식을 이용하여 전자의 운동량에 따른 궤도의 반지름을 구했다. 이 아이디어는 매우 기발한 것이었고, 1913년에 이 아이디어를 정리하여 박사 학위 논문으로 제출했다. 드브로이의 논문을 받은 파리 대학교의 물리학 교수들은 이 논문을 제대로 이해하지 못한 채, 박사 학위 논문으로 통과시켜야 할지 말아야 할지 고민했다. 그러나 드브로이 가문은 프랑스에서 영향력이 컸고, 그의 형제 중에 유명한 과학자가 있었기 때문에 논문을 함부로 탈락시킬 수 없었다. 결국 심사위원들은 고민 끝에 이 논문을 아인슈타인에게 보내어 그의 의견을 물었다. 드브로이의 논문을 본 아인슈타인은 "논문이 기상천외하게 보일 수 있지만, 내용은 타당하다."라고 답했다. 심사위원들은 아인슈타인의 의견을 무시할 수 없어 그에게 박사 학위를 수여했다.

위 전자 광선이 결정을 가진 물질(crystalline material)을 지날 때 발생하는 회절 현상을 찍은 사진이다.
아래 루이 드브로이의 사진이다.

1928년 브뤼셀에서 개최된 제5회 솔베이 회의에 아인슈타인, 마리 퀴리, 루이 드브로이, 볼프강 파울리 등이 참석했다. 벨기에 물리학자 솔베이는 물리학, 화학, 사회학 분야의 전문가들을 위해 이 회의를 열었다.

검토 과학자들은 파동을 동반한 입자들이 존재한다는 사실을 실험을 통해 증명하려고 했다. 가장 적절한 실험은 금속에서 전자를 산란시키는 것이었다. 그중 가장 뛰어난 결과는 미국 벨연구소의 데이비슨Clinton Davisson, 1881~1958과 그의 동료 저머Lester H. Germer, 1896~1971의 실험에서 나왔다.

두 사람은 수년 동안 다양한 금속을 대상으로 전자들이 산란하는 실험을 하고 있었다. 그러던 중 데이비슨이 루이 드브로이의 연구에 대한 소식을 들었다. 그는 자신의 실험 결과를 살펴보았지만 자신들이 한 실험에서 전자에 파동성이 있다는 증거를 찾지 못했다. 드브로이가 말한 것은 '단일 결정single crystal'을 가진 금속에 대한 것이었는데, 데이비슨이 사용하던 금속들은 단일 결정이 아니었던 것이다.

1925년 4월, 데이비슨의 실험실에서 사고가 발생하여 실험에 사용되었던 일부 금속들이 녹았다. 녹아버린 금속은 식은 후에 단일 결정을 이루게 되었는데, 데이비슨은 이 금속을 실험에 사용하여 전자가 다른 방식으로 산란되는 것을 발견할 수 있었다. 놀랍게도 그의 실험 결과는 드브로이가 예측한 그대로였다.

그리고 데이비슨과 저머는 전자 빔을 니켈 결정에 쏘았을 때, 튀어나오는 전자의 개수를 관찰했다. 이때 최대로 전자가 많이 관측된 각도는 130°였다. 산란된 전자의 개수가 특정한 각도에서만 최댓값을 가지게 된 까닭은 간섭이나 회절에 의해서 이루어진 것으로 추정했고, 그러기 위해서 전자들은 파동성을 지녀야 했다.

루이 드브로이의 이론을 검토하기 위해 데이비슨과 저머가 한 실험을 그림으로 나타냈다. 결정체에서 나온 전자는 여러 각도로 흩어지고 있다. 전자들은 아랫부분에 있는 상자에 모인다.

양자 역학과 원자

보어의 원자 모형은 양자 역학의 첫 걸음마와 같은 것이었다. 과학자들은 양자 역학을 발전시키기 위해 적극적으로 덤벼들었다. 이들 중 가장 앞선 이는 독일의 물리학자 베르너 하이젠베르크Werner Heisenberg, 1901–1976였다. 1925년 초, 하이젠베르크는 수소 원자의 스펙트럼선에 대한 연구를 하고 있었다. 그런데 그가 본격적으로 연구에 착수할 무렵, 불행하게도 건초열 증세를 보였다. 그는 하는 수 없이 요양을 하기 위해 독일 연안에 있는 헬리고란트heligoland라는 작은 섬으로 갔다. 그는 요양을 하면서도 수소 원자의 스펙트럼선에 대한 연구를 멈추지 않았다.

하이젠베르크는 수소 원자에서 궤도 사이를 오가는 전자들이 방출하거나 흡수하는 광자의 진동수를 정하는 일을 연구했다. 그는 이 과정에서 수소 원자에서 관찰된 광자의 진동수들을 특정한 방법으로 배열해서 만든 식을 사용했다. 그런데 이 식이 수학에 나오는 행렬matrix의 형태와 많이 닮았다. 하이젠베르크는 육지로 돌아온 후에 연구 결과를 발표했는데 그것은 양자 역학에서 매우 중요한 발견이었다. 그가 사용한 방법은 나중에 행렬 역학이라고 불리게 되었고, 양자 역학에서 가장 중요한 이

위 강의에 열중하고 있는 베르너 하이젠베르크
아래 '슈뢰딩거의 고양이' 사고 실험을 컴퓨터로 표현한 그림이다. 슈뢰딩거의 고양이는 양자 역학에서 가장 유명한 역설(paradoxes)이다. 그림을 보면 고양이가 밀폐된 상자에 들어있다. 그리고 상자 안에는 방사성 물질과, 방사성 입자를 감지할 수 있는 감지기가 들어있다. 방사성 물질이 1분에 50 %의 확률로 방사성 입자를 방출한다고 가정하고, 이 입자를 감지하면 독가스가 살포되어 고양이가 죽게 된다고 한다. 방사성 물질을 1분 동안 가동하게 되면, 1분 후에 고양이는 죽어있을까 살아있을까? 양자 역학에 따르면 이에 대해서는 확실한 답을 알 수가 없고, 다만 그 확률만 알 수 있을 뿐이다.

거친 금속 표면에서 반사되는 양자 파동 함수를 컴퓨터로 시뮬레이션 한 후 그래픽으로 나타낸 것이다.

론적 토대가 되었다.

슈뢰딩거의 파동 방정식 베르너 하이젠베르크의 행렬 역학은 원자 내부 입자들의 운동을, 양자 역학에서 입자처럼 행동하는 빛의 성질을 설명하는 중요한 연구 성과였다. 하지만 많은 물리학자들이 행렬에 익숙하지 않았기 때문에 큰 주목을 받지는 못했다.

1년이 채 지나기 전, 이번에는 오스트리아 물리학자 에르빈 슈뢰딩거 Erwin Schrödinger, 1887–1961가 양자 역학에서 빛이 파동의 성질을 가진다는 중요한 발견을 했다. 그의 발견은 미분 방정식에 기초를 두었고, 대부분의 과학자들이 미분 방정식에는 익숙했으므로 쉽게 받아들였다. 에르빈 슈뢰딩거는 루이 드브로이의 파동 이론을 지지했으며, 파동 방정식을 통해 양자 세계를 설명할 수 있다고 확신했다.

에르빈 슈뢰딩거는 루이 드브로이의 파동이 가진 '세기strength'를 파동 함수로 나타냈고 이를 ψ로 표현했다. 그는 파동 함수가 보어의 원자 모형을 설명할 때 필요조건들이 모두 충족한다는 것을 확인한 후, 방정식을 고안했다. 그리고 자신의 방정식으로 궤도를 옮겨 다니는 전자의 행동을 자연스럽게 설명했다.

에르빈 슈뢰딩거의 흉상이다. 오스트리아 빈 대학교의 안뜰에 있다.

파동 역학과 불확정성 원리

$F = ma$로 표현되는 뉴턴의 고전 역학은 우리 눈에 보이는 거시 세계의 운동을 설명하는 자연 법칙이다. 과학 교과서에 나오는 여러 운동 방정식은 대개가 이 식을 응용한 것이다. 그렇다면 원자 세계와 같이 미시 세계에서 일어나는 운동을 설명하는 법칙은 무엇일까? 미시 세계를 다루는 역학을 양자 역학이라고 하고, 이 양자 역학에서 뉴턴과 같은 역학을 한 사람이 바로 에르빈 슈뢰딩거였다. 슈뢰딩거가 만든 파동 방정식은 고전 역학에서 뉴턴이 고안한 운동 방정식과 같은 역할을 하기 때문이다.

양자 역학은 초기에 베르너 하이젠베르크의 행렬 역학과 슈뢰딩거의 파동 역학 두 가지로 각각 발전하였다. 행렬 역학과 파동 역학은 전혀 상반되어 보이는 양자 세계를 설명하는 이론들로서, 겉으로 볼 때는 매우 다른 이론 체계처럼 보였다.

배타 원리로 유명한 물리학자 볼프강 파울리가 두 이론을 면밀하게 검토했다. 그리고 그는 두 이론이 결국은 동일한 이론으로, 겉모습만 서로 다르다는 것을 밝혔다. 양자 역학을 어떻게 표현하는가에 따라 파동 역학이 될 수도 있고, 행렬 역학이 될 수도 있다는 사실을 깨달았기 때문이다. 하이젠베르크의 행렬 역학과 슈뢰딩거의 파동 역학은 원자 안의 아주 작은 세계를 다루는 양자 역학에서 두 기둥과 같은 역할을 했다. 행렬 역학은 양자의 불연속적인 특성을 설명하고, 파동 역학은 양자의 연속적인 특성을 설명하는 데 적절했다.

불확정성의 원리 하이젠베르크는 슈뢰딩거가 발견한 파동 역학과 자신의 이론이 통합되는 것을 싫어했다. 그는 두 이론 사이의 상관관계를 좀 더 깊이 이해하기 위해 양자들의 측정 과정을 구체적으로 연구했다. 그는 양자들의 운동에서 위치, 운동량, 에너지, 시간이라는 4가지 변수가 작용하고 있음을 깨달았다.

하이젠베르크는 양자 이론이 타당하기 위해서 측정 과정이 관찰의 영향을 받아야 한다는 새로운 사실을 발견했다. 그것은 전자의 위치와 운동량속력을 동시에 알아야 한다는 문제점을 가지고 있었다. 그는 '사고

"현재를 정확하게 알면, 미래를 계산할 수 있다."라는
인과성의 법칙에 의하면, 오류는 결론에 있는 것이 아니라 전제에 있다.

– 1927년 베르너 하이젠베르크, 불확정성 논문 중에서

위 확률에 대한 개념을 주사위로 표현했다.
아래 이 문장은 베르너 하이젠베르크가 불확정성에 대해 쓴 독일어 논문에서 일부를 영어로 번역한 것이다.

실험'을 통해 이것이 불가능하다는 사실을 깨달았다. 또한 에너지E와 시간t을 동시에 정확하게 측정하는 것도 불가능하다고 생각했다. 그는 다음과 같은 공식을 통해 이 사실들을 표현했다.

$$\triangle x \triangle p \geq \frac{h}{2} \text{ and } \triangle E \triangle t \geq \frac{h}{2}$$

과학자들은 이 공식을 불확정 관계식이라고 했고, 그 총체적 원리를 불확정성 원리uncertainty principle라고 했다. 불확정성의 원리에 따르면, 입자의 위치x에 집중하게 되면, 그 운동량p이 희미해지고, 마찬가지로 운동량p에 집중하면, 입자의 위치x가 희미해진다는 것이었다. 이러한 관계는 입자의 에너지E와 시간t에 대해서도 마찬가지였다. 이 말을 좀 더 쉽게 풀이하면, '전자의 위치를 더 정확히 측정하면 할수록 측정하는 순간의 운동량은 정확히 알 수 없으며, 전자의 운동량을 정확히 측정하면 할수록 그 순간의 전자의 위치는 정확히 알 수 없게 된다.'이다.

코펜하겐 전경 사진이다. 닐스 보어가 발표한 불확정성 원리에 대한 해석, 즉 코펜하겐 해석은 그의 고향 이름에서 따온 것이다.

코펜하겐 해석

닐스 보어는 베르너 하이젠베르크가 발표한 불확정성 원리를 토대로 양자 역학에 대해 독특한 해석을 제안했다. 그는 그 해석을 자신의 고향 이름을 따서 코펜하겐 해석이라고 불렀다.

코펜하겐 해석은 미래의 사건이 과거의 사건으로만 결정될 이유가 없다는 것이었다. 간단히 말하면, 대부분의 과학자들이 당연하게 여겼던 결정론적 관점은 더 이상 타당하지 않다는 것이었다. 보어는 유일하게 확신할 수 있는 것은 가능성뿐이라고 주장했다. 그러나 많은 과학자들은 보어의 관점에 동의하지 않았고, 보어는 여러 해 동안 신랄한 비판을 받았다. 비판에 앞장섰던 대표적인 과학자는 에르빈 슈뢰딩거와 아인슈타인이었다. 아인슈타인은 두 명의 동료와 함께, 보어의 이론에 다방면으로 반박하는 논문을 발표했다. 하지만 결론적으로 아인슈타인이 틀렸다는 사실이 나중에 밝혀졌다.

레이저

오늘날 우리가 사용하는 전자 제품들 중에는 양자 역학을 응용한 것이 매우 많다. 따라서 양자 역학이 발견되지 않았다면 지금 우리가 누리고 있는 현대 문명의 모습은 많이 달라졌을지도 모른다.

대표적인 제품으로 레이저를 들 수 있다. 레이저는 현대 사회에서 광범위한 분야에 사용되고 있다. 의학 분야를 예로 들면, 눈의 종양을 제거할 때, 파열된 혈관을 치료할 때, 백내장을 치료할 때 사용된다. 또한 손상된 피부를 제거하고, 피부암을 치료할 때도 사용된다. 의학 분야 외에도 정확한 측량을 할 때, 금속과 같은 물질을 자를 때 이용되고, 다양한 형태의 용접에도 활용된다. 그 외에도 레이저가 이용되는 분야는 손에 꼽을 수 없을 정도로 많다.

아인슈타인의 유도 방출 앞부분에서 전자는 원자 안에서 여러 궤도 사이를 옮겨 다닐 수 있다고 배웠다. 에너지 준위가 낮은 궤도로 전자가 옮겨갈 때는 특정한 진동수를 가진 광자를 방출한다. 반면에 열에너지와 같이 외부 에너지가 원자에 주어지면, 전자들은 높은 준위의 궤도로 이동한다. 과학자들은 이러한 상태를 가리켜 원자가 들뜬상태excited state에 있다고 말한다.

아인슈타인은 자극을 받은 전자에 광자를 충돌시키면, 전자가 높은 준위의 궤도로 이동하지 못하고, 강제로 낮은 준위의 궤도로 내려가게 할 수 있을 것이라고 생각했다. 이 경우에, 2개의 동일한 광자가 방출되는데, 그는 이를 자극 방출spontaneous emission이라고 불렀다.

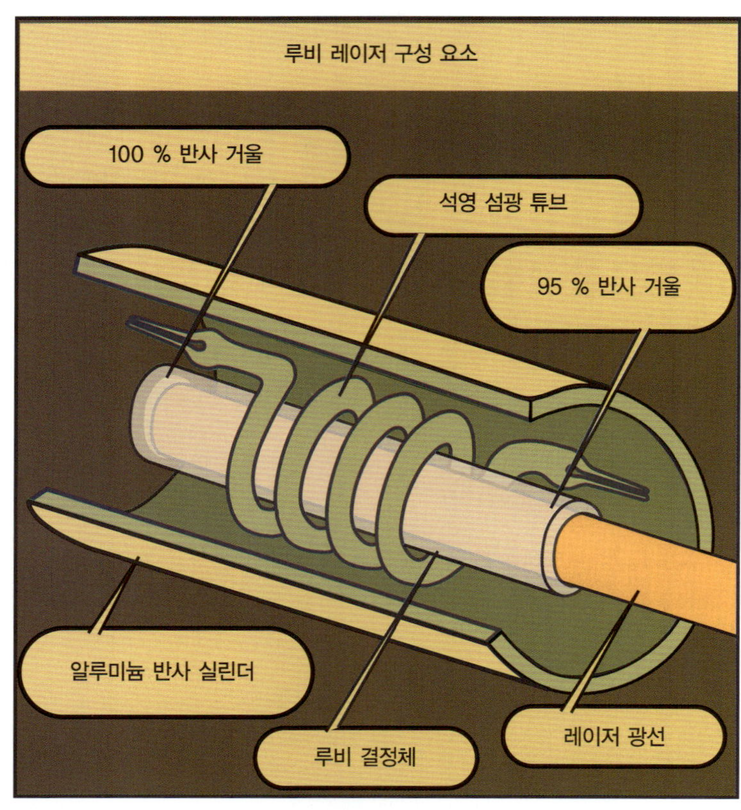

위 오늘날 레이저는 일상생활 곳곳에서 사용되고 있다.

아래 루비 레이저를 간단한 그림으로 나타낸 것이다. 그림의 한가운데에 원통형 루비가 있다. 루비의 한쪽 끝에는 반사 거울이 설치되어 있고, 나머지 한쪽에는 부분 반사 거울이 설치되어 있다. 이 루비는 코일처럼 둥글게 만든 섬광등으로 감쌌다. 자극을 받은 광자들은 루비의 축을 따라 이동하게 되는데, 반사되면서 앞뒤로 튕기게 된다. 광자들은 부분 반사 거울을 관통하면서 레이저 빔이 된다.

메이저와 레이저 과학자들은 자극 방출을 이용하면 레이저를 만들 수 있다는 사실을 알게 되었다[*]. 그리고 레이저를 만들기 위해서 여러 전자들이 들뜬상태에 있어야 한다는 것을 알았다. 하지만 이 상태는 자연에서 일어날 수 없었다. 과학자들은 곧 '펌핑pumping'이라는 과정을 통해 이 문제를 해결했다. 펌핑에는 여러 방식이 있었는데, 가장 흔하게 쓰이는 것이 전기 방전을 이용한 방법이었다.

콜롬비아 대학교의 찰스 타운스Charles Townes, 1915-는 마이크로파microwave로 레이저를 발생시키는 방법을 알아내었다. 마이크로파를 이용했다고 해서 그가 만든 레이저를 메이저maser라고 부르게 되었다.

몇 년 후, 찰스 타운스와 그의 동료 숄로Arthur L. Schawlow, 1921-1999는 가시광선을 통해 동일한 장치를 만들려고 했으나, 캘리포니아 휴즈 대학 연구실의 시어도어 마이만Theodore Maimann, 1927-에게 선수를 빼앗겼다. 마이만은 루비 막대와 섬광등을 이용하여 최초의 레이저를 만들었다. 이 장치에는 섬광등이 루비 막대를 감싸고 있는데, 전자들은 램프의 섬광으로 인해 들뜬상태로 펌핑 된다. 그리고 자극을 받은 전자들로 인해 발생한 광자들은, 루비 내부 벽에 설치된 거울에 반사되어 앞뒤로 튕기면서 루비의 축을 따라 내려가게 된다. 광자들은 이동하면서 더 많은 광자들을 자극하게 되는데, 이로 인해 광선은 한쪽 끝의 반사면을 관통할 만큼 강해진다.

마이만 이후 다양한 형태의 레이저가 만들어졌다. 일부는 펄스를 띤 레이저이고, 일부는 지속적인 빛을 내는 레이저였다.

레이저를 이용하면 길이나 속도 등의 정확한 측정이 가능하다.

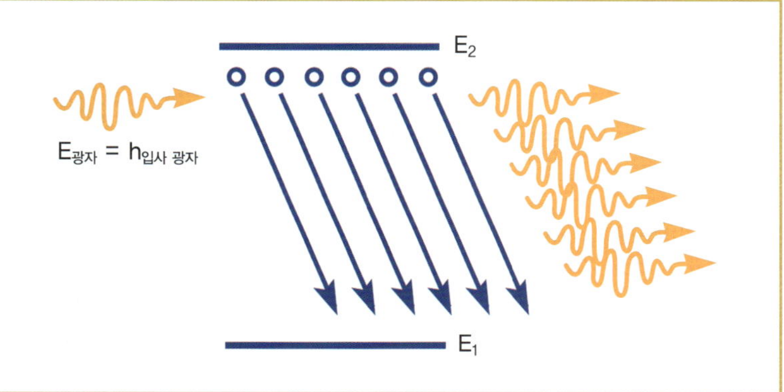

전자가 높은 에너지 준위에서 낮은 에너지 준위로 자극 방출되는 것을 간단히 나타낸 그림이다.

간섭성 빛

레이저에서는 전자를 자극하기 위해 투입한 광자보다 더 많은 광자가 발생하기 때문에 빛의 증폭이 일어난다. 그런데 이때 모든 광자들은 동일한 진동수를 가지므로 파장은 간섭성을 가지게 된다. 이것을 그림으로 나타내면 위와 같고, 그림에서 보듯이 파장들이 정렬된다.

그러나 일반적인 빛에서는 이러한 정렬 현상이 일어나지 않는다. 왜냐하면 파장이 정렬되면 '내부 산란(internal scattering)' 현상이 발생하여 광선에서 광자가 감소되는 효과가 일어나기 때문이다. 이러한 이유로 일반적인 광선은 아주 멀리 보내기 어렵다. 예를 들어, 매우 큰 탐조등을 이용해서 광선을 우주로 쏘더라도 광선은 내부 산란으로 얼마 가지 못하고 약해진다.

하지만 레이저 광선을 우주로 쏘게 되면 달까지도 보낼 수 있다. 1969년에 아폴로호가 최초로 달에 착륙했을 때, 우주비행사들은 달 표면에 설치한 작은 거울에 지구에서 보낸 레이저를 반사시켰다.

• 레이저(laser)는 '복사선의 유도 방출에 의한 광 증폭(light amplified by stimulated emission of radiation)'을 줄인 말이다(옮긴이).

CHAPTER 10

아인슈타인과 상대성 이론

왼쪽 1947년에 찍은 아인슈타인의 사진이다. 당시 그의 나이는 68세였다.
위 아인슈타인이 만든 유명한 방정식 $E = mc^2$이다. 이 방정식으로 에너지와 질량의 상관관계를 알게 되었다.
아래 시간은 상대성 이론에서 가장 중요한 개념이다.

아인슈타인의 상대성 이론에는 특수 상대성 이론special relativity과 일반 상대성 이론general relativity 두 가지가 있다. 두 이론은 지금까지 물리학에서 다루었던 공간이나 시간, 그리고 중력 등의 개념과는 전혀 다른 새로운 개념을 제공했다.

특수 상대성 이론은 시간과 공간을 다룬다. 아인슈타인은 특수 상대성 이론을 통해 시공간이 그동안 많은 과학자들이 알고 있었던 것과는 많이 다름을 보여주었다. 뉴턴에 의하면 시공간은 절대적인 것으로 변하지 않고 항상성을 유지한다. 그러나 아인슈타인은 뉴턴의 생각에 반론을 제기했다. 시간과 공간은 모두 절대적이지 않으며, 관찰자의 보는 관점에 따라 달라질 수 있는 상대적인 개념이라고 하였다.

또한 아인슈타인은 일반 상대성 이론에서 중력을 전혀 새로운 각도로 설명했다. 아인슈타인은 중력을 휜 공간이라고 했다. 아인슈타인이 이 개념을 처음 공개했을 때, 그의 설명을 제대로 이해할 수 있는 과학자는 몇 안 되었다. 또 그의 주장을 쉽게 증명하기도 어려웠다. 그러나 아인슈타인의 일반 상대성 이론은 뉴턴의 고전 역학을 뛰어 넘는 새롭고 위대한 과학이었다. 그의 과학은 우주에서 일어나는 현상 중에서 뉴턴의 과학으로 설명하기 어려운 여러 가지 것들을 정확하게 설명할 수 있었다.

아인슈타인의 생애

아인슈타인은 1879년 독일 울름에서 태어났으나, 그곳에서는 약 1년 동안만 살았다. 1880년에 그의 가족은 뮌헨으로 이사를 하였고, 그곳에서 아인슈타인은 우리나라 중학교 3학년에 해당하는 학년까지 학교를 다녔다. 그 기간 동안에 아인슈타인의 재능을 알아본 선생님들은 아무도 없었다.

1894년, 그의 아버지가 사업에 실패하면서 아인슈타인의 가족은 모두 이탈리아의 밀라노로 이사를 가게 되었다. 그러나 아인슈타인은 고등학교에 진학하기 위해 뮌헨에 혼자 남아있어야 했다. 아인슈타인은 가족과 함께 밀라노에서 살고 싶은 마음에 꾀를 부렸다. 그래서 그는 의사에게 신경 쇠약에 걸리기 직전이라는 진단서를 발급 받아 학교에 제출했다.

학창 시절의 아인슈타인 다음 해, 아인슈타인은 자신의 바람대로 밀라노로 갔다. 가족의 품에 돌아간 아인슈타인은 밀라노를 비롯한 이탈리아 곳곳을 여행하면서 즐거운 나날을 보냈다. 그러나 그는 취리히 연방공과대학교 입학시험을 치기로 부모님과 약속을 했기 때문에 공부를 시작해야 했다. 1895년에 아인슈타인은 입학시험을 쳤지만 불합격했다. 수학과 물리학 성적은 매우 뛰어났으나 다른 과목들의 점수가 매우 낮아서 합격하기에는 종합 점수가 부족했다.

1920년대 당시의 아인슈타인. 1919년에 일반 상대성 이론이 옳다고 증명되면서 그는 세계적인 과학자가 되었다.

수학과 물리학에 뛰어난 자질을 가진 아인슈타인을 안타깝게 여긴 취리히 연방공과대학교의 입시 담당자들은 아라우 시市에서 고등학교 과정을 마치도록 권했다. 아인슈타인은 다음 허 고등학교 졸업장을 받았고, 취리히 연방공과대학교에 입학하였다. 그는 총 5명의 학생이 배정된 반에 들어가게 되었는데, 학생들 중 3명은 수학 전공이었고, 2명은 물리학 전공이었다. 아인슈타인 외에 물리학을 전공한 학생은 밀레바 마리치 Mileva Maric, 1875-1948라는 여학생이었는데, 그녀는 나중에 아인슈타인의 첫 번째 부인이 되었다.

아인슈타인은 특별히 성실한 학생도 아니었으며 대부분의 시간을 실험실에서 보냈다. 그는 학교 진도에 뒤지는 일이 많았으며, 기말고사도

위 아인슈타인과 그의 부인 엘자(Elsa)
아래 아인슈타인의 14살 무렵 사진이다. 그 무렵 그의 가족들은 독일에서 이탈리아로 이주했다.

시험에 닥쳐서야 허겁지겁 준비했다. 아인슈타인은 중간고사 때 반에서 1등을 했지만, 기말고사 때는 5명 중 4등을 했다. 그보다 성적이 나빴던 사람은 유급을 한 밀레바 마리치뿐이었다. 아인슈타인은 졸업 후에도 대학에 남기를 원했으나, 교수들 중 누구도 그를 받아들이는 사람이 없었다. 그는 그저 평범한 학생이었다.

초기 경력 대학을 졸업한 후, 아인슈타인은 친구의 도움으로 베른의 특허청에서 일하게 되었다. 그는 그곳에서 3명의 친구를 만나 '올림픽 아카데미'라는 모임을 만들었다. 아인슈타인은 이 모임에서 강의를 하기도 했으며, 물리학과 관련된 다양한 토론 활동을 하기도 했다. 이 아카데미를 운영하는 몇 년 동안에 아인슈타인은 물리학의 근본적인 문제를 두고 고민하기 시작했다.

1905년, 아인슈타인은 물리학의 가장 어려운 난제들을 해결하기 위해 부단히 노력한 덕분에 과학사에서 큰 의미를 갖는 5개의 논문을 발표했다. 그중 하나는 특수 상대성 이론에 관한 것이었다. 특수 상대성 이론은 그동안 사람들이 흔히 알고 있었던 시간과 공간에 대한 관점을 통째로 바꾸는 것이었다. 다른 논문은 양자 이론과 광전 효과에 대한 것이었다. 아인슈타인은 이 논문으로 노벨상을 수상했다. 그리고 이 논문으로 취리히 연방공과대학교에서 박사 학위를 받기도 했다.

1911년, 아인슈타인은 취리히 연방공과대학교의 조교수가 되었다. 아인슈타인은 밀레바 마리치와 결혼을 했으며 둘 사이에 세 명의 자녀를 두었다. 그러나 두 사람 사이의 결혼 생활은 원만하지 못했으며, 1919년에 이혼을 했다. 그리고 같은 해에 자신의 사촌 엘자Elsa Löwenthal와 결혼했다.

한편 히틀러가 권력을 잡자 아인슈타인은 히틀러를 반대하는 의견을 펼치다가 나치당의 적이 되기도 했다. 결국 그는 곤경에 처해 1933년 독일을 떠나 뉴저지의 프린스턴 고급과학 연구소로 옮겼다. 그리고 1955년에 세상을 떠날 때까지 그곳에 머물렀다.

아인슈타인은 적극적인 반전론자였다. 그는 1933년 히틀러가 권력을 잡자 독일 시민권을 포기하고 뉴저지에 있는 프린스턴 고급과학 연구소에서 일했다. 그는 그곳에서 가끔 바이올린을 연주하기도 하면서, 생전에 '훌륭하고 아담한 곳'이라고 불렀던 집에서의 생활을 즐겼다.

전설로서의 아인슈타인

아인슈타인은 20세기 최고의 과학자로 추앙을 받는다. 그래서 그와 관련된 에피소드들이 많고, 일부는 전설 같은 이야기가 되었다. 그중 몇 가지를 소개한다.

아인슈타인이 프린스턴 고급과학 연구소에 근무할 당시, 그의 비서가 전화 한 통을 받았다. 전화를 한 사람은 독일 억양이 심한 남자로, 아인슈타인의 집 주소를 물었다. 비서는 죄송하지만 그런 정보는 알려 주지 말라는 지시를 받았다고 말했다. 그러자 전화를 건 남자는 "제가 바로 아인슈타인입니다. 주소를 잊어버려서 집에 갈 수 없으니 매우 곤란한 상황입니다."라고 말했다고 한다.

또한 아인슈타인은 사진사들, 화가들을 위해 포즈를 취해 주는 일이 엄청나게 많았다. 그러던 어느 날, 모르는 사람과 대화를 하던 중 상대방이 아인슈타인에게 직업을 물었다. 그러자 아인슈타인은 "예술가들에게 모델이 되어 주고 있죠."라고 대답했다.

그리고 아인슈타인이 어느 파티에 참석하여 18살짜리 여자아이 옆에 앉아 있었다. 여자아이는 아인슈타인에게 주로 어떤 일을 하냐고 물었다. 그러자 그는 "물리학을 공부하고 있지요."라고 대답했다. 여자아이는 "아저씨 나이에도요? 전 1년 전에 물리학 공부를 마쳤는데요."라고 이상하다는 듯이 그를 쳐다보았다.

어느 날 아인슈타인이 전보를 받았다. 그 내용은 아인슈타인이 일식 중에 태양 근처에 있는 별들의 위치가 변할 것이라고 예측한 이론이 심사를 통과했다는 것이었다. 그의 제자는 만약 논문이 통과하지 못했을 경우 아인슈타인의 반응이 궁금했다. 그러자 아인슈타인은 다음과 같이 답했다.

"그럴 경우, 하나님을 원망했을 거야. 왜냐하면 이 이론은 확실하게 옳거든."

특수 상대성 이론

빛이 파동이라면 다른 파동의 경우와 마찬가지로 파동이 운동할 수 있는 매질을 가져야 할 것이다. 과학자들은 파동이 지나가는 데 필요한 매질을 전파 매질propagating medium이라고 했다. 예를 들어, 수면파와 같이 물에 생기는 파동은 운동하기 위해 물이라는 전파 매질이 필요하다. 만약에 물이 없다면 수면파 등은 이동할 수 없을 것이다.

과학자들은 빛의 전파 매질을 쉽게 관찰할 수 없었다. 따라서 빛의 전파 매질을 이론적으로 정하여 이를 에테르ether라고 불렀으며, 에테르는 모든 공간에 배어있다고 가정했다. 그리고 에테르에 여러 가지 성질을 부여했다. 에테르는 투명하고 단단하며, 어떠한 경우라도 물질에 대한 저항이 없어야 했다. 또한 중력의 영향을 받지 않아야 했다. 에테르에 대한 개념은 우주를 설명할 수 있는 기준틀이 되었다. 예를 들어 지구는 에테르에 대해 상대적인 속도를 가진다고 했다. 따라서 태양이 에테르에 대해 상대적으로 정지 상태에 있다고 한다면 지구는 태양에 대해 상대적으로 움직인다고 할 수 있다는 것이다.

마이켈슨 – 몰리 실험 1880년대 초, 미국의 물리학자 알버트 마이켈슨과 에드워드 몰리는 에테르의 존재를 확인하기 위해 에테르 속을 지나가는 지구의 속도를 측정하기로 했다. 이 작업을 가장 수월하게 하는 방법

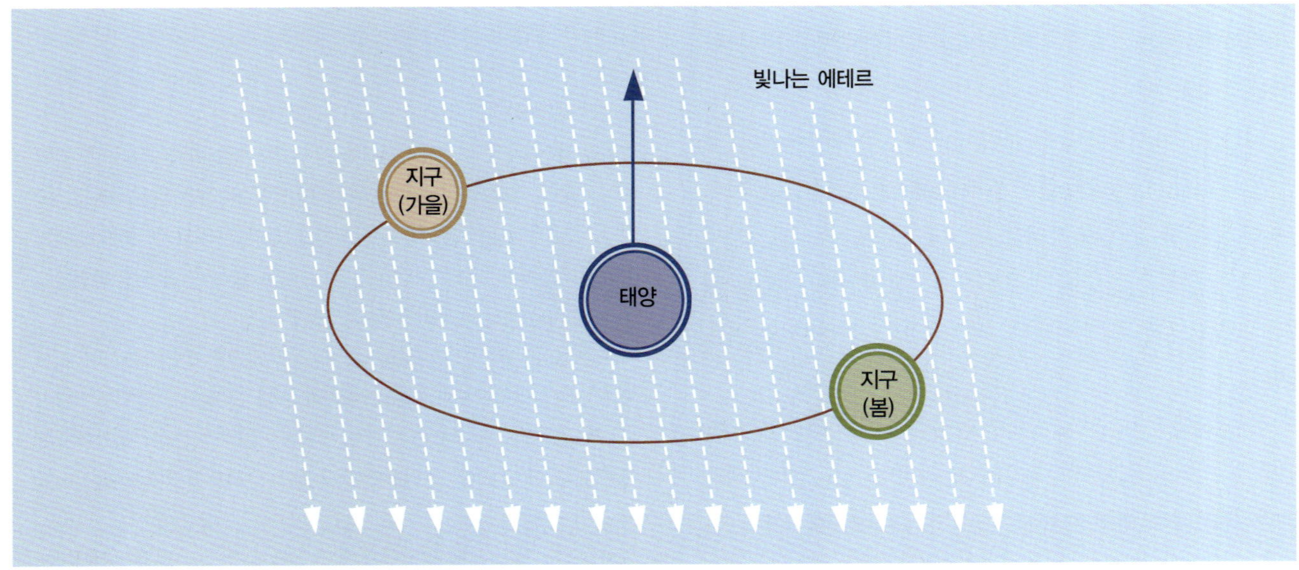

위 캘리포니아의 헌팅턴 도서관에서 촬영한 아인슈타인의 사진이다. 왼쪽에는 알버트 마이켈슨, 오른쪽에는 로버트 밀리컨이 있다.
아래 태양과 지구는 이론적으로 에테르에 둘러싸여 있다. 처음에 과학자들은 지구가 이 에테르 속에서 움직인다고 생각했다.

은 광선 light beam의 속도를 측정하는 일이었다. 광선은 에테르를 매질로 하여 전달되므로, 에테르를 지나가는 광선의 상대 속도는 일정하다. 따라서 지구는 태양 주변을 지구의 궤도 속도인 29 km/sec로 일정하게 움직일 것이다.

이때 지구가 운동하는 방향으로 광선을 쏘면 광선의 속도는 'c − 29 km/sec'로 관찰될 것이다. 여기에서 c는 빛의 속도를 나타낸다. 또한 광선을 지구가 운동하는 방향과 반대로 쏘게 되면 광선의 속도는 'c + 29 km/sec'가 되어야 할 것이다. 마이켈슨과 몰리는 실험으로 이 속도의 차이를 측정하고자 했다.

하지만 실험 결과는 그들의 예상과 완전히 달랐다. 광선을 쏘는 방향과 상관없이, 또 광선이 지구의 운동 방향과 같거나 반대가 되어도 빛의 속도는 언제나 c로 관찰되었기 때문이다. 다시 말해 지구의 운동은 광선 속도에 아무런 영향을 주지 않았다. 이것은 사람이 아무리 빠른 속도로 이동하는 물체에서 빛을 관찰하더라도, 빛은 언제나 c만큼 더 빠르게 즉, 항상 c의 속도를 유지한다는 것을 의미했다.

과학자들은 크게 놀라지 않을 수 없었다. 실험 결과의 앞뒤가 맞지 않았기 때문이다. 이 현상은 운동하는 물체의 크기가 줄어들기 때문이라고 밖에 설명할 수 없었다. 네덜란드의 과학자 로렌츠 H. A. Lorentz, 1853–1928와 아일랜드의 피츠제럴드 G. F. Fitzgerald, 1851–1901는 줄어드는 정도를 구하는 공식을 $L = L_0 Y$과 같이 만들었다. 여기서 L_0은 물체 본래의 길이, L은 관찰되는 물체의 길이이다. 그리고 $Y = \left(1 - \dfrac{v^2}{c^2}\right)^{\frac{1}{2}}$ 를 말한다. 또 v는 관찰자의 상대적인 이동 속도를 말한다. 그러나 이들은 왜 빛이 항상 동일한 속도를 유지하는지 그 까닭을 설명하지 못했다.

아인슈타인의 이론 마이켈슨 − 몰리 실험의 결과가 나온 지 여러 해가 지났지만, 실험 결과에 대한 올바른 해석을 내놓는 과학자가 없었다. 아인슈타인도 이 문제를 해결하기 위해 고민을 거듭했다. 1905년, 아인슈타인은 에테르의 존재를 배제하고, 빛의 속도가 일정하게 관찰되는 현상을 설명하는 논문을 발표했다. 그는 자신의 논문에서 다음과 같은 두 가지 가설을 제시했다.

1. 물리학의 법칙들은 모든 관성계에 동일하게 적용된다.
2. 진공에서 빛의 속도는 광원의 운동에 상관없이, 관측자의 움직임에 상관없이 항상 일정하다.

즉, 절대적인 운동이란 존재하지 않으며, 모든 운동은 상대적이라는 것이다. 그리하여 아인슈타인은 로렌츠와 피츠제럴드가 유도했던 공식과 동일한 공식을 유도했고, 이를 설명할 수 있게 된 것이다. 또한 상대성 이론은 여러 사실들을 예측했다. 예를 들어, 빛의 속도에 근접할수록 고정된 관찰자에 대해서 시간은 느려지고 질량이 증가한다.

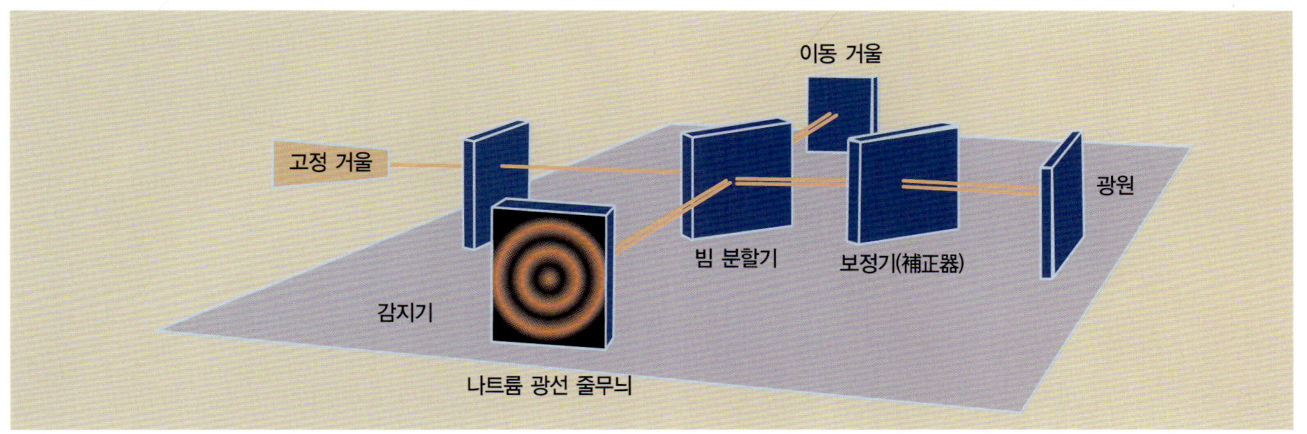

이 그림은 마이켈슨 − 몰리 실험에 사용되었던 마이켈슨의 간섭계를 나타낸 것이다. 광선은 분할기에서 나뉜 후, 절반은 한쪽 거울(이동 거울)로 가고, 나머지 절반은 다른 거울(고정 거울)로 간다. 그리고 반사 광선이 다시 합쳐져 감지기에서 간섭무늬를 형성한다.

빛의 속도와 쌍둥이 역설

아인슈타인의 특수 상대성 이론을 보면, 물체가 매우 빠른 속도로 운동할 때 운동하는 방향과 나란한 방향으로 물체의 길이가 줄어들고, 시간이 느려지고, 질량이 증가하는 것을 알 수 있다. 그런데 물체가 빛의 속도에 도달하면 더 이상한 현상들이 벌어진다. 빛의 속도에 가까워지면 모든 물체는 크기가 작아지고, 시간이 멈추며, 질량은 무한대로 증가한다. 현실에서는 이런 일이 일어나지 않으므로 빛의 속도에 도달하는 것은 불가능한 일로 여겨진다. 빛의 입자들만이 빛의 속도로 이동할 수 있으며, 물질은 빛의 속도에 근접할 뿐, 거기에 도달할 수 없기 때문이다.

위 다채로운 색깔
아래 빛의 속도에 가까운 속도로 이동하는 우주선을 나타낸 그림이다.

쌍둥이 역설 아인슈타인은 매우 빠른 속도에서 시간이 느려진다고 했다. 이 말에 따르면 지구에서 멀리 떨어져 있는 다른 행성으로 우주 여행이 가능하다. 가령 우주선이 $0.999c$에 해당하는 매우 빠른 속도로 이동하면 거리가 비교적 멀지 않은 행성까지는 몇 개월이라는 상대적으로 짧은 시간 안에 왕복할 수도 있다. 이 경우에 시간은 비행사의 시계를 기준으로 한 것이다.

그러나 아인슈타인의 공식에 의하면 우주선을 타고 여행할 때, 지구의 시간은 다르게 흐른다. 즉, 우주선이 짧은 시간 동안에 먼 거리를 여행할

어떤 화가가 매우 높은 상대 속도상에서 시간이 느려지는 현상을 해석하여 그린 것이다.

때, 지구는 엄청나게 오랜 시간이 지난다. 그러므로 비행사의 시계를 기준으로 한 달 정도 후에 지구로 돌아온다면 지구는 어쩌면 여러 해 또는 수백 년의 시간이 흘렀을 수도 있다.

재미있는 상상을 해보자. 지구에 25살의 쌍둥이가 있다. 그리고 쌍둥이 A가 우주선을 타고 매우 빠른 속도로 다른 행성으로 이동했다고 해 보자. 그가 지구로 돌아오면 그의 나이는 여전히 25살이고, 불과 한 달 정도의 시간이 흘렀지만 지구에 남아있던 다른 쌍둥이의 나이는 75살 이상이 될 수도 있다.

하지만 상대성 이론은 이 문제를 다른 방식으로 설명할 수 있다. 상대성 이론에서 모든 운동은 상대적이기 때문에 우주선에 타고 있는 쌍둥이가 가만히 있고, 지구가 우주로 떠났다가 돌아오는 것이라고 볼 수도 있는 것이다. 이럴 경우 젊음을 유지하는 것은 지구에 남아 있던 쌍둥이가 될 것이다. 하지만 아인슈타인은 일반 상대성 이론을 발표하면서 이 문제를 해결했다. 그의 이론에 따르면 쌍둥이 중 한 명만 가속으로 인한 힘을 경험하게 될 것이고, 그 힘을 겪은 쌍둥이가 젊음을 유지한다는 것이다.

아인슈타인과 그의 유명한 방정식을 그린 추상화이다.

세상에서 가장 유명한 식

아인슈타인의 상대성 이론은 시간과 공간의 여러 가지 미스터리를 걷어 냈을 뿐만 아니라, 태양을 포함해 별과 관련된 가장 큰 미스터리를 파헤치기도 했다. 이 미스터리는 바로, 별들이 에너지를 어디서 얻었는가에 대한 것이었다. 아인슈타인은 그의 새로운 이론을 통해 에너지에 대한 공식을 유도했고, 이 공식은 전 세계를 놀라게 했다. 이는 질량과 에너지가 서로 상관관계를 가지며 그 관계는 $E = mc^2$이라는 것이다. 여기서 E는 에너지, m은 질량, c는 빛의 속도를 말한다.

다시 말해, 질량을 에너지로 직접 전환시킬 수 있으면, 그 에너지의 양은 위의 공식에 따라 발생한다. c는 엄청나게 큰 수치(299,292 km/sec)이고, 그 제곱은 더더욱 큰 수치이기 때문에 매우 작은 질량에서도 엄청난 에너지를 얻을 수 있다. 이것이 바로 태양을 비롯한 별들의 에너지원이며, 원자와 수소 폭탄 그리고 원자력 발전의 에너지원이기도 하다.

일반 상대성 이론

1905년에 발표된 아인슈타인의 특수 상대성 이론은 직선 등속 운동에만 적용할 수 있었다. 아인슈타인은 이 이론을 가속도 운동에까지 확장시키기 위해 많은 노력을 기울였다. 이를 완성하는 데에는 약 10년이라는 세월이 걸렸다. 그는 특수 상대성 이론과 마찬가지로 두 가지의 가설로 시작했는데, 첫째는 그 어떤 관찰자도 운동 방식에 상관없이 실험을 통해 그 운동 상태를 측정할 수 있다는 것이다. 두 번째는 중력과 관성은 등가equivalent라는 것이다. 관성이란 우리가 가속도를 얻을 때 느끼게 되는 힘을 말한다. 두 번째 공리는 흔히 등가 원리라고 한다.

등가 원리 등가 원리에서 파생되는 여러 가지 일들을 이해하기 위해 건물 꼭대기 층의 엘리베이터에 관찰자가 타고 있다고 가정하자. 엘리베이터를 지탱하고 있는 케이블이 끊어진다면, 엘리베이터는 밑으로 추락하게 될 것이다. 이때 관찰자가 엘리베이터 안에서 뛰어오른다면 그는 우주에 있는 것처럼 공중에 뜨게 될 것이다. 이 상태에서 물체를 떨어뜨리려고 한다면, 물체는 바닥으로 떨어지지 않고 물체를 놓은 손 근처에 머무르게 될 것이다.

이제 엘리베이터가 우주를 향해 지구의 중력과 동일한 가속도 $9.8 \ m/sec^2$로 상승한다고 생각해

보자. 엘리베이터의 환경은 지구와 동일하기 때문에 관찰자는 자신이 지구에 있다고 생각하게 될 것이다. 이 상태에서 엘리베이터의 한쪽 벽에

위 엘리베이터 통로. 아인슈타인은 엘리베이터를 이용한 다수의 사고 실험을 제시했다.
아래 수성 궤도의 세차(precession) 운동을 나타낸 그림이다. 그림에 나타난 타원의 축의 위치는 일반 상대성 이론에 따라, 천천히 움직인다.

구멍을 뚫고 그 안으로 광선을 쏜다고 생각해 보자. 엘리베이터는 상승하고 있으므로 광선은 엘리베이터를 가로지를 때 아래로 편향하게 될 것이다. 아인슈타인은 이러한 현상이 등가 원리로 인해 중력장에서도 동일하게 일어날 것이라고 했다. 즉, 중력장도 광선을 편향시키게 될 것이라는 말이다.

중력과 휜 공간 1916년에 발표된 아인슈타인의 일반 상대성 이론은 대단한 이론이었다. 약 300년 전에 발표된 뉴턴의 역학 법칙과 마찬가지로 중력을 다룬 이론이었으나 뉴턴과는 전혀 다른 방식으로 중력을 설명했다. 뉴턴은 중력을 원거리에서 작용하는 힘이라고 했으나 아인슈타인은 휜 공간이라고 주장했다.

아인슈타인의 이론에 의하면, 우주 공간은 휘었기 때문에 일반적인 유클리드 기하학으로 이를 설명할 수 없었다. 그는 독일 수학자 리만이 개발한 비非유클리드 기하학을 이용했다. 리만의 기하학은 공과 같이 볼록한 곡면positively curved을 설명한 것이었다. 삼각형의 내각의 합을 구한다고 했을 때, 유클리드 기하학을 사용하는 경우와 리만의 기하학을 사용하는 경우는 값이 다르게 나타난다. 유클리드의 기하학에 의하면 평면 삼각형의 경우 내각의 합은 180°가 된다. 하지만 지구 표면과 같은 곡면에서는 그 합이 180°를 넘게 되는 것이다. 아인슈타인은 곡면에 대한 이론을 개발하면서 비유클리드 기하학을 사용했다. 그는 물질이 공간을 휘게 한다고 생각했고, 다른 물질이 이 휘어진 공간에 들어오면, 이 물질은 휘어진 공간에서 가장 짧은 구간을 경유하여 이동한다고 생각했다. 물질이 경유하는 지점을 이은 선을 측지선이라고 한다.

공간 자체가 휘었기 때문에, 그 속에 있는 우리에게는 측지선이 곡선으로 보이지 않는다. 즉, 태양은 그 주변 공간을 휘게 만들고, 지구를 포함한 모든 행성은 이 휜 공간의 측지선을 따라 움직이지만, 우리 눈에는 행성의 운동이 곡선으로 보이지 않는다.

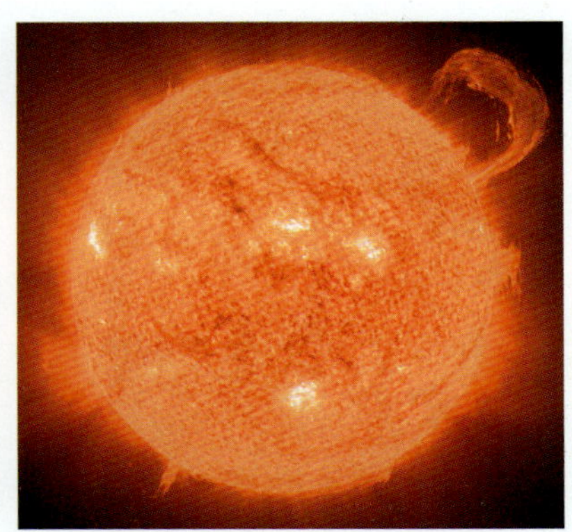

태양을 확대한 사진이다. 아인슈타인의 이론에 따르면 태양은 주변 공간을 휘게 만들고, 지구를 포함한 행성들은 이 휜 공간에서 측지선을 따라 움직인다고 한다.

아인슈타인이 예측한 것 중에는 중력장이 크게 작용할 때 시계가 느리게 작동한다는 의견이 있다. 그림과 같은 빌딩 꼭대기에 있는 시계는 1층에 있는 시계보다 더 빨리 작동하게 된다.

이론 시험하기

아인슈타인은 일반 상대성 이론을 증명할 수 있는 여러 가지 방법을 제시했다.

첫 번째는 태양 근처를 지나는 별빛의 편향을 관측하는 것이었다. 이것은 1919년 아서 에딩턴이 관측으로 확인했다.

두 번째는 수성의 궤도에 관한 것이었다. 수성의 궤도는 공전하면서 항상 동일한 궤도를 도는 것이 아니라 타원의 축이 조금씩 회전하는 세차 운동을 한다. 오랫동안 수성의 세차 운동은 이해할 수 없는 현상이었고, 뉴턴의 역학으로 설명이 불가능했다. 그래서 사람들은 태양 건너편 안 보이는 곳에 또 다른 행성이 숨어있을 것이라고 상상하기도 했다. 그런데 아인슈타인의 상대성 이론이 그에 대한 답을 제시한 것이다. 수성은 태양에서 가장 가까운 행성이므로, 태양 중력장의 영향을 가장 많이 받는다. 이 중력장의 영향 때문에 수성의 자전 속도에 변화가 생겨 세차 운동이 일어나는 것이다.

세 번째는 중력장이 증가할 때 시간이 느려진다는 것이다. 이는 초고층 빌딩 꼭대기에 사는 사람이 1층에 사는 사람보다 빨리 늙는다는 것을 의미한다. 하지만 이 경우 그 차이는 매우 작다. 이것도 실험으로 증명되었다.

핵융합, 핵분열 그리고 핵폭탄

왼쪽 수소 폭탄이 폭발되는 장면이다.
위 원자력 발전소
아래 입자 물리학자들의 사진. 사진에는 좌측에서 우측으로 닐스 보어, 아내와 함께 있는 유카와 히데키, 로버트 오펜하이머가 보인다. 보어는 최초의 원자 양자 모형을 개발했고, 유카와 히데키는 중간자(meson)를 발견했으며, 로버트 오펜하이머는 뉴멕시코 로스 알라모스에서 원자 폭탄을 개발한 미국의 연구 팀을 이끌었다.

아인슈타인이 에너지와 물질의 상관관계를 밝힌 후, 활발한 토론과 연구가 진행되었다. 물질을 에너지로 전환시키는 것이 가능한가? 만약 그렇다면, 이를 어떻게 얻을 수 있을까?

아인슈타인을 비롯한 여러 과학자들은 물질에서 에너지를 얻는 일에 회의적이었다. 아인슈타인은 그 가능성에 대한 질문을 받았을 때 "이 에너지를 실제로 획득할 수 있을 것이라는 정황은 전혀 보이지 않는다. 이를 획득하기 위해서는 원자를 자유자재로 파괴할 수 있어야 한다. 그러나 원자가 분해되는 것은 자연이 직접 이를 행할 때뿐이다."라고 답했다.

오늘날, 우리는 아인슈타인의 답변이 잘못되었다고 생각한다. 하지만 이 에너지를 얻는 과정은 아인슈타인이 예상한 것처럼 어려웠다. 원자핵 에너지를 현실화하는 데 필요한 핵심적인 발견은 1939년 두 사람에 의해 이루어졌다. 이들은 우라늄에 중성자를 쏘는 실험을 하던 중, 실수로 기이한 현상을 발견했다. 그들은 실수의 원인을 밝히기 위해 연구를 한 결과 물질을 에너지로 전환시키는 마술 봉이 핵분열의 과정임을 깨닫게 되었다. 핵분열을 통해 헤아릴 수 없는 양의 에너지를 얻을 수 있게 된 것이다.

그러나 원자핵에서 방출되는 에너지는 너무 컸다. 인류가 필요로 하는 에너지를 수년간 충당할 수 있을 정도였다. 이와 동시에 이 에너지는 폭탄을 만드는 데에도 사용될 수 있었다. 비슷한 시기에 핵융합이라는 공정을 통해 핵분열보다 더 큰 에너지원이 발견되었다. 이 두 가지를 발견함에 따라, 인류는 원자핵 시대에 돌입하게 되었다.

보다 더 안정적인 핵

1920년대에 이르러, 원자의 핵이 정전기적 힘을 통해 전자들을 잡고 있다는 사실이 널리 알려졌다. 하지만 핵이 어떤 방식으로 핵자nucleons를 잡고 있는지는 여전히 의문이었다. 확실한 것은 이 핵자들 사이에 정전기적 인력이 작용하는 것은 아니었다. 실제로 양성자 사이에는 반발력이 크게 작용하고 있기 때문이다. 핵입자를 잡고 있는 힘이 어떤 것이든지, 이 정전기적 반발력보다 큰 것은 확실했다. 또 이 힘은 핵 주변을 돌고 있는 전자에 영향을 미치지 않아야 하기 때문에, 근거리에 있는 입자에 한하여 작용해야 했다. 이런 점도 정전기적 힘과 구별되는 것이었다. 또한 적어도 세 종류 이상의 힘이 작용하고 있어야 하는데, 한 힘은 양성자를 핵에 잡아두고, 또 한 힘은 중성자를 핵에 잡아두고, 나머지 힘은 양성자가 중성자를 잡아두는 데 작용해야 했다.

양자 역학의 발견으로 과학자들은 정전기적 힘이 작용하는 방식에 대한 생각을 크게 바꾸었다. 양자 역학의 관점에 따르면 정전기 현상은 입자 사이의 교환, 즉 광자 사이에서 일어나는 교환을 통해 일어났다. 음전하의 전자는 양전하의 양성자에 이끌리게 되는데, 그 결과 두 입자는 광자를 교환하게 되는 것이다.

1935년, 일본의 물리학자 유카와 히데키Yukawa Hideki, 1907–1981는 이 개념을 핵까지 확장시키기로 했다. 그는 핵자 사이를 왕복하는 입자로 인해 형태를 유지한다고 생각했는데, 이 힘을 강한 핵력strong nuclear force이라고 불렀

중간자qq̄					
중간자는 강입자(bosonic hadron)이다. 중간자에는 140여 가지 종류가 있다.					
기호	이름	쿼크 내용	전기 전하	질량 $G = V/c^2$	스핀
π^+	파이온	ud	+1	0.140	0
K^-	케이온	su	−1	0.494	0
ρ^+	로	ud	+1	0.770	1
B^0	B 중간자	db	0	5.279	0
η_c	에타 중간자	cc	0	2.980	0

위 원자 모형을 나타낸 그림
아래 중간자는 쿼크–반쿼크의 쌍으로 구성된 입자다. 이 표는 140여 가지의 중간자 중, 5개의 예를 보여준다. 표에 표시된 쿼크 내용은, 그 쿼크 쌍을 나타낸다.

다. 이 힘은 근거리에만 작용해야 했기 때문에, 핵이 교환하는 입자는 질량을 가질 수밖에 없었다. 유카와는 그 질량이 전자보다 200배 크다는 것을 알게 되었다. 또한 유카와는 양성자와 중성자 사이의 인력도 고려했다. 그는 양성자와 중성자 사이에 교환되는 입자는 전하를 가질 수밖에 없다고 생각했다. 예를 들어 중성자가 이 입자를 흡수하면, 중성자는 양성자로 변하면서 광자를 방출하게 되고, 반대로 양성자가 광자를 방출하는 경우에는 중성자로 변하게 되는 것이다.

유카와는 이 이론을 1935년에 발표했다. 그가 존재할 것이라고 예측한 입자의 질량 크기는 전자와 양성자 혹은 중성자의 질량의 중간이었기 때문에, 이를 중간자meson라고 불렀다.

1936년, 미국의 물리학자 칼 앤더슨Carl David Anderson, 1905-1991도 비슷한 입자를 발견했다. 그 질량은 전자보다 130배 컸는데, 그는 이를 뮤입자 또는 뮤온muon이라고 불렀다. 이 입자는 곧 핵과 상호 작용하지 않는다고 밝혀졌는데, 이를 통해 유카와가 발견한 입자와 다르다는 사실이 알려졌다.

1947년에는 영국 물리학자 파월Cecil Frank Powell, 1903-1969이 새로운 중간자를 발견했다. 그는 이를 파이 중간자, 또는 파이온pion이라고 불렀다. 이 입자는 유카와가 발견한 입자와 동일한 성질을 가졌다. 1949년에 유카와 히데키는 이 입자를 예측한 공로로 노벨상을 수상했다. 그의 이론을 검증했던 칼 앤더슨과 파월도 노벨상 수상자가 되었다.

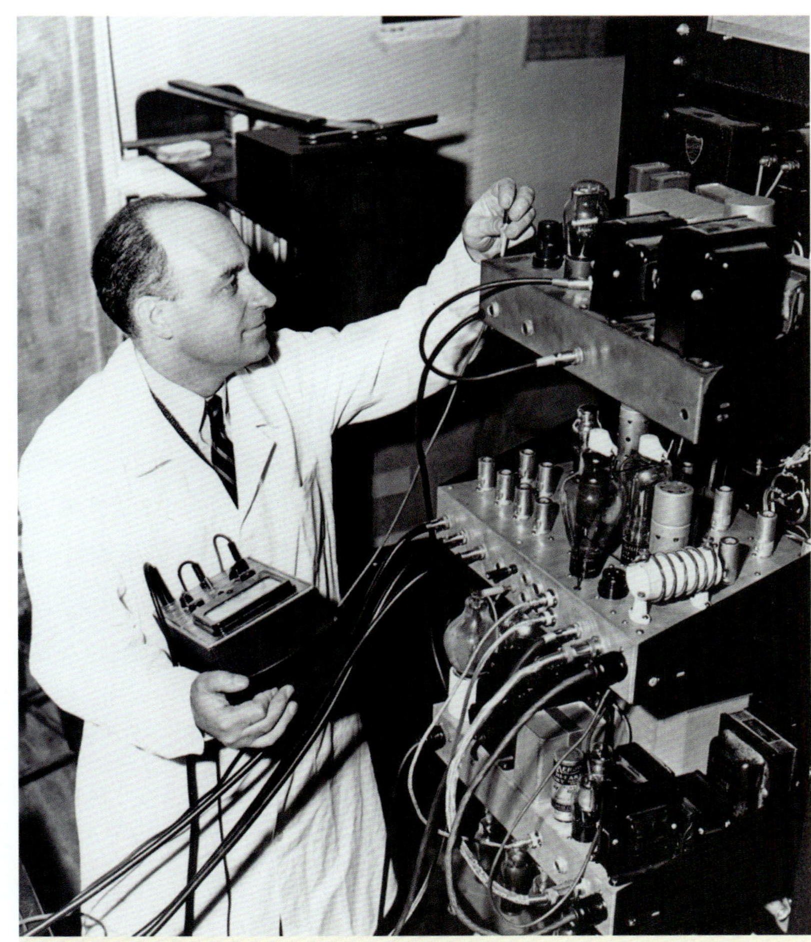

이탈리아계 미국 물리학자 엔리코 페르미. 그는 1942년에 시카고 대학교에서 최초의 핵원자로를 제작했다.

핵에 중성자 쏘기

이탈리아의 물리학자 엔리코 페르미(Enrico Fermi, 1901-1954)는 핵반응, 즉 핵과 입자들 사이에서 에너지가 방출되거나 흡수되는 반응이 일어날 때, 중성자의 속력이나 에너지가 소량으로 핵과 작용하는 것이 더 효과적이라는 사실을 발견하였다. 중성자의 에너지가 낮으면 핵 근처에 더 오래 머무르면서 더 완전하게 반응하는 것을 알아낸 것이다.

페르미는 먼저 핵에 중성자를 쏘는 실험을 하면서 어떤 종류의 핵반응이 일어나는지를 관찰했다. 그는 당시에 알려진 원자 중에서 핵이 가장 무거웠던 우라늄에 관심이 많았다. 그는 우라늄에 중성자를 쏘게 되면, 우라늄이 아닌 새로운 핵 또는 원소를 만들 수 있을 것이라고 생각했다. 그는 자신이 의도한 대로 실험에 성공했고, 이를 우라늄-X라고 명명했다.

그러나 페르미는 자신이 예상하지 못했던 핵분열 현상을 발견했다. 그 발견이 가까운 미래에 물리학에서 엄청나게 중요한 비중을 차지하게 될 것인지, 또 어떤 불행을 가져오게 될 것인지 처음에는 알아차리지 못했다.

핵분열

1939년, 베를린의 카이저 빌헬름 연구소의 오토 한과 슈트라스만이 우라늄에 중성자를 쏘는 실험을 하던 중, 바륨이 생성되는 것을 발견하고 크게 놀랐다. 바륨의 질량은 우라늄의 절반 수준이었는데 실험 과정에서 바륨이 생성될 만한 특별한 반응이 있었다고 생각하기가 어려웠다. 오토 한은 물리학자인 마이트너Lise Meitner, 1879–1968에게 편지를 보내 실험 결과에 대한 의견을 물었다.

편지를 받은 마이트너는 마침 자신의 집을 방문한 조카 오토 프리시Otto Frisch, 1904–1979에게

의견을 물었다. 두 사람은 우라늄 핵이 중성자를 흡수하면서 발생한 현상이 무엇인지를 고민했다. 그리고 중성자를 흡수한 우라늄 핵이 불안정해지면서 진동하기 시작했고, 이로 인해 반으로 쪼개졌다고 생각하게 되었다. 우라늄이 반으로 쪼개지면 질량은 절반으로 줄고, 그 과정에서 바륨이 생성되었을 것이라고 결론지었다. 마이트너는 이런 과정을 수학적으로 따져 보았는데, 실험 결과와 계산값이 일치하였다. 그녀는 우라늄이 "쪼개졌다."고 하여 이를 핵분열이라 불렀다.

마이트너와 오토 프리시는 이러한 내용을 닐스 보어에게 전해 주었다. 뉴욕으로 간 보어는 이 소식을 과학자들에게 알렸고, 정보는 빠른 속도로 물리학계에 퍼져 나갔다. 독일의 나치 정권을 피해 미국으로 온 헝가리 출신의 물리학자 실라드Leo Szilard, 1889–1964는 이 소식을 들은 후, 독

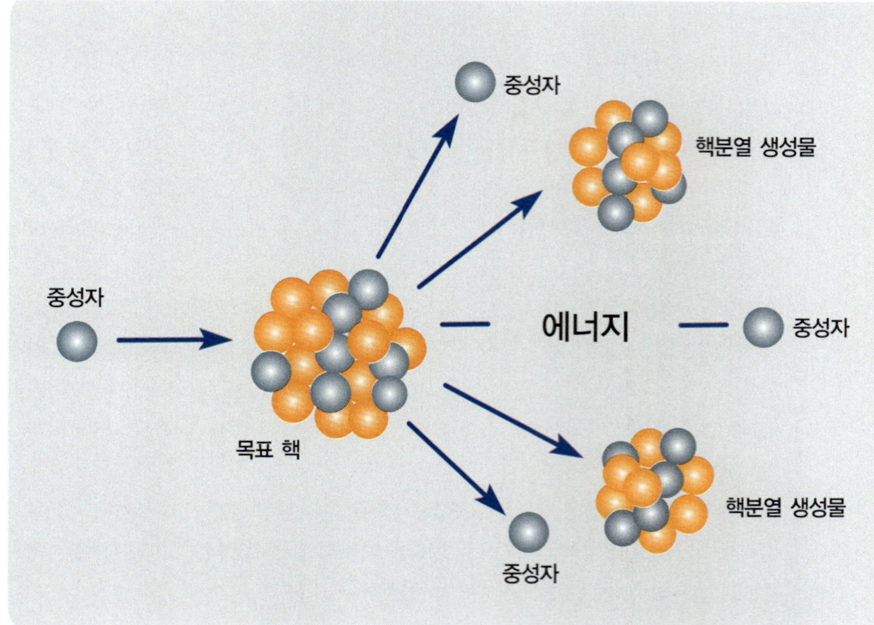

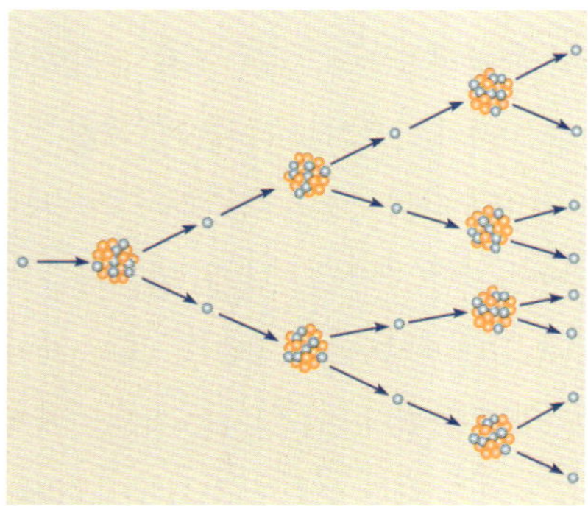

위 원자력 발전소의 굴뚝
아래 왼쪽 핵분열을 간단하게 표현한 그림이다. 중성자는 원자핵과 부딪혀 핵분열을 유발시킨다. 핵은 분열하면서 새로운 중성자를 방출하고, 이들 중성자들이 다시 인접한 다른 핵들을 분열시키는 과정이 반복된다.
아래 오른쪽 핵분열로 일어나는 연쇄 반응을 나타낸 그림이다.

일에서 먼저 원자 폭탄을 만들 수도 있을 것이라고 걱정했다. 그래서 그는 독일보다 미국이 먼저 원자 폭탄을 만드는 것이 낫다고 생각했다. 실라드는 루즈벨트 대통령에게 전하려고 작성한 편지를 들고 아인슈타인을 찾아갔다. 그리고 본인이 작성한 편지에 서명해줄 것을 부탁했다. 편지는 루즈벨트 대통령에게 전해졌고, 약 1년 후 엔리코 페르미를 감독관으로 맨해튼 프로젝트가 시작되었다. 1942년 12월, 시카고 대학교에서 과학자들은 원자 폭탄의 가능성을 실험으로 확인했다. 최초의 원자 폭탄은 1945년 뉴멕시코 앨라모고도에서 시험적으로 폭파되었고, 그로부터 1주일이 채 지나기도 전에 히로시마와 나가사키에 투하되었다.

폭탄의 제조 자연산 우라늄에는 U−238과 U−235 두 종류의 동위 원소가 있다. 이 중에서 핵분열을 일으킬 수 있는 것은 U−235뿐이기 때문에 폭탄 제조의 첫 단계는 U−235를 추출하는 과정이었다. 자연산 우라늄에는 U−235가 0.7 % 정도만 존재하기 때문에 매우 많은 양의 우라늄이 필요하다. 또한 이 두 동위 원소는 매우 유사해서 화학적인 방법으로는 분리하기 어렵고, 물리학적 방법인 확산 diffusion과 원심 분리를 사용해야 한다. 두 번째 단계는 필요한 U−235 양을 결정하는 것이다. 그 해답은 연쇄 반응을 이해해야만 얻을 수 있다.

연쇄 반응이 무엇인지 알아보기 위해 U−235 덩어리를 생각해 보자. U−235에 중성자를 쏘면 하나의 핵은 분열하여 2개 이상의 중성자를 방출하게 되고, 이 중성자들은 다시 다른 핵을 분열시켜 더 많은 중성자를 만들고, 이로 인해 다른 핵들이 반복되어 분열되는 과정이 발생한다. 그 과정은 다음과 같다.

1↦2↦4↦8↦16↦32↦64

이 과정은 순식간에 몇십 억 단위에 이를 정도로 일어나고, 시간으로 따지면 백만분의 일 초 안에 일어나게 된다.

그런데 가장 큰 문제점은 이 반응을 지속적으로 유지시키는 것이었다. 필요한 U−235의 양은 이 과정에서 결정되는데, 우라늄의 크기가 너무 작으면 대부분의 중성자는 핵분열을 일으키지 않고 표면을 빠져나가게 된다. 반면 크기가 너무 크면 너무 빠른 속도로 폭발하게 되어 대부분의 핵이 분열하지 않게 된다. 핵분열이 일어날 수 있는 적당한 크기를 임계 크기라고 한다.

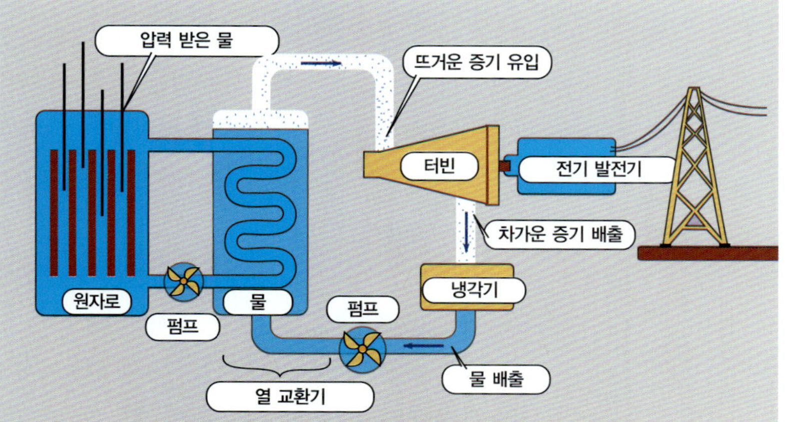

핵원자로를 나타낸 모형 그림이다. 원자로가 수증기를 이용하여 전기 에너지를 발전시키는 방식을 보여준다.

핵원자로

핵원자로는 원자 폭탄을 '느리게' 진행시킨 것과 비슷하다. 이 경우에서 에너지를 한 번에 얻는 것이 아니라 긴 시간에 걸쳐 조금씩 얻게 되는데, 이로 인해 에너지를 통제할 수 있고 사람이 사용할 수 있는 형태로 만들 수 있다.

원자로는 외부에서 중성자를 얻어야 하기 때문에, 원자로가 핵폭발을 겪을 일은 없다. 원자로에는 또 감속재(moderator)라는 것이 필요한데, 이는 중성자의 속도를 느리게 만드는 물질이다. 감속재 중 가장 뛰어난 것은 흑연과 중수이다. 또 원자로에서 우라늄(혹은 기타 분열이 가능한 물질)은 대체로 막대 형태로 사용되는데, 이 봉들은 감속재 안에 놓이고 제어봉이라는 다른 종류의 봉과 함께 퍼져있게 된다. 원자로 내에서 핵반응의 속도는 증가될 수도 있고 감소될 수도 있는데, 이는 제어봉의 위치를 바꾸면 얻을 수 있는 효과다. 물과 같은 냉각수도 원자로를 시원하게 유지하기 위해 사용된다.

핵원자로는 주로 동력을 얻기 위해 쓰이지만, 다른 목적에 사용되기도 한다. 원자로는 중성자를 지속적으로 공급하고, 다양한 핵반응을 유도한다. 그리고 다양한 분열 가능 물질을 만들고, 의학 분야에 사용될 동위 원소를 개발하기도 한다.

핵융합

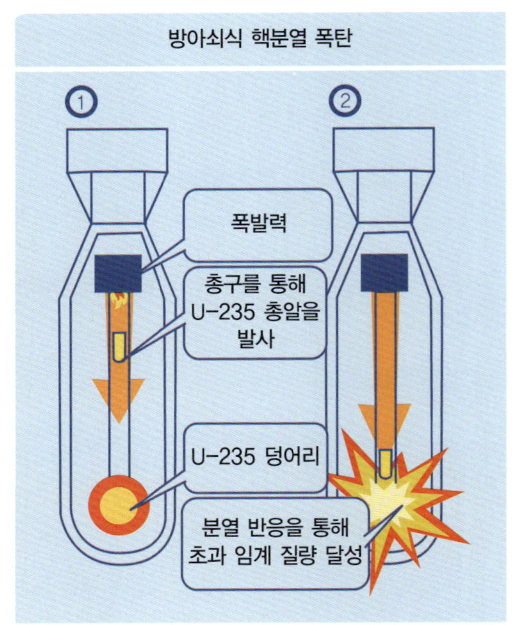

위 새로 태어나고 있는 수많은 별들
아래 1945년에 히로시마에 투하된 것과 같은 형태의 원자 폭탄이다. 그림 1에서 임계 크기 이하의 U-235 덩어리들은 분리하여 보관한다. 그림 2에서 폭발력으로 인해 두 덩어리는 연쇄 반응을 일으켜 폭발하게 된다.

핵에너지를 얻고자 할 때 사용할 수 있는 방법은 핵분열만 있는 것이 아니다. 가벼운 핵끼리 만나 융합할 때도 어마어마한 양의 에너지가 생산된다. 사실 이 일은 태양을 비롯하여 별에서 일어나는 과정이기도 하다. 그리고 수소 폭탄을 제조할 때 사용되기도 한다. 후자의 경우에는, 가장 가벼운 원소인 수소와 그 동위 원소인 중수소, 삼중 수소가 사용된다.

태양에서는 4개의 수소 핵이 만나 융합되는데, 이로 인해 헬륨 핵이 생성되어 우주로 복사된다. 지구는 이 에너지의 일부를 빛과 열의 형태로 받는다. 하지만 태양에서 일어나는 반응은 굉장히 느리다. 수소 폭탄을 제조하기 위해서는 이보다 매우 빠른 과정이 필요한데, 중수소와 삼중 수소를 이용하면 반응이 훨씬 빠르게 일어난다.

수소 폭탄 핵융합 반응을 일으킬 때 필요한 것은 아주 높은 온도의 열이다. 이를 얻을 수 있는 가장 쉬운 방법은 원자 폭탄을 폭발시키는 것이다. 그렇기 때문에 수소 폭탄은 액체 수소중수소를 담는 큰 용기chamber와 원자 폭탄으로 구성된다. 원자 폭탄이 폭발하면 수소 융합을 일으키는데, 이로 인해 더욱 큰 폭발이 일어나게 되는 것이다.

수소 폭탄의 파괴력에는 한계가 없다. 앞에서 알아본 것처럼 원자 폭탄은 우라늄 덩어리의 임계 크기 때문에 크기에 제한을 받는다. 반면 수소 폭탄에는 제한이 없기 때문에 어마어마한 파괴력을 가진 폭탄을 만들

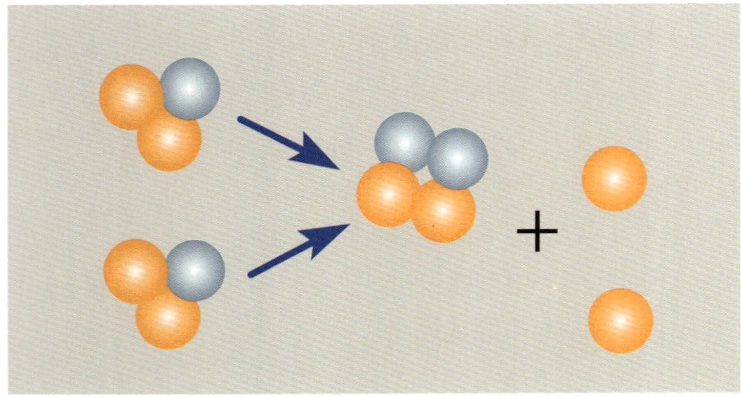

태양에서 발생하는 양성자-양성자 반응을 단순한 그림으로 나타낸 것이다. 두 개의 헬륨-3 핵들은 충돌하여 헬륨-4를 형성하면서 두 개의 양성자를 방출한다. 이 과정의 첫 단계는 표현되지 않았다.

수 있다. 두 폭탄을 비교하면, 히로시마에 투하된 원자 폭탄은 10 Kt 킬로톤의 폭탄이는 TNT 10,000 t에 달하는 위력이다 인 반면에 지금까지 제조된 수소 폭탄은 20 Mt 메가톤, 2억 t 심지어 50 Mt 폭탄도 있다.

별에서 일어나는 핵융합 태양 에너지는 4개의 수소 핵이 헬륨 핵으로 융합되면서 발생한 것이다. 하지만 이 과정은 단순히 4개의 수소 핵이 서로 만나는 것보다 훨씬 복잡하다. 태양에서 일어나는 사이클은 다른 별에서도 흔히 일어나는데, 이를 양성자 – 양성자 순환이라고 한다.

양성자 – 양성자 순환은 1930년대에 물리학자 한스 베테 Hans Bethe, 1906–2005가 발견한 것이다. 이 순환이 작동하기 위해서는 별 중심의 온도가 약 1000만–1500만 K여야 한다. 양성자 – 양성자 순환은 먼저 중양성자 deuteron의 생성으로 시작한다. 여기서 중양성자란 중수소의 원자핵을 말한다. 중양성자가 양성자와 부딪히게 되면 헬륨 – 3 ^{3}He, 헬륨의 동위 원소으로 변한다. 결국 2개의 ^{3}He는 서로 융합하여 ^{4}He를 형성하게 된다. 이 과정은 몇 백만 년이 걸리지만 몇십 억 개의 입자들이 무작위로 이런 순환을 겪기 때문에 지속적으로 다량의 에너지가 생산된다. 태양에서는 매초마다 약 51억 2천만 t의 수소가 50억 8천만 t의 헬륨으로 전환되고 있다. 차이가 나는 4천만 t이 아인슈타인의 공식에 따라 에너지로 전환되는 것이다.

별에서 일어나는 것은 양성자 – 양성자 순환뿐만이 아니다. 별 중심의 온도가 1억 5천만 도보다 더 뜨거워지면 탄소 순환을 한다. 이 경우에도 수소는 헬륨으로 변하게 되는데 여기서 탄소는 일종의 촉매 역할을 한다. 온도가 극단적으로 높은 별에서는 트리플 알파 순환이 일어나기도 한다. 이 경우에 3개의 헬륨 핵알파 입자은 서로 만나 탄소 핵을 만든다.

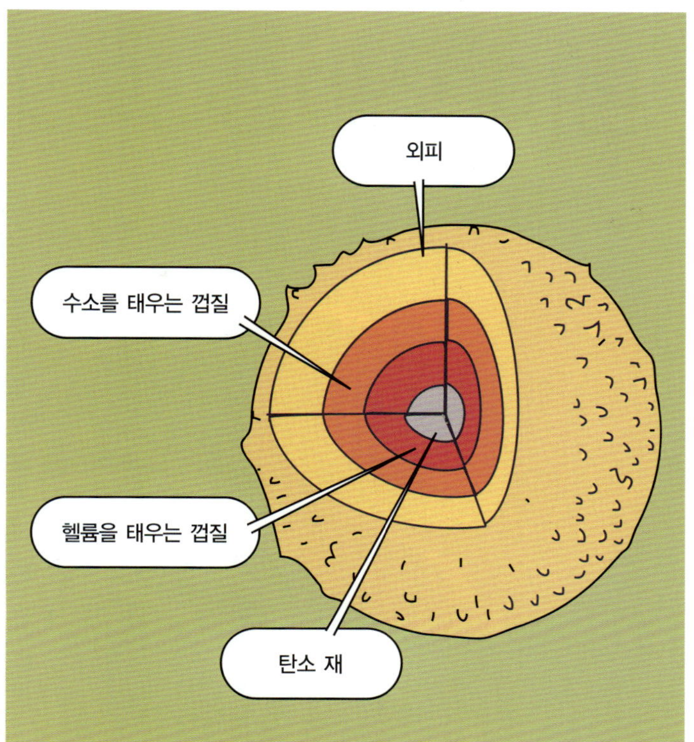

태양의 단면도이다. 태양 중심 근처에 '수소를 태우는 껍질(hydrogen burning shell)'이 나타나 있다. 태양 외곽 층은 수소가 타고 있지 않은 외피로 구성된다. 그 아래에는 수소를 태우는 껍질, 그 안에는 헬륨을 태우는 껍질, 태양의 중심에는 탄소 재가 있다.

새로운 원소와 새로운 별의 탄생

우주의 원소들은 어디에서 왔을까? 이 질문은 오랜 세월 천문학에서 다루었던 중요한 연구 주제였다. 이론적으로 대부분의 원소들은 우주가 형성될 당시에 생길 수 없다. 이 의문은 천문학자들이 크기가 큰 별의 중심에서 일어나는 일에 대한 이론을 세우면서 해결되었다.

흔히 '타고 있는'으로 표현되는 수소의 재는 헬륨으로 나타나며, 별 중심부의 온도가 상승하면서, 더욱 높은 온도에서 핵융합이 일어난다. 각 경우에서 타고 남은 재는 별의 중심부로 내려가지만 별 내부로 들어가면서 상승한 압력에 의해 다시 타기 시작한다. 이와 같은 과정이 반복되어, 별은 여러 층에서 연소가 일어나게 된다. 크기가 매우 큰 별의 중심부를 눈으로 볼 수 있다면, 각 층에서 수소, 헬륨, 탄소, 네온, 산소, 비소, 철이 타고 있는 껍질을 볼 수 있을 것이다.

하지만 별 중심부가 철로 이루어지게 되면 더 이상 타지 않는다. 이 단계에서 별은 불안정해지면서 초신성의 형태로 폭발하게 된다. 이 과정에서 철을 비롯하여 무거운 원소들이 생성된다. 초신성 뒤에 남는 기체 잔해는 다시 응결되어 새로운 별을 형성하게 되는데, 이 별들로 무거운 원소들이 흘러들어가게 된다.

CHAPTER 12

표준 모델

왼쪽 첨단 감지기를 이용해 관찰한 입자들의 상호 작용
위 브룩헤이븐 국립 연구소에 있는 가속기이다. 이 장치는 1950년대 초까지 세계에서 가장 강력한 가속기였다. 또 가속기 외부에서 실험을 할 수 있도록 외부 입자광선(external beam of particles)을 제공한 최초의 싱크로트론 가속기이기도 하다.
아래 페르미 연구소의 테바트론 입자 가속기의 통제실 중 하나이다.

양자 역학이 개발된 후 몇 년 동안, 물리학자들에게는 입자와 전기장 같은 장 field 사이의 상호 작용을 이해하는 것이 매우 중요한 과제였다. 하지만 자연에는 여러 종류의 입자들이 상호 작용을 통해 빛의 속도로 움직였기 때문에 이를 상대론적으로 다루어야 했다.

당시에는 양자들의 운동을 설명할 때, 슈뢰딩거의 방정식을 널리 사용했는데, 이 방정식은 상대론적인 개념이 부족하여 새로운 방정식이 필요했다.

1928년 영국의 물리학자 폴 디랙 Paul Dirac, 1902~1984 이 새로운 방정식을 고안했고, 이 방정식을 디랙의 방정식이라고 불렀다. 이 방정식은 스핀 값이 2분의 1인 입자에도 적용할 수 있었는데, 이를 충족하는 입자들은 전자들이었다. 그러므로 이 방정식은 전자들과 관련된 상호 작용 모두를 규명할 수 있었다.

그 후로 여러 과학자들의 성과들이 종합되어 1970년대에 표준 모델이라는 것이 개발되었다. 현재 입자 물리학에서 밝혀낸 대부분의 현상은 이 표준 모델 이론을 통해 설명된다.

표준 이전의 시대

디랙의 방정식은 전자 에너지에 대해 이상한 결과를 제시했다. 전자가 양 에너지positive energy뿐만 아니라 음 에너지negative energy를 가질 수도 있다고 예측한 것이다. 이는 양 에너지와 음 에너지 사이의 전이가 가능하다는 것을 의미했지만, 이런 현상은 관찰되지 않았다.

1929년, 디랙은 음 에너지 상태의 '바다'가 가득 차 있기filled 때문에 양 에너지가 음 에너지로 전환되는 것은 불가능하다고 이야기했다. 하지만 반대로 음 에너지가 양 에너지로 전환되는 것은 가능하다고 이야기했는데, 이로 인해 음 에너지의 바다에는 관찰할 수 있는 '구멍'이 생기는 것이다. 그 결과 전자와 동일하게 생겼지만 양전하를 가지는 입자가 생기게 되었다. 즉, 양전하를 띤 전자가 존재한다는 것이다. 몇 년 후

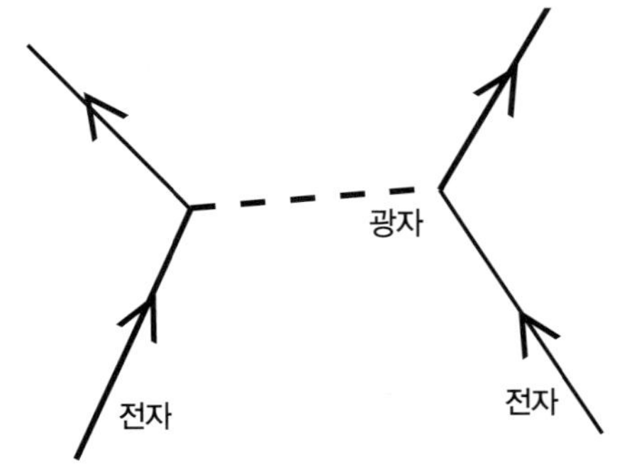

위 폴 디랙은 그의 이론을 통해 최초로 전자스핀을 설명했다. 그는 동일한 이론으로 전자의 반입자인 양전자의 존재를 예측했다. **아래** 파인만의 다이어그램을 이용해 두 전자의 충돌을 나타내고 있다.

에 이런 양전하 전자, 즉 양전자가 캘리포니아 공과대학교의 칼 앤더슨Carl Anderson에 의해 발견되었다.

양전자는 현재 전자의 반입자antiparticle로 간주되는데, 이 입자가 전자와 충돌하게 되면 광자의 형태로 에너지를 방출하면서 서로 파괴된다. 이와 같은 발견을 통해 과학자들은 모든 입자가 반입자 쌍을 가진다고 생각하게 되었다. 예를 들어 양성자에는 반양성자가 존재한다는 것이다.

파인만과 양자 전기역학 물리학자들은 디랙의 방정식을 활용하여 전자와 광자 등의 입자들이 상호 작용하는 방식과 그 결과를 계산해낼 수 있게 되었다. 이를 이용한 단순한 1차적first-order 계산은 실험 결과와 잘 부합했다. 과학자들은 보다 고차원적인 계산은 1차적 계산 결과를 수정하면 정확도가 높아질 것이라고 기대했다. 하지만 놀랍게도 2차적 계산은 무한대로 발산했다. 이는 입자 사이의 상호 작용을 정확하게 계산할 수 없음을 의미했다.

1948년 독자적으로 연구를 하던 3명의 물리학자들이 정확하게 계산을 수행할 수 있는 방법을 발견했다. 이들은 하버드 대학교의 줄리안 슈윙거Julian Schwinger, 1918-1994, 캘리포니아 공과대학교의 리처드 파인만Richard Feynman, 1918-1988, 일본의 도모나가 신이치로Tomonaga Shinichiro, 1906-1979였다. 이들이 사용한 것은 환치 계산법이었다. 이로 인해 그들은 양자 전기 역학, 즉 QED라는 이론을 새로 개발하게 되었다. 각 물리학자가 사용한 방법은 약간의 차이를 보였는데, 결과적으로 가장 널리 받아들여진 것은 파인만의 방법이었다. 그는 수학적 공식을 적어 가는 작업을 보완하기 위해 상호 작용에 대한 다이어그램을 첨부했다. 예를 들어, 두 전자가 상호 작용을 보이면 오른쪽 그림과 같은 방법으로 그려 이를 설명했다.

이 그림을 보면 에너지 보존 법칙에 어긋나는 것을 알 수 있다. 최초에는 2개의 전자들이 존재했는데, 어느 순간 2개의 전자와 1개의 광자가 나타난다. 이 광자를 생성하는 에너지는 어디서 오는 것일까? 이 문제에 대한 답은 이 세 사람이 개발한 기술의 핵심이었는데, 그 해답은 불확정성 원리를 통해 얻을 수 있다.

불확정성 원리에 따르면 위치와 운동량 같은 2개의 변수를 동시에 정확하게 측정할 수 없다. 즉, 여기서 다루는 수준의 입자들에는 일종의 '퍼지 이론*'이 작용하게 된다.

예를 들어, 광자가 개입된 '전자 − 전자' 산란을 생각해 보자. 여기서 두 개의 전자가 서로에게 접근하게 되는데, 각 전자는 '가상' 광자라고 하는 구름을 동반한다. 전자들이 서로에 대해 가까워지면 두 구름 속에 있는 광자는 그 사이를 왕복하기 시작한다. 이때 전자들이 가까워질수록 더 많은 광자들이 움직이게 된다. 전자들이 서로를 지나치면서 둘 사이의 거리가 커지게 되면 교환의 수도 줄어든다. 파인만 다이어그램에서는 이런 과정을 점선 또는 물결선으로 표현한다.

물론 파인만의 다이어그램을 통해 다수의 반응들을 한꺼번에 나타낼 수도 있다. 이 경우 외에도 전자가 광자를 흡수한 후 짧은 시간 후에 이를 다시 방출하는 것이 있다. 이를 콤프턴 산란이라고 한다.

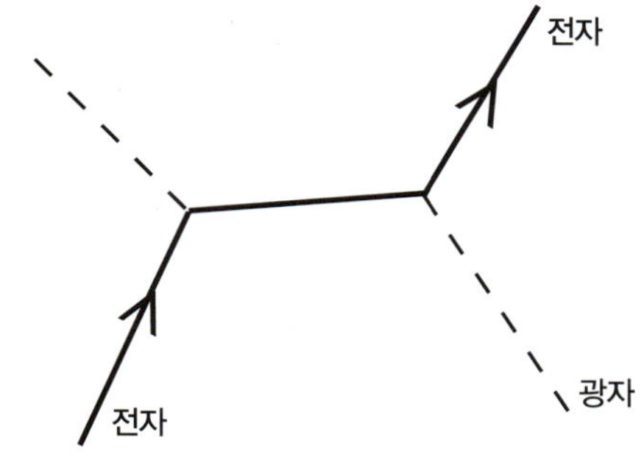

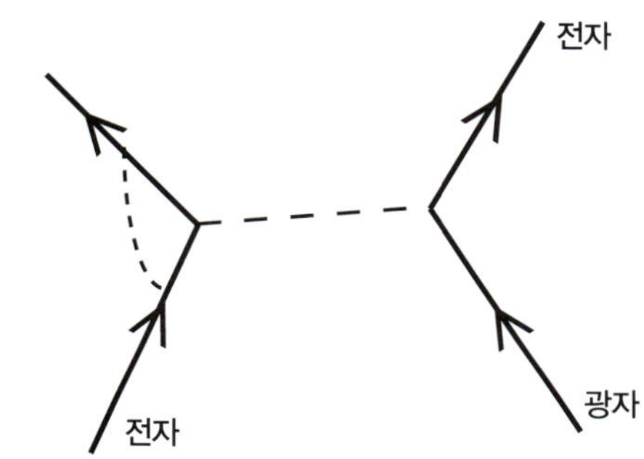

위 파인만 다이어그램은 전자가 광자를 흡수했다가 곧 방출하는 과정을 나타낸다.
아래 2차 파인만 다이어그램

파인만의 생애

1918년 뉴욕에서 태어난 리처드 파인만(Richard Feynman)은 1939년 매사추세츠 공과대학교에서 학사 학위를 받고, 1942년 프린스턴 대학교에서 박사 학위를 받았다. 그는 계산에 남다른 재능이 있었다. 그래서 그가 복잡한 계산들을 암산으로 푸는 것을 보고 많은 사람들이 놀라기도 했다. 그는 다른 사람이 60초 내로 제시한 문제를 10초 내로 풀 수 있는지에 대한 내기를 즐겨 했고 주로 그가 이겼다. 그는 또 유쾌하고 익살스럽기로도 유명했다. 그는 봉고 드럼 연주를 좋아했는데 새벽 3시에 연주하는 일이 많아서 이웃집의 원망을 많이 사기도 했다.

제2차 세계 대전 당시 파인만은 로스 알라모스에서 연구를 하였는데(원자 폭탄 프로젝트에도 많은 도움을 주는 동시에), 그곳에서 금고 따는 방법을 터득했다. 그는 금고에 보관된 기밀문서를 '빌렸다가' 가까운 서랍장에 넣어 놨다는 쪽지를 쓰곤 했는데 이 일 때문에 장교들이 곤란해 했다. 대부분의 과학자와 달리 파인만은 연구를 하는 데에 특별히 조용한 장소를 필요로 하지 않았다. 그가 술집에 앉아 음악을 들으면서 방정식을 연구하는 모습을 흔하게 볼 수 있었다고 한다.

미국 물리학자 리처드 파인만의 사진이다. 그는 양자 전기 역학(QED) 이론을 개발했다. 그는 로스 알라모스에서 원자 폭탄을 만드는 작업에 참여하기도 했다.

• 퍼지 이론(fuzzy theory) : 어떤 현상의 불확실한 상태를 설명하는 비결정적인 확률을 다루는 이론(옮긴이).

기본 힘

자연에는 4가지의 기본 힘또는 장이 존재한다. 우리는 그중에서 전자기력, 중력, 강한 핵력을 설명했다. 아직 설명하지 않은 네 번째 힘은 약한 핵력으로 주로 방사성 붕괴와 관련되어 있다. 네 가지 힘의 상대적 크기는 다음과 같다.

중력	1
약한 핵력	10^{25}
전자기력	10^{37}
강한 핵력	10^{39}

이 중에서 가장 친숙한 힘은 중력이다. 그리고 우리가 느끼기에 굉장히 강한 힘이라고 생각할 수 있다. 이는 우리를 지구 표면에 잡아주고, 행성이 태양 주변의 궤도로 공전할 수 있게 하는 힘이 바로 중력이기 때문이다. 하지만 이상하게도 중력은 네 가지 힘 중에서 가장 약하게 작용하는 힘이다. 그런데도 그 크기가 그토록 크게 느껴지는 것은 거대한 물체나 질량과 관련 있기 때문이다. 만약 소립자와 같이 작은 물질 사이의 중력을 측정하게 되면 그 힘이 매우 약한 것을 알 수 있을 것이다.

위 허블 망원경으로 촬영한 나선 은하. 이런 모양을 가진 은하는 중력에 의해 형성된 것이다.

아래 자연에서 작용하고 있는 네 가지 기본적인 힘이다. 왼쪽 위에서 시계 방향으로 중력, 핵자를 핵 내에 유지시켜주는 강한 핵력, 원자의 구조를 유지시키는 전자기력, 방사성 붕괴에서 중요한 역할을 수행하는 약한 핵력이다.

두 번째로 친숙한 힘은 전자기력이다. 이 힘은 원자의 구조를 유지해주는 힘이다. 전자기력은 중력과 마찬가지로 먼 거리에서도 작용하는 힘이지만 중요한 차이가 있다. 중력장은 언제나 인력으로 작용하지만 전자기장은 인력과 척력이 함께 작용한다.

핵력 나머지 두 가지 힘은 강한 핵력과 약한 핵력이다. 이 둘은 아주 가까운 거리에서 작용하는 힘이라는 점에서 위의 두 힘과 큰 차이가 있다. 이들은 원자핵 정도 크기의 거리에서는 매우 강하게 작용하는데, 그 이상에서는 힘이 0으로 감소하게 된다.

약한 핵력은 베타 붕괴라는 현상에서 작용하는데, 중성자가 전자를 방출하면서 양성자로 변하는 과정을 말한다. 이 과정에는 W입자라는 교환 입자가 연루되어 있다. 더 정확히 말하자면, 베타 붕괴는 중성자가 W입자를 방출하면서 양성자가 되는 것을 말한다. 이때 W입자이 입자의 수명은 굉장히 짧다는 거의 방출되는 즉시 전자로 변하면서 반중성미자를 방출한다.

네 가지 힘은 모두 교환 입자를 갖는데, 이들은 다음과 같다.

중력　　　　　중력자

약한 핵력　　　W입자

전자기력　　　광자

강한 핵력　　　중간자

양자 중력과 중력파 3개의 기본적인 힘을 설명하기 위해 여러 개의 양자 이론들이 개발되었는데, 각 경우에서 교환 입자는 널리 알려졌고 실험을 통해 관찰되었다. 하지만 질량이 중력자gravitons의 상호 작용의 결과라는 것을 수학적으로 설명하는 양자 이론은 아직 정립되지 않았다. 중력을 설명하는 이론으로는 일반 상대성 이론이 있는데, 이는 양자 이론보다는 기하학 이론에 가깝다. 중력을 "양자화"하고자 하는 노력은 많았지만, 성공한 것은 없다. 즉, 중력자를 다루는 데에 적합한 도구가 없다.

그럼에도 불구하고 중력자가 실제로 존재한다면 어떤 성질을 가지며 어떤 식으로 작용할지 예측할 수는 있다. 중력자는 분명히 다른 교환 입자와 유사한 방식으로 물질 사이에 작용할 것이다. 그렇기 때문에 두 가지 물질이 서로 접근하게 되면 중력자들이 두 물질 사이를 왕복하게 될 것이다. 전자기장과 마찬가지로 중력은 장거리에 걸쳐 작용하는 힘이기 때문에, 두 질량이 인접하게 되면 교환되는 중력자의 수는 증가하고 거

리가 멀어지면 감소하게 될 것이다.

전하가 진동할 때 전자기파가 방출된다. 그러므로 질량이 진동하면 중력파가 발생할 것이다. 하지만 중력이 전자기장보다 매우 약하기 때문에 중력파도 매우 약할 것이다. 중력파가 아직 감지되지 않은 이유는 아마 여기에 있을 것이다. 현재 이를 감지할 수 있는 장비들을 개발하고 있으며, 개발된다면 그중 하나는 지구 앞과 뒤에서 태양 주변 궤도를 돌게 될 것이다.

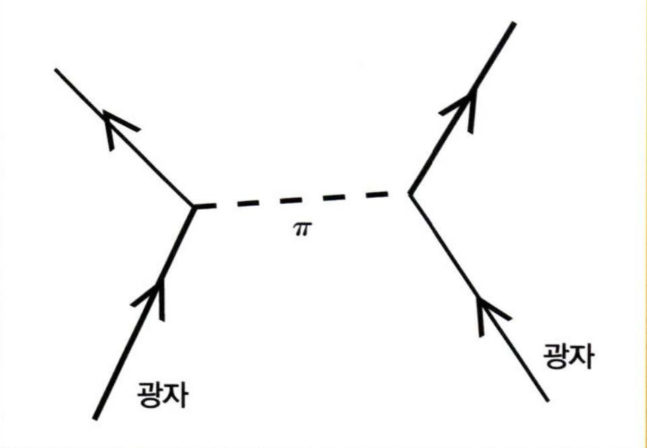

파인만 다이어그램은 양자 전기 역학에만 쓰이는 것이 아니다. 여러 해 동안 양성자, 중간자 등과 관련된 강한 상호 작용을 설명하는 데 매우 중요하게 활용했다. 위의 반응은 두 양성자가 충돌하여 π 중간자를 교환하게 되는 것을 나타내는 것이다.

기타 힘에 대한 파인만 다이어그램

우리는 파인만이 전자기 상호 작용을 다룰 때 유용하게 사용할 수 있는 다이어그램을 개발했다는 것을 알아보았다. 그런데 이 다이어그램은 전자기력 외에 세 가지 힘의 상호 작용을 알아볼 때도 사용할 수 있다. 예를 들어 두 개의 광자가 상호 작용을 할 때, 위 그림과 같이 π 중간자의 교환을 들 수 있다. 이 다이어그램을 이용해 우리는 양성자, 중성자 등이 가상 입자로 둘러싸인 표로 나타낼 수 있다. 이 경우에서는 파이온(파이 중간자, pion)으로 나타나 있다. 하지만 여기서 중요한 점은, 강한 상호 작용을 새로운 관점으로 볼 수 있다는 것이다. 이런 다이어그램은 파이온과 같은 방식으로 W입자 교환을 나타낼 수 있고, 실험으로 감지되지 않았음에도 불구하고 중력자 교환을 표로 나타낼 수 있다.

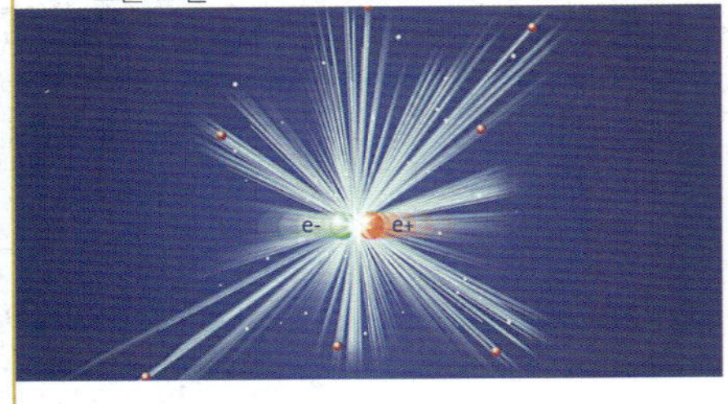

기본 입자들

양전자가 발견된 후 얼마 지나지 않아 과학자들은 모든 입자들이 반입자 쌍을 가진다고 깨닫게 되었다. 그리고 중간자가 발견된 후, 수년 동안 더 많은 입자들이 발견되어 지금까지 발견된 소립자들이 300여 개에 이른다. 그러자 물리학자들은 이 많은 입자들이 모두 소립자들인지 아닌지에 대한 의문을 품게 되었다. 이 입자들 중 일부는 다른 입자에 비해 좀 더 기본적인 입자로 구성된 경우가 있을 수도 있기 때문이다.

입자들 중에서 소립자를 구분하는 첫 걸음은 먼저 입자를 강입자 hadrons 무거운 입자들와 경입자 가벼운 입자들 두 가지로 분류하는 일이었다. 강입자는 중성자와 양성자를 포함하여 가장 큰 입자들을 모아 놓은 것이었고, 반면에 경입자는 상대적으로 작은 그룹인 전자와 양전자, 뮤온과 그 반입자, 타우 tau 입자와 그 반입자가 포함되었다. 각 입자는 중성미자를 동반했는데, 이는 전하와 질량이 거의 없는 입자였다.

1960년 초, 캘리포니아 공과대학교의 두 물리학자 머레이 겔만 Murray

위 어떤 미술가가 고속으로 충돌하는 전자와 양전자를 표현한 그림이다.
아래 1999년 페르미 연구소의 입자 가속기를 항공에서 찍은 사진이다.

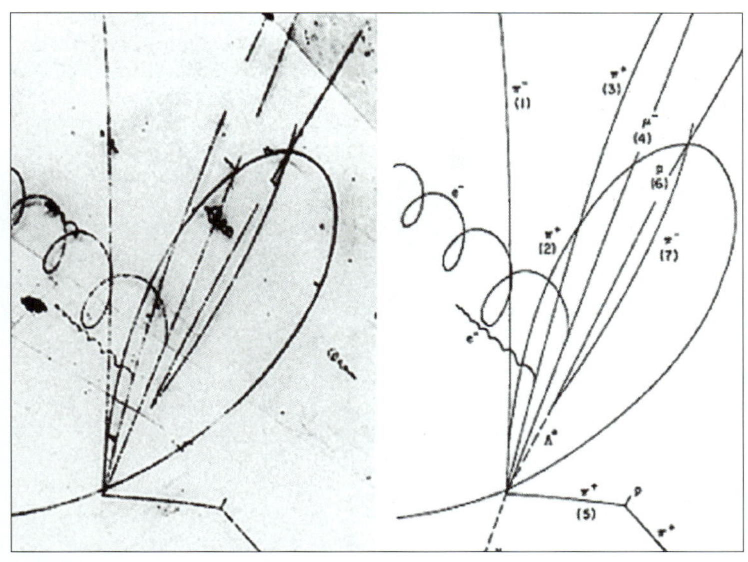

이 그림은 참 쿼크의 존재를 알게 해주었다.

Gell-Mann, 1929- 과 게오르그 츠바이크George Zweig, 1937- 는 각자 강입자가 보다 더 기본적인 입자들로 구성되었다고 주장했다. 겔만은 이를 쿼크라고 불렀고 츠바이크는 이를 에이스라고 불렀다. 오늘날에는 쿼크라는 용어가 쓰이고 있다. 겔만에 의하면 쿼크에는 세 가지 종류가 있는데, 그는 이들을 업u, 다운d, 스트레인지s라고 불렀고, 그 반입자들은 $\bar{u}$, $\bar{d}$, $\bar{s}$ 위에 막대를 그어서 표시했다. 이들은 단위 전하를 가지지 않고, 고유한 방식의 전하를 가졌다. 예를 들어 업 쿼크의 전하는 +2/3 전자의 전하를 기준으로, 다운 쿼크와 스트레인지 쿼크의 전하는 −1/3이다.

한편 겔만은 바리온이 세 가지의 쿼크로 구성되며, 중간자는 쿼크 1개와 반쿼크 1개로 구성된다고 주장했다. 바리온과 중간자는 모두 중입자이다. 그리고 이 쿼크들은 '가방'의 형태로 묶여있는데, 이를 벗어나는 일은 없다. 하지만 어떤 힘이 쿼크들을 서로 묶어두는지는 여전히 의문이다.

색력 1964년, 메릴랜드 대학교의 그린버그는 세 가지의 쿼크를 세 종류의 '색*'으로 표현하자고 제안했다. 이 색들은 빨간색, 초록색, 파란색으로 지정되었는데, 여기서 특히 중요한 것은 세 개의 색을 합하면 하얀색이 되는 것이다. 색은 힘을 상징하기 때문에 교환 입자를 필요로 했다. 이 입자를 글루온이라고 불렀는데, 이 용어는 동음이의어를 이용한 말장난으로, 쿼크를 유지해주는 풀glue이라는 의미에서 온 것이다. 각 글루온은 두 개의 색과 관련이 있다.

1974년에는 Ψ/J라는 입자가 발견되었고, 이것은 참charm이라는 성질을 가졌다. 이는 참c이라는 네 번째 쿼크가 존재한다는 것을 의미했다. 그 이후로 두 개의 쿼크가 추가적으로 존재한다고 예측되었으며 곧 발견되었다. 이들은 바닥 쿼크bottom quark와 꼭대기 쿼크top quark였다. 종합적으로 현재 여섯 개의 쿼크가 발견되었으며, 각 쿼크는 세 개의 색 중 하나를 가진다.

쿼크는 아직 실제로 관찰된 적이 없다. 쿼크 이론에 의하면 이들은 '가방'에 담겨있고, 절대로 관찰될 수 없다. 입자 이론의 발달로 우리의 강한 상호 작용은 중간자로 인해 일어나고, 중간자는 쿼크로 구성되며, 쿼크는 글루온으로 인해 한 개체로 존재한다는 것을 알게 되었다. 또한 두 개의 핵자가 인접할 때 글루온이 왕복해서 중간자가 교환되는 모습을 볼 수 있다는 사실도 알게 되었다.

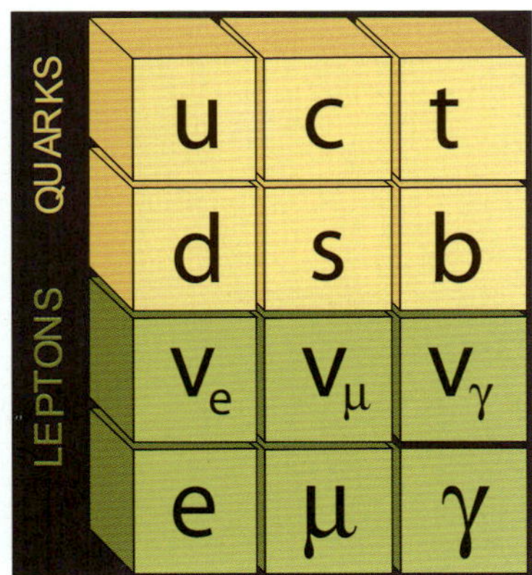

물질을 이루는 열두 종류의 기본 구성 블록들. 위의 여섯 개 블록은 업, 다운, 참, 스트레인지, 꼭대기, 바닥 쿼크들이다. 아래의 여섯 개 블록은 전자, 뮤온, 타우와 그 중성미자들이다.

* 색 : 이는 통상적으로 사용되는 색깔이라는 말과 아무 상관이 없는 용어임에 주의하길 바란다(옮긴이).

현대 우주학

왼쪽 코끼리코 성운으로 불리는 거대한 성운이다. 새로운 별들이 생성되고 있다.
위 은하 중심의 거대한 블랙홀을 미술가가 그림으로 재현한 것이다.
아래 은하의 가장자리이다. 많은 양의 먼지와 성간 물질이 나선팔 모양을 이루고 있다.

우주학은 우주의 구조를 연구하고, 우주의 크기와 연대, 생성과 진화를 다루는 학문이다. 우주학은 천문학의 한 갈래이지만, 실질적으로 우주학의 여러 성과들을 이루어 낸 것은 물리학자들이다.

최초의 우주학자는 중력 이론으로 우주의 모형을 만들었던 뉴턴이었다. 아인슈타인 역시 우주학 이론을 성공적으로 발전시켰다는 점에서 우주학자라고 할 수 있다. 그 외 우주학에 기여한 사람으로는, 벨기에의 조지 르메트르Georges Lemàitre, 1896-1966가 있다. 르메트르는 빅뱅 이론을 처음으로 제시한 과학자였다. 또한 미국의 조지 가모브George Gamow, 1904-1968는 초기 우주의 모습을 이해시키는 데 많은 업적을 남겼다. 마지막으로 케임브리지 대학교의 프레드 호일Fred Hoyle, 1915-2001은 빅뱅 이론의 대안으로 정상 상태steady state 모델을 제시했다.

20세기에 들어와서 여러 물리학자들에 의해 우주를 좀 더 깊이 이해할 수 있게 되었다. 하지만 우주를 완전히 이해하는 데는 아직도 많은 시간과 노력이 필요하다.

은하까지의 거리를 측정한 허블

미국의 천문학자 에드윈 허블Edwin Hubble, 1889–1953은 고등학교 시절부터 두각을 나타낸 우수한 학생이었다. 그는 대학 시절에 육상, 농구, 권투, 조정 등과 같은 운동에도 능했다. 허블은 시카고 대학교에서 물리학을 공부했지만, 옥스퍼드 대학교의 로즈 장학금을 받은 후에는 전공을 법학으로 바꿨다.

1913년에 옥스퍼드 대학교를 졸업한 후, 미국으로 돌아와 켄터키 루이빌에 변호사 사무실을 열었다. 하지만 곧 그는 변호사 생활에 만족하지 못하였고, 다시 시카고 대학교로 돌아가 천문학을 전공하였다. 그는 시카고 대학교 여키스 천문대에 있는 대형 망원경으로 백색 성운을 연구했다. 당시에 누구도 백색 성운의 정체를 잘 알지 못했다. 백색 성운의 일부는 거대한 가스 구름으로 보였지만 별들로 구성되어 있었다. 그리고 지구에서 너무 멀리 떨어져 있기 때문에 관측하기가 매우 힘든 천체였다.

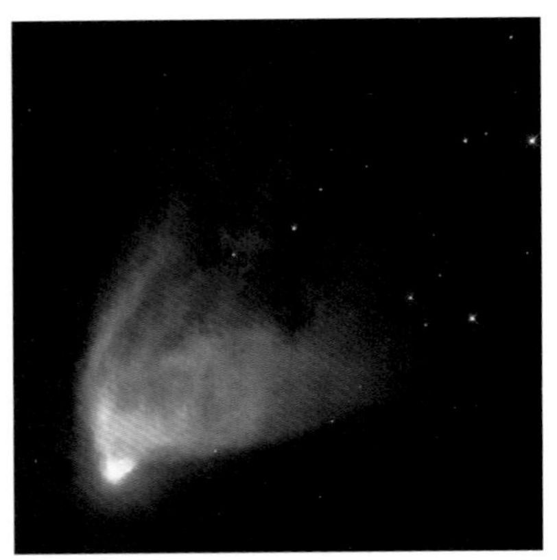

에드윈 허블의 변광성 성운. 이런 성운은 시간에 따라 밝기가 변하기 때문에 천문학자들의 특별한 관심을 받았다.

허블이 시카고 대학교를 졸업할 즈음 캘리포니아 윌슨 산 천문대에 취직하게 되었다. 하지만 미국은 그 시기에 제1차 세계 대전에 참전했고, 그는 입대를 했다. 전쟁이 끝난 후, 그는 다시 윌슨 산 천문대로 돌아와 백색 성운에 대해 전례 없는 광범위한 연구를 시작했다.

은하수 너머로 에드윈 허블이 백색 성운을 집중적으로 연구하기 전, 애리조나 로웰 천문대의 베스토 슬라이퍼Vesto Slipher, 1875–1969는 여러 백색 성운의 스펙트럼을 연구했고 대부분이 적색 편이red shift를 보인다는 사실을 발견했다. 적색 편이 란 성운이나 은하의 스펙트럼을 이루는 띠들이 스펙트럼의 붉은색 선 쪽으로 몰리는 것을 말한다. 이것은 이들 성운이나 은하가 지구로부터 멀어져 감을 뜻한다. 그리고 슬라이퍼는 성운 중 일부가 청색 편이를 보인다는 사실도 함께 발견했는데, 이것은 일부

위 안드로메다은하는 에드윈 허블이 은하를 각각 구분할 때 연구했던 은하 중의 하나이다.
아래 에드윈 허블. 그는 우주의 팽창을 발견했다.

성운이 지구에 접근한다는 의미였다. 그러나 슬라이퍼는 자신이 관측한 결과로 어떤 결론도 내지 못했다. 결국 1920년경 슬라이퍼는 크기가 작은 천체 망원경으로 더 이상 적색 편이를 연구하는 데에 한계를 느끼고 다른 프로젝트를 찾아 나서기 시작했다.

반면에 허블은 세계에서 가장 큰 망원경을 쓸 수 있는 권한이 있었다. 그는 이 망원경으로 백색 성운이 '고립된 우주의 별들' 이라는 사실을 발견했다. 허블은 하늘에 있는 성운 중 크기가 매우 큰 것들을 장시간 관찰했는데, 여기에는 안드로메다에 위치한 별자리 중 안드로메다 성운이 포함되어 있었다. 이 성운은 팔의 모양이 명확하고 길이가 긴 나선 모양이었다. 허블은 성운의 팔에 집중하여 이를 구성하는 각 별들을 관찰할 수 있었다.

변광성 그 후 에드윈 허블은 안드로메다 성운을 이루고 있는 별들과 지구 사이의 거리를 측정하기 위해 노력하였고, 다행히 이 일에 성공했다. 그리고 일부 별들은 일정한 방식으로 밝기가 변하는 것을 발견했는데, 이 별들은 변광성variable star의 일종으로 세페이드cepheid 변광성이었다. 과학자들은 세페이드 변광성을 여러 해 연구하여, 이들의 주기와 광도가 서로 밀접한 관계를 갖는다는 사실을 알아냈다.

변광성의 주기와 광도의 관계는 하버드 대학교의 헨리에타 리비트 Henrietta Leavitt, 1868–1921와 할로우 섀플리Harlow Shapely, 1885–1972가 공동 연구를 통해 밝혀냈다. 이로 인해 천문학자들은 주기성을 이용하여 세페이드 변광성과 지구 사이의 거리를 알아낼 수 있게 되었고, 허블은 안드로메다 성운까지의 거리가 약 900,000광년이라는 것을 밝혀냈다. 이는 우리가 속해 있는 은하, 즉 우리 은하보다 훨씬 큰 수치였다. 그러므로 허블은 안드로메다 성운이 우리 은하계 밖에 있다는 것, 즉 우리 은하와 다른 은하라는 사실을 밝혀낸 것이다.

1924년 말, 허블은 안드로메다은하와 또 다른 가까운 은하인 M33에서 12개의 세페이드 변광성을 더 찾아냈다. 두 경우 모두 900,000광년훗날, 이 수치는 2백만 광년으로 수정되었다이 조금 넘는 거리에 있었다. 허블은 다른 여러 은하계의 거리도 측정했다. 그 결과 우주는 우리 은하와 같이 거대한 별의 체계로 구성된 수많은 은하로 이루어져 있다는 사실을 알게 되었다.

M33 은하 내에 있는 거대한 성운이다. 에드윈 허블은 이 은하를 1924년에 발견했다.

팽창하는 우주

에드윈 허블은 세페이드 변광성을 이용하여 우리 은하 가까이에 있는 6개 은하까지의 거리를 측정할 수 있었다. 하지만 더 멀리 떨어진 은하는 세페이드 변광성들의 크기가 너무 작았다. 허블은 모든 은하에서 가장 밝은 별의 밝기는 서로 동일하다는 가정을 했다. 그리고 나서 그는 빛의 밝기가 거리에 따라 감소하는 속도를 측정

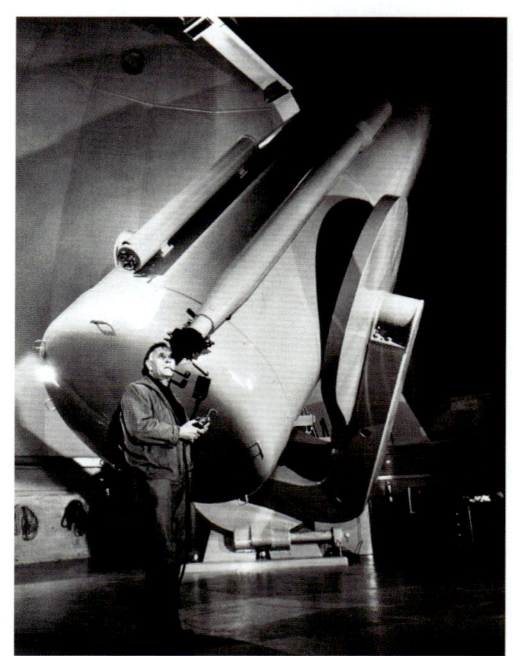

위 은하단. 사진 중앙에 있는 거대한 타원 은하는 여러 개의 나선 은하로 둘러싸여 있다.
아래 1949년 에드윈 허블이 캘리포니아의 팔로모어 천문대에서 새로 제작한 슈미트 망원경을 들여다보고 있다. 허블은 이 천문대에 있는 다른 망원경을 이용해 인접한 은하의 거리와 속도를 측정했다.

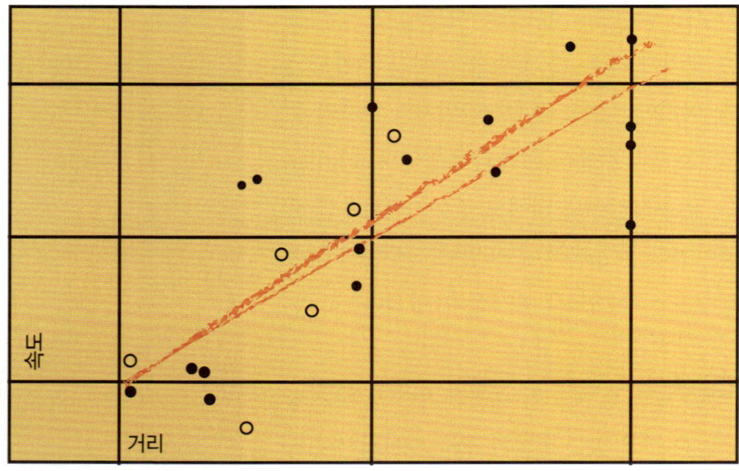

에드윈 허블이 은하의 거리와 후퇴 속도의 관계를 이용해 만든 그래프이다. 비교적 상관관계가 선형적으로 나타나 있지만, 불확실한 측정 때문에 일부 점들은 분산되어 있다.

하여 14개 은하들의 거리를 추가적으로 계산할 수 있었다. 허블은 총 20개의 은하 거리를 측정한 셈이었다. 베스토 슬라이퍼는 대부분의 은하에서 적색 편이가 일어난다는 사실을 관찰했는데, 허블은 이를 이용하여 적색 편이 또는 후퇴 속도라고도 한다와 은하의 거리에 대한 그래프를 그렸다.

허블의 관찰 결과는 은하가 멀리 떨어질수록 후퇴하는 속도도 빠르다는 사실을 확인시켜 주었다. 1929년 허블은 이 결과를 발표했고 계속해서 더욱 더 멀리 떨어진 은하의 거리를 측정하기로 결심했다.

우주 사다리 에드윈 허블은 적색 편이를 측정하기 시작했는데, 이 작업은 대부분 자신의 조수였던 밀턴 휴메이슨Milton Humason, 1891–1972에게 맡겼다. 자신은 대부분의 시간을 은하까지의 거리를 측정하는 데에 투자했다. 하지만 망원경으로 관측할 수 있는 세페이드 변광성이 더 이상 없자, 그는 각 은하에서 가장 밝은 별을 관찰하기 시작했다. 하지만 눈에

보이는 별이 더 이상 없었기 때문에 그것도 한계가 있었다. 그래서 허블은 은하 자체의 밝기를 연구하기 시작했다. 구체적으로 은하의 성단cluster에 집중하여 각 은하에서 가장 큰 별들이 서로 크기가 유사하며 절대적인 밝기를 가진다고 가정했다. 그리고 이 별들을 통해 그는 우주의 중심까지 뻗어나가는 '우주 사다리'를 만들었다.

1931년 즈음, 휴메이슨은 37개 이상의 은하에서 적색 편이를 관찰했다. 그 결과를 이용하여 은하까지의 거리를 계산하였다. 추가로 측정한 자료는 적색 편이와 거리 함수로 나타내었다. 허블은 1929년에 발표한 논문에서 6백만 광년 떨어진 은하들을 측정하고, 밝기에 대한 함수를 고안하여 제시했다. 1931년 즈음에는 그 16배인 1억 광년까지 거리가 늘어났다. 연구의 결과들은 모두 우주가 팽창한다는 사실을 지지하고 있었다. 그리고 우리 은하와 멀리 떨어져 있는 은하일수록 우리 은하에 대한 후퇴 속도가 빨랐다.

허블 상수 1936년 에드윈 허블은 《성운의 세계The Realm of the Nebulae》라는 책을 출간했다. 허블은 2억 4000만 광년 떨어진 은하들을 관찰하고 난 뒤 후퇴 속도가 선형적으로 증가한다는 사실을 확인했다. 그래프의 함수 기울기는 오늘날 허블 상수Hubble constant라고 하고, 흔히 H로 나타낸다.

허블 상수의 역1/H을 이용하면 우주의 나이를 추정해 볼 수 있다. 그러나 과거 우주에서 일어났을 수도 있는 팽창의 가속도나 감속도를 고려하지 않기 때문에 이 기울기를 이용하여 추정하는 우주의 나이는 정확한 값이라고 할 수 없다.

그래프를 보면 어느 정도의 거리에서부터는 후퇴 속도가 빛의 속도에 도달하는 것을 알 수 있다. 거리가 2배 떨어진 은하는 2배의 속도로 후퇴한다. 하지만 아인슈타인의 상대성 이론에 의하면 빛의 속도는 우주의 한계 속도이다. 즉, 이 지점보다 멀리 떨어진 은하는 존재할 수 없기 때문에 여기가 관찰할 수 있는 우주의 끝이 된다.

허블의 발견 이후 여러 내용이 수정되었고 조정되었

다. 이로 인해 허블 상수의 값도 크게 달라졌지만, 그가 내린 전체적인 결론은 크게 달라지지 않았다.

허블 천체 망원경을 통해 촬영한 거대한 나선 은하. 나선팔에 별들이 분포하고 있는 것을 볼 수 있다.

은하의 분류

에드윈 허블의 가장 위대한 업적은 우주의 팽창을 발견한 것이지만, 그가 천문학에 공헌한 바는 여기에 그치지 않는다. 은하에 대한 연구를 시작한 지 얼마 되지 않았을 때, 은하에는 나선 은하, 타원 은하, 불규칙 은하 세 종류가 있다는 사실이 밝혀졌다. 나선 은하에는 나선팔이 있고, 타원 은하는 타원의 형태지만 팔이 없고, 불규칙 은하는 특정한 형태를 가지지 않았다. 일부 나선 은하의 나선팔들은 중심에 가까이 붙어있는 경우가 있고, 넓게 퍼진 경우도 있었다. 그런데 허블이 관측한 대부분의 은하들은 나선 은하들이었다.

허블은 이러한 은하들을 분류하기로 결심했다. 타원 은하는 진원에 가장 근접한 것을 E0, 가장 많이 멀어진 것을 E7로 하여, 0에서 7까지 분류했다. 나선 은하는 일반 나선과 막대 나선(이들은 중심을 관통하는 막대와 같은 형태이다)으로 나누게 되었다. 각 그룹은 세 가지 부류 a, b, c로 다시 나뉘는데, a는 나선팔이 가장 가까이 붙은 것이고 c는 가장 느슨하게 멀리 떨어진 것이다. 오늘날 사용하고 있는 은하 분류표는 허블이 분류했던 것을 기본으로 좀 더 세밀하게 다듬은 것이다.

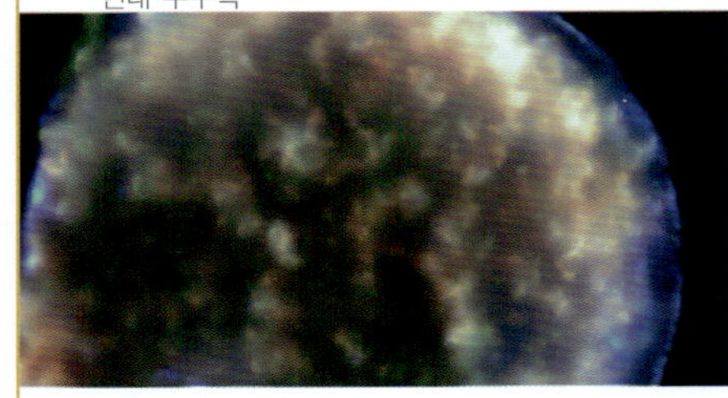

축퇴 물질과 백색 왜성

1800년대 초, 프리드리히 베셀Friedrich Bessel, 1784-1846은 시리우스라는 밝은 별을 연구하고 있었다. 그런데 시리우스가 조금씩 비틀거리는 것을 발견했다. 베셀은 시리우스가 근처에 있는 별의 중력을 받고 있기 때문이라고 생각했다. 그러나 베셀은 그 별을 눈으로 관측할 수 없어서, 그 별의 정체는 거대한 행성이거나 아니면 죽은 별이라고 짐작했다.

그로부터 약 25년 후, 미국의 앨번 클라크Alvan Clark, 1804-1887는 새롭게 개발한 망원경을 시험하던 중 시리우스 옆에 작은 점으로 빛나는 천체를 발견했다. 베셀이 생각한 대로 시리우스와 동행하는 별이 있었던 것이다. 하지만 그 별은 베셀이 생각했던 것 만큼 그렇게 어둡지 않았다. 그 당시에 성능이 좋은 천체 망원경이 없어서 관측을 못했던 것 뿐이었다. 월슨 산 천문대의 월터 애덤스Walter Adams, 1876-1956는 그 별의 스펙트럼을 관찰하여 표면 온도가 약 8,000 K 7,726 ℃에 이른다는 것을 알아냈다. 천문학자들은 이 별이 지구와 크기가 비슷하지만 밀도는 수천 배 높다는 사실을 알게 되었다. 과학자들은 그렇게 작은 별이 어떻게 큰 밀도를 가질 수 있는지 의문을 가지게 되었다. 당시에는 별이 빛을 내는 에너지를 모두 소모하면 죽는다고 알려져 있었기 때문에 별이 죽은 후 이렇게 밀도가 높은 물질을 생성한다는 사실은 예측하지 못했었다.

1927년, 케임브리지 대학교의 랄프 파울러 Ralph Fowler, 1889-1944는 이 문제에 양자 역학을 적용하면서 해결의 실마리를 찾았다. 그는 별이나 원자가 극단적인 온도를 겪으면 전자와 원자핵이 뒤섞인 축퇴 물질degenerate matter이 된다는 사실을 발견했다. 원자 내에서 전자와 원자핵이 차지하는 공간은 원자 전체 공간의 1조분의 1 정도밖에 되지 않는다. 이것은 원자

위 1572년에 티코 브라헤가 관측했던 초신성의 폭발 후 남은 물질을 그림으로 나타낸 것이다.
아래 지구와 가장 가까운 별인 시리우스의 사진이다. 매우 작은 백색 왜성이 시리우스와 동행한다.

수브라마니안 찬드라세카르의 사진. 그는 인도의 물리학자로 백색 왜성을 연구한 것으로 유명하다. 또한 그는 블랙홀 연구에도 많은 업적을 남겼다.

찬드라세카르의 발견

수브라마니안 찬드라세카르Subrahmanyan Chandra-sekhar, 1910–1995는 1910년에 인도 라호르현재는 파키스탄 영토이다에서 태어났다. 그는 1933년에 케임브리지 대학교에서 박사 학위를 받았으며, 그곳에서 작고 기이한 별의 이론을 연구했다. 그는 이 별들을 백색 왜성white dwarfs이라고 불렀다.

찬드라세카르는 별의 크기가 클수록 붕괴한 후에 크기가 더 작아진다고 했다. 즉, 가장 작은 백색 왜성이 오히려 가장 무겁다는 것이다. 그는 상대론적 축퇴 물질relativistic degenerate matter이 압축된다는 랄프 파울러의 주장을 입증했지만, 거기에 머무르지 않고 1.4 태양 질량별의 질량을 나타낼 때 태양을 기준으로 한 것이다보다 큰 별이 붕괴할 때는 백색 왜성 단계에서 한 단계 더 진행된다는 사실을 밝혔다. 오늘날 이 질량의 한계를 찬드라세카르의 한계Chandrasekhar's limit라고 한다.

찬드라세카르는 1.4 태양 질량보다 큰 별이 붕괴할 때 백색 왜성에 머무르기 위해서는 일정량의 질량을 잃어야 한다고 주장했다. 실제로 크기가 매우 큰 별들은 초신성의 형태로 폭발할 때 상당한 양의 질량을 잃는다.

찬드라세카르가 상대론적 축퇴 물질과 한계 질량에 대한 이론을 논문으로 정리하여 영국 왕립 협회가 대부분 빈 공간으로 되어 있다는 것을 의미한다. 따라서 원자가 분해되고 매우 높은 압력을 받으면 전자와 원자핵이 뒤섞인 축퇴 물질이 되어 원래 크기보다 훨씬 작게 압축될 수 있다고 생각할 수 있다. 예를 들어 태양과 같은 크기의 별이 지구와 같은 크기로 압축될 수 있는 것이다.

에 제출하자, 아서 에딩턴Arthur Eddington, 1882–1944이 그의 이론에 반론을 제기했다. 에딩턴은 당시 세계에서 가장 유명한 천문학자 중 하나였으며, 그의 의견은 상당한 영향력을 지니고 있었다. 두 이론을 둘러싼 논쟁은 여러 해 동안 이어졌지만 결국 찬드라세카르의 이론이 옳은 것으로 판명되었다.

찬드라세카르는 자신의 연구 결과를 《행성 구조 입문Introduction to Stellar Structure》이라는 책으로 발표했다. 그는 말년에 백색 왜성보다 밀도가 더 높은 블랙홀 물리학에 관심을 가지기 시작하여 그 분야에서도 전문가가 되었다. 그리하여 그는 《블랙홀에 대한 수학적 이론The Mathematical Theory of Black Holes》을 집필하였고, 이 책은 이 분야에서 성서와도 같은 위치에 오르게 되었다.

백색 왜성의 확대 사진. 백색 왜성 주변에 파란색 원이 그려져 있다.

백색 왜성 너머

별이 붕괴할 때, 초신성 폭발이 발생하는데 이때 질량을 충분히 떨치지 못하고 1.4 태양 질량보다 큰 상태로 붕괴하게 되면 어떻게 될까?

1933년 헤일 천문대의 발터 바데Walter Baade, 1893-1960와 프리츠 츠비키Fritz Zwicky 1898-1973는 전자와 양성자들이 중성자로 압축되어 중성자별neutron star을 형성할 수 있다고 주장했다. 이들의 주장은 1939년에 캘리포니아 공과대학교의 로버트 오펜하이머Robert Oppenheimer, 1904-1976와 조지 볼코프George Volkoff 1914~2000가 중성자별이 안정적인 상태로 존재할 수 있다는 사실을 보이면서 이론적으로 입증되었다.

만약에 이런 현상이 일어난다면 중성자별의 밀도는 백색 왜성보다 높을 것이다. 가령 백색 왜성의 물질 한 줌이 5 t일 때, 중성자별의 물질 한 줌은 수백만 톤이 될 것이다. 게다가 중성자별의 크기는 지름이 약 20 km로, 백색 왜성보다 매우 작다. 물리학자들은 이런 종류의 별들이 매우 빠른 속도로 자전하고 있으며 강한 자기장을 가진다고 하였다. 과학자들은 중성자별이 실제로 존재하는가에 대해 의문을 가졌으나 곧 답을 찾았다. 1967년에 발견된 펄서pulsar라는 천체가 곧 중성자별이라는 사실이 밝혀졌기 때문이다.

오펜하이머와 볼코프의 연구 결과 중에서 가장 중요한 것은 중성자별의 한계 질량이 3 태양 질량 정도라는 사실이었다. 오펜하이머는 곧 하틀랜드 스나이더Hartland Snyder와의 공동 연구를 통해 질량이 이보다 클 경우 붕괴가 영원히 멈추지 않는다는 사실을 증명했다. 즉, 별은 최종적으로 안정적인 상태에 돌입하지 않게 되는 것이다. 이런 천체들을 오늘날 블랙홀black hole이라고 한다.

위 그림에 보이는 중성자별에서 방출된 엄청난 에너지 때문에 2004년 12월 인공위성의 X선 신호가 차단되는 일이 발생했다. 이 엄청난 양의 에너지는 중성자별 표면에서 일어난 거대한 플레어 때문에 생성되었던 것으로 추정된다.
아래 영국의 우주과학자 스티븐 호킹이다. 그는 우주학과 블랙홀 물리학 분야에 큰 업적을 남겼다.

스티븐 호킹

영국 옥스퍼드에서 태어난 스티븐 호킹Steven Hawking, 1942- 은 런던 근교에서 자랐다. 그는 고등학교를 졸업한 후 옥스퍼드 대학교에서 물리학과 수학을 공부했다. 그는 옥스퍼드 대학교를 졸업한 후 케임브리지 대학교 대학원에 진학했다. 그런데 얼마 후 발음하기가 어려워지고 걷는 것이 불편해지기 시작했다. 그는 루게릭병이라고도 알려진 근위축성 측삭경화증amyotrophic lateral sclerosis, ALS이라는 진단을 받았다. 호킹은 박사 논문을 거의 완성한 상태였으나, 오래 살지 못할 것이라는 소식을 접한 후로 논문을 완성하는 데에 의욕을 잃었다. 그러나 병이 예상보다 빠르게 진행되지 않자 그는 박사 과정을 마치고 결혼까지 하였다. 시간이 지나면서 호킹은 대부분의 근육을 움직일 수 없게 되었고, 결국 휠체어를 사용하게 되었다. 최근에는 대화 능력도 상실하고 팔도 움직일 수 없게 되었지만, 음성 합성 장치를 통해 전자 음성을 사용하여 자신의 의사를 표현하고 있다. 그는 큰 장애에도 불구하고 물리학 분야에서 뛰어난 발견들을 많이 하였으며, 책도 많이 집필하고 있다.

중성자별 단면도이다. 단단한 지층과 액체 내부가 나타나 있다.

미니 블랙홀

스티븐 호킹이 초기에 발견한 것 중 하나는 모든 블랙홀이 거대한 별의 붕괴로 형성되는 것이 아니라는 사실이었다. 오늘날 우주가 빅뱅이라는 폭발로 인해 생성되었다는 학설202p 참조이 널리 받아들여지고 있다. 호킹은 이 폭발이 일어날 때 매우 작은 블랙홀들이 생성되었을 수도 있다고 주장했다. 만약 폭발이 불균일하게 일어났다면 폭발 직후 여러 물질 주머니들pockets of matter이 엄청난 압력으로 인해 블랙홀로 압축되었을 수도 있다는 것이다. 별이 붕괴하면서 형성되는 블랙홀과 구분하기 위해 호킹은 이들을 원시 블랙홀primordial black hole이라고 불렀다. 별이 붕괴하면서 형성된 블랙홀은 대체로 크기가 비슷하지만, 원시 블랙홀의 질량은 원자만큼 매우 작은 경우미니 블랙홀들에서 한 개의 은하와 맞먹는 것까지, 범위가 매우 넓다. 현재까지 밝혀진 바에 따르면 많은 은하들의 중심에 블랙홀이 있는 것으로 알려져 있다.

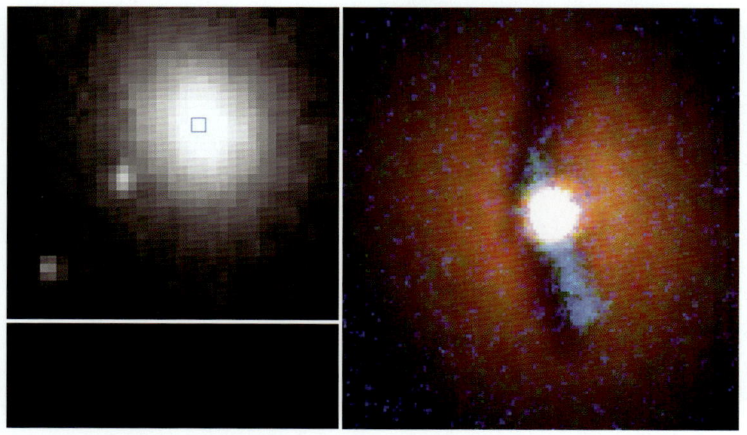

워프 디스크(warped disk)의 그림이다. 디스크는 천체(거대한 블랙홀로 추정) 주변에 갇혀있는 뜨거운 가스에서 발생한 많은 양의 자외선 급류에 휩쓸리고 있다.

호킹 복사

스티븐 호킹은 블랙홀 표면에서 복사 방출이 일어난다는 사실도 알아냈다. 1970년대 프린스턴 대학교의 베켄슈타인Jacob Bekenstein, 1947- 은 블랙홀의 표면 온도가 0보다 클 수 있다는 사실을 밝혔다. 당시까지만 해도 과학자들은 블랙홀에서는 흡수만 일어나고, 아무 것도 방출되지 않는다고 생각했기 때문에 이는 매우 충격적인 주장이었다. 그래서 많은 과학자들은 베켄슈타인의 이론을 쉽게 받아들이지 않았다. 그러나 호킹은 베켄슈타인의 이론에 관심을 보였으며, 이런 현상이 일어나는 이유를 밝혔다. 그는 이번에도 양자 이론을 적용하여, 블랙홀 표면 근처에서 일어나는 입자 증발로 인해 온도가 0보다 클 수 있다는 것을 입증했다.

가상 입자 초기에 과학자들은 블랙홀이 입자로 구성되어 있다는 생각을 하지 못했다. 그래서 과학자들은 블랙홀에서 입자가 생성될 것이라는 생각도 하지 않았다. 그러나 호킹은 잘못된 생각임을 밝혀냈다. 그는 상대론적 양자 역학을 이용하여 충분한 에너지가 있으면 빈 공간empty space에서도 입자가 생성될 수 있다는 사실을 알아냈다. 그는 블랙홀 환경에서는 입자들이 쌍으로 발생한다고 주장했다. 그러나 불확정성의 원리 때문에 이런 입자들은 생성되자마자 아주 짧은 시간 안에 다시 결합한 후 소멸된다고 하였다. 호킹은 이러한 입자들을 가상 입자virtual particle라고 했다.

호킹은 이런 종류의 가상 입자들은 블랙홀 표면 근처에서 발

위 어떤 화가가 스피처 우주 망원경이 지구로부터 지시를 받는 모습을 그림으로 나타낸 것이다.
아래 웜홀을 빠져나가는 우주선을 컴퓨터 그래픽으로 나타낸 것이다. 웜홀은 블랙홀 때문에 발생하며 블랙홀 중심부와 연결된 휜 공간이다.

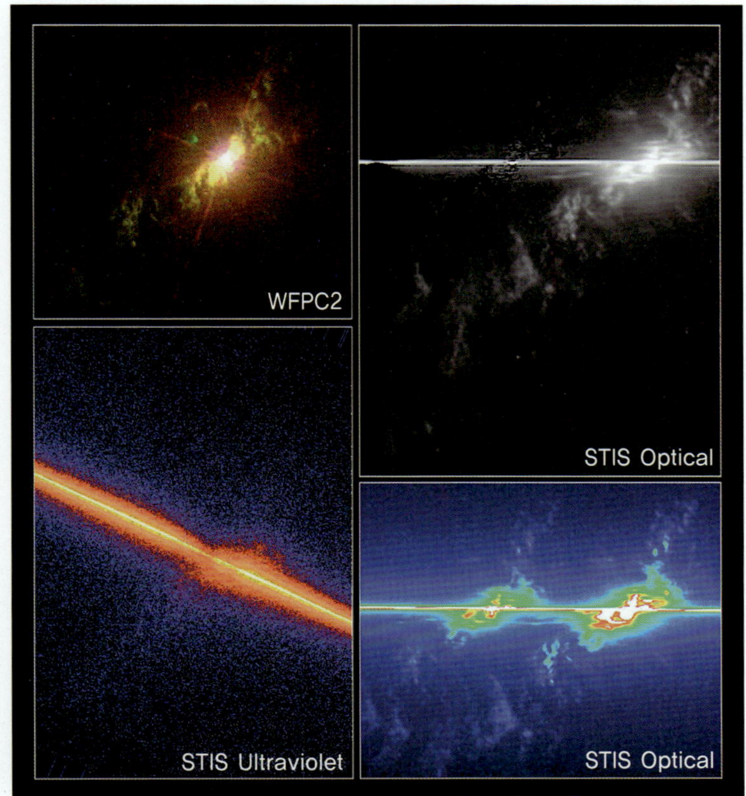

시퍼트은하 중심에 있는 거대한 블랙홀 근처에서 발생한 불꽃(fireworks)을 촬영한 사진들. 규모가 큰 블랙홀에서는 어마어마한 양의 에너지가 방출된다.

생하고, 표면 근처에서는 강한 힘들이 작용하고 있기 때문에 소멸되기 전에 분리된다고 했다. 그래서 일부 입자들은 블랙홀에 빨려 들어가지만, 다수의 입자들은 탈출하고 이로 인해 상당한 복사가 발생한다고 하였다. 그렇기 때문에 먼 거리에서 관찰하면, 입자와 복사의 방출이 일어나는 것으로 보인다고 주장했다. 하지만 블랙홀이 복사와 입자를 방출하게 되면, 동시에 에너지를 방출하기 때문에 질량이 감소하고 크기도 작아진다. 호킹은 블랙홀이 작아질수록 더 많은 에너지를 방출하면서, 점점 더 뜨거워지고 결국 폭발하게 된다는 사실을 밝혔다.

또 다른 업적들 스티븐 호킹의 여러 업적 중 특히 주목할 만한 것은 블랙홀이 방출하는 복사에 대한 설명이었다. 그는 이 복사를 플랑크의 공식으로 설명했는데, 플랑크의 공식은 주로 양자 역학을 근간으로 하는 공식이다. 그런데 블랙홀은 아인슈타인의 일반 상대성 이론으로 설명되는 현상이었다. 양자 역학과 일반 상대성 이론은 현대 물리학을 떠받치고 있는 두 개의 큰 기둥이지만 완전히 다른 이론들이었다. 따라서 호킹의 블랙홀 복사에 대한 설명은 아인슈타인의 이론을 통해 양자 역학 공식이 유도된 셈이다. 이것은 두 이론 사이에 연결고리가 있다는 최초의 증거가 되었다. 그 후 물리학자들은 오늘날까지 두 이론을 통합하고자 노력하고 있다.

1971년, 호킹은 영국의 로저 펜로즈Roger Penrose, 1931- 와의 공동 연구를 통해, 우주에 '특이점 singularities'이 존재하기 위한 필요 조건들을 밝혀냈는데, 이것은 일반 상대성 이론이 유효하지 않은 지점을 말한다. 또한 캘리포니아 산타 바바라 대학교의 짐 하틀Jim Hartle, 1939- 과의 공동 연구를 통해 경계가 없는 우주 모델을 개발했다.

한편 호킹이 집필한 책 중에서 가장 성공적이었던 것은 1988년에 발표한 《시간의 역사A Brief History of Time》이다. 이 책은 1995년까지 〈선데이 타임즈Sunday Times〉의 베스트셀러 목록에 237주 동안 올랐으며 기네스 세계 기록에 오르기도 했다. 그 후로도 계속 그는 베스트셀러가 된 여러 권의 저서를 집필했다.

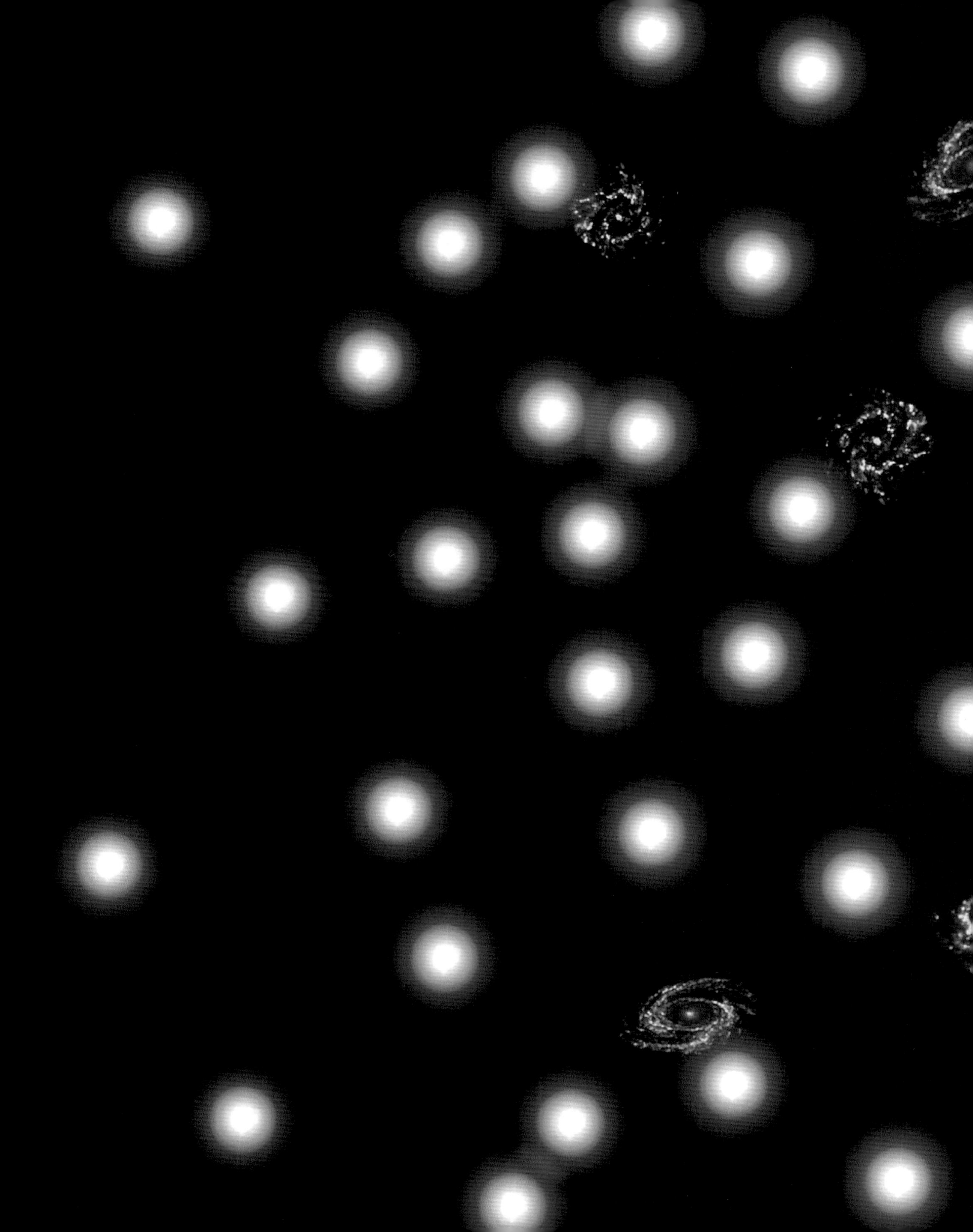

CHAPTER 14

미해결 문제와 물리학의 미래

지난 몇십 년 동안 물리학자들은 방대한 양의 지식을 축적했지만, 해결한 문제만큼이나 새로운 의문들이 계속 생겨났다. 이 의문들의 대부분은 우주를 이루는 가장 작은 입자들과 우주 그 자체에 관련된 것들이다. 또한 이 두 가지 중 어느 것에도 속하지 않은 것도 있었는데 이것은 우주에서 가장 신비로운 천체 중의 하나인 블랙홀이다. 이 신비로운 천체에 대해 알아야 할 것들이 많다.

우주의 시초, 우주의 구조와 모델 등을 파악하기 위해 해결해야 할 문제가 아직도 많이 남아있다. 또 우주는 과연 어떻게 시작되었고 어떻게 끝날것이며 우주와 입자 사이에 작용하는 다양한 힘들의 상관관계는 어떠한가 등 아직 밝혀야 할 것들도 많다. 아인슈타인도 수년 동안 통일장 이론을 개발하기 위해 노력했지만, 성공하지 못했다.

오늘날 과학자들은 초끈 이론과 M 이론 중 어느 것이 옳은가를 놓고 고민 중에 있다.

왼쪽 한 미술가가 우주의 진화를 표현한 그림이다. 왼쪽에는 우주의 태초가 표현되어 있다. 오른쪽으로 갈수록 젊은 은하들이 생성되고(하얀 원들), 이들은 곧 나선이나 타원의 형태로 발전한다.
위 두 은하들이 충돌하고 있다. 결과적으로 둘은 하나의 은하로 통합되며, 이 과정에서 새로운 별들이 탄생한다.
아래 화가가 찬드라 우주 천문대를 그림으로 나타낸 것이다. 배경에는 우리 은하의 중심부가 그려져 있다.

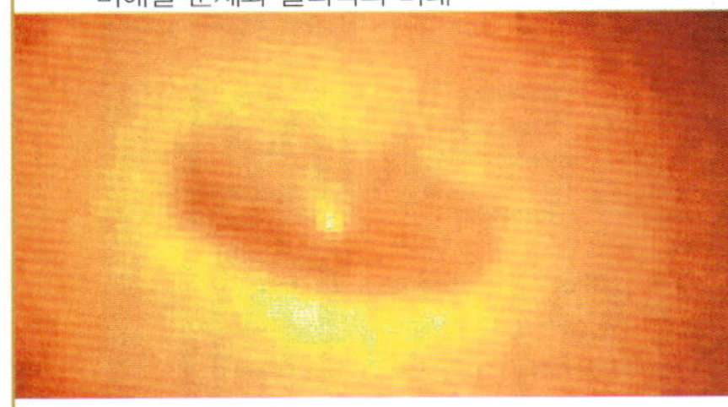

블랙홀

별의 나이가 많아지면 에너지를 생산하던 원자로는 꺼지게 된다. 그러면 외부를 향한 압력이 사라지고, 별은 자체 중력으로 함몰되면서 죽음을 맞이한다. 이때, 별의 최후는 별의 질량에 따라 백색 왜성이나 중성자별 또는 블랙홀 중 하나로 결정된다. 블랙홀은 백색 왜성이나 중성자별과는 상당한 차이가 있다. 블랙홀의 가장 큰 특징은 단단한 표면이 없다는 것이다. 블랙홀에 접근하게 되면 그 표면을 바로 관통하게 된다. 블랙홀은 대부분 빈 공간인데 붕괴한 별이 가졌던 대부분의 질량은 블랙홀 중심에 있다. 별이 붕괴할 때 블랙홀이 되는지의 여부는 중력 반지름gravitational radius에 따라 결정된다. 붕괴한 별의 모든 질량이 이 반지름 안으로 붕괴하면 이 물체는 반지름이 몇 km 정도에 불과한 블랙홀이 된다.

블랙홀의 구조 먼 거리에서 블랙홀을 관측할 때 볼 수 있는 검은 표면을 과학자들은 사상 지평선event horizon이라고 한다. 이 사상 지평선의 중심에는 특이성singularity, 즉 별의 모든 질량이 모여있다. 블랙홀에 접근하는 모든 물체는 거기에 빨려 들어가게 된다. 어떤 물체가 사상 지평선을 관통하게 되면 여기서 빠져나갈 방법은 없다.

블랙홀은 여러 가지 흥미롭고 신기한 성질들이 있다. 예를 들어, 블랙홀의 사상 지평선에 근접할수록 시간은 느려지게 된다. 하지만 이런 현상은 먼 거리에서 볼 때만 관측된다. 만

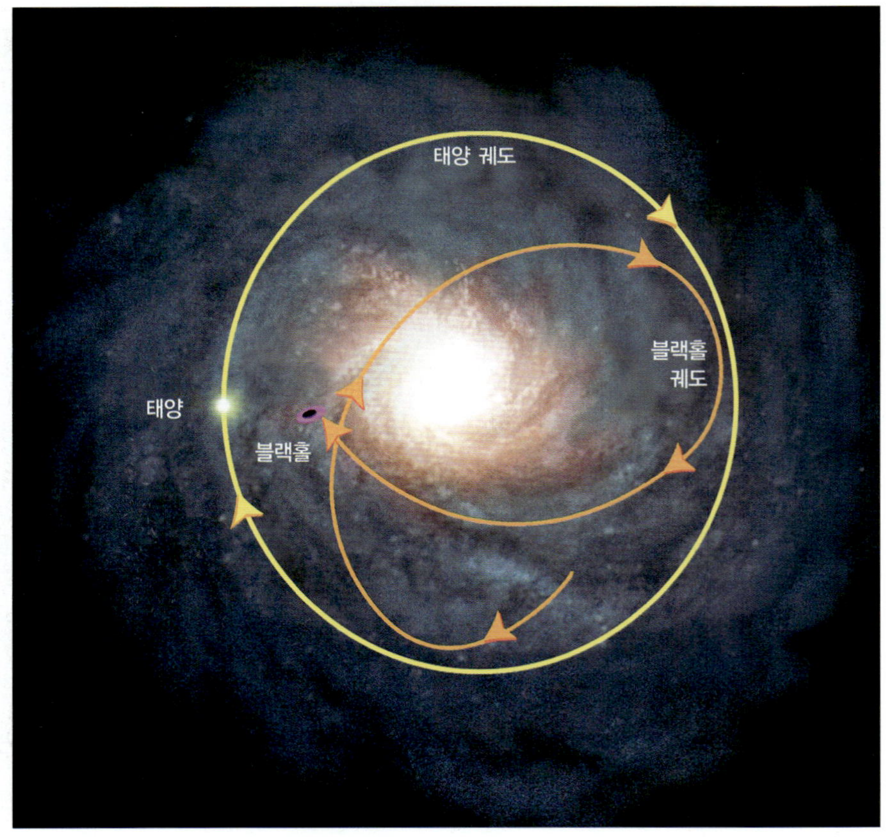

위 블랙홀로 추정되는 고리 모양의 천체
아래 아주 오래전 초신성 폭발에서 시작된 것으로 보이는 블랙홀의 궤도. 태양과 블랙홀은 우리 은하 중심의 궤도를 돌고 있다.

약에 관찰자 A가 시계를 들고 블랙홀에 접근하고, 관찰자 B가 먼 거리에서 A를 관찰하게 되면 A의 시계가 점점 느려지는 것을 볼 수 있다. 그리고 B가 관찰하는 A의 시계는 사상 지평선을 관통하면서 멈추게 된다. 하지만 A가 자신의 시계를 볼 때의 상황은 달라진다. 그의 시간은 정상적으로 흐르게 되고, 사상 지평선을 통과하게 되면 블랙홀 내부로 진입한다.

또한 블랙홀의 흥미로운 성질 중의 하나는 근처에서 만들어지는 휜 공간이다. 이는 일종의 깔때기와 같은 모양을 하고 있다. 과학자들은 이것을 우주의 웜홀wormhole이라고 한다.

블랙홀 후보들 우리는 블랙홀을 직접적으로 관측할 수 없다. 그러므로 그 존재의 간접적인 증거를 찾아야 한다. 우주과학자들은 블랙홀의 유력한 후보들을 찾기 위해 애를 쓰고 있다. 예를 들어 이중성 시스템double-star systems에서 한 별이 블랙홀로 붕괴했다고 생각해 보자. 만약 블랙홀이 나머지 한 별로부터 물질을 빨아들이게 되면 물질이 사상 지평선을 통과하기 직전에 X선을 방출한다. 이런 형태의 천체들이 여러 곳에서 발견되었다. 위와 같은 것들 중에서 가장 널리 알려진 것은 CYG X-1로, 이 천체는 백조자리에 있다. 이 별자리에서 보이지 않는 천체 즉, 블랙홀로 추정되는 천체는 그 질량이 3 태양질량보다 큰 것으로 알려졌다.

사진의 중심에 블랙홀이 있는 것으로 추정된다. 그곳으로 빨려 들어가는 물질이 가열되어 X선을 방출하고 있다.

우주의 빅뱅 모델

빅뱅 모델은 우주의 나이가 약 150억 년이라고 추정하는데, 이것은 우주를 탄생시킨 대폭발이 약 150억 년 전에 일어났다는 것을 의미한다. 그러나 무한히 넓은 우주 공간에서 대폭발이 일어난 것으로 생각하면 잘못된 것이다. 대폭발로 우주 공간이 생성되었기 때문이다. 즉, 대폭발이 일어나기 전에는 공간이란 것이 아예 존재하지 않았다.

우주를 관측할 때 우리 은하 밖의 다른 은하들은 우리로부터 멀어지고

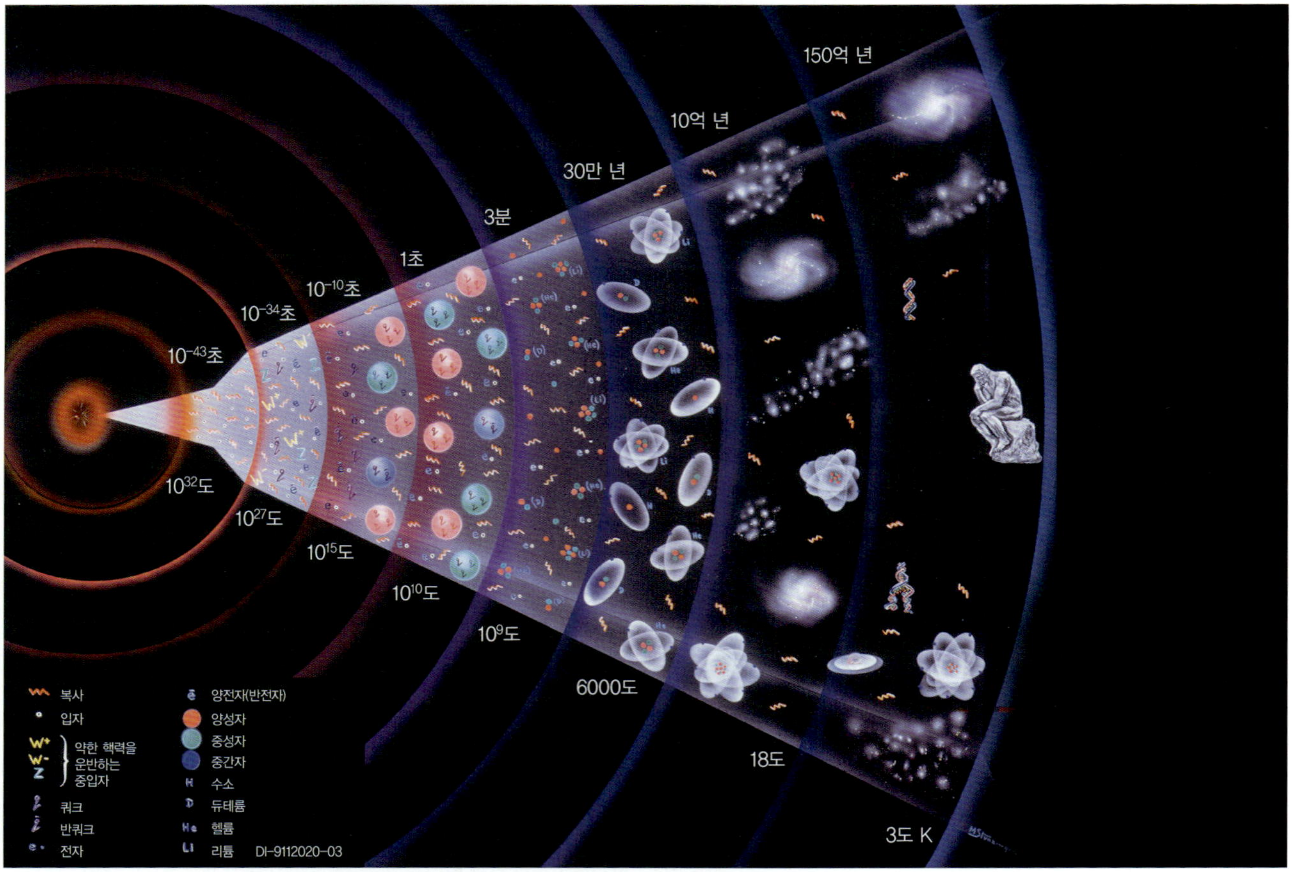

위 NASA의 컴퓨터가 먼 거리에 있는 은하단을 시뮬레이션으로 나타낸 것이다.
아래 이 그림은 빅뱅에서 현재까지 우주의 진화 단계를 나타냈다. 그리고 빅뱅은 원의 중심에 있다. 초기 단계에서 우주는 여러 시대를 겪었는데 그 각 시대에 여러 은하들이 형성되었다.

있는 것처럼 보인다. 이를 두고 우리 은하가 우주의 중심이라고 생각하기 쉬운데 사실은 그렇지 않다. 우주에서는 어떤 지점에 있어도 은하들은 서로 멀어지는 것처럼 보일 것이다. 실제로도 은하들은 서로 멀어지고 있는데 이것은 은하 사이의 공간이 팽창하기 때문이다. 즉, 우주가 팽창하고 있는 것이다. 이를 좀 더 쉽게 이해하기 위해서 풍선에 작은 원을 풀로 붙이고 이 풍선을 불어보자. 각 원 사이의 거리는 멀어지지만 원의 크기는 변하지 않을 것이다.

그리고 우주에 끝은 없어도 '지평선'은 존재한다. 이 지평선은 은하의 후퇴 속도가 우리에게 상대적으로 빛의 속도와 같아지는 지점을 일컫는다.

우주 배경 복사　옛 소련의 물리학자 조지 가모브George Gamow, 1904-1968는 1934년에 소련을 탈출하여 미국으로 갔다. 1948년 가모브는 조지 워싱턴 대학교에서 랄프 알퍼Ralph Alpher, 1921- 와 공동으로 연구했다. 그들은 초기 우주에서 복사가 발생했을 것이라고 예측했다. 두 사람은 연구 결과를 바탕으로 계산하면 복사는 굉장히 뜨거웠지만 오래되지 않아 냉각되면서 매우 낮은 온도로 그 흔적을 남길 것이라고 주장했다.

그로부터 15년 후, 프린스턴 대학교의 로버트 디키Robert Dicke, 1915-1977도 가모브와 알퍼의 연구 결과와 같은 결론을 얻었다. 당시 디키는 가모브와 알퍼의 연구를 모르고 있었다. 그는 제임스 피블스James Peebles, 1935- 와 함께 그 온도를 계산했는데, 복사의 온도가 약 3 K이라고 추정했다. 디키는 롤P.G. Roll과 윌킨슨T. D. Wilkins, 1935-2002을 설득하여 이 온

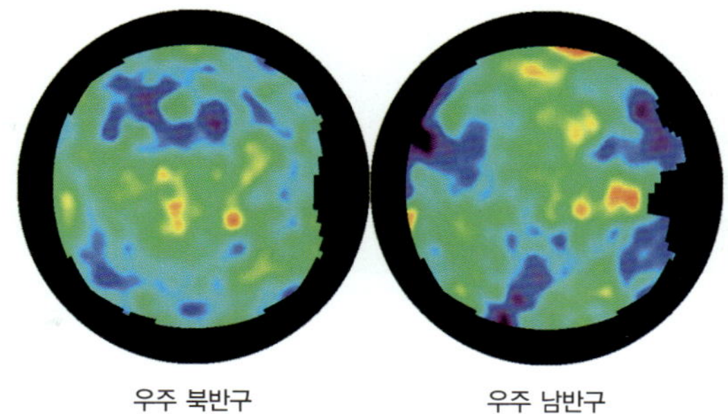

COBE - DMR 지도의 CMB 비등방성 4년 관측 결과

인공위성 COBE를 통해 얻은 우주 배경 복사 지도이다. 이 지도에는 여러 방향에서 온 다양한 강도의 복사가 나타나 있다. 이 복사는 빅뱅 폭발의 잔해로 추정된다.

도의 존재를 증명하기 위한 연구에 착수했다. 그리고 이 온도를 관측하기 위해 적당한 장비를 개발하기 시작했다. 하지만 그들은 뉴저지의 벨연구소에서 아르노 펜지어스Arno Penzias, 1933- 와 로버트 윌슨Robert Wilson, 1936- 이 이미 이 방법을 발견했다는 사실을 몰랐다.

펜지어스와 윌슨은 뉴저지 홈 델에 있는 거대한 전파 망원경에서 이상한 소리가 나는 것을 발견했다. 그들은 망원경을 구석구석 살펴본 결과 소리가 망원경에서 나는 것이 아니라 우주에서 난다는 사실을 알게 되었다. 디키와 피블스는 펜지어스와 윌슨의 연구에 대해 듣고, 홈 델로 갔다. 그들은 이 '소리'가 예측했던 복사라는 사실을 깨달았다.

하지만 이것은 복사 곡선의 한 점에 불과했다. 다른 점들을 확보해야 이것이 우주 배경 복사라는 것을 확인할 수 있었다.

다행히 다른 점들도 곧 발견되었다. 완전한 우주 배경 복사 곡선은 1989년에 발사된 우주 배경 탐사기Cosmic Background Explorer, COBE라는 인공위성을 통해 얻게 되었다.

우주는 열려 있을까, 닫혀 있을까?

우주학이 풀어야 할 가장 큰 숙제는 우주의 미래에 관한 것이다. 쉽게 말하자면 우주는 열려 있을까 닫혀 있을까에 대한 답을 알아내는 것이다.

만약 우주가 열려 있다고 한다면 우주는 영원히 팽창하게 된다. 반대로 우주가 닫혀 있다면 언젠가 팽창을 멈추면서 수축하게 될 것이다. 러시아의 물리학자 알렉산더 프리드먼(Alexander Friedman, 1888-1925)은 약 6×10^{-30} gm/cm^3의 임계 밀도와 우주에 있는 물질의 평균 밀도를 비교하면 이 문제에 대한 답을 얻을 수 있다고 주장했다. 만약 평균 밀도가 임계 밀도보다 크면 우주는 닫혀 있고, 작으면 열려 있다는 것이다. 그런데 문제는 우주의 평균 밀도를 계산하는 것이 매우 어렵다는 점이다. 왜냐하면 우주를 이루고 있는 물질 중에는 우리가 볼 수 없는 것이 훨씬 더 많기 때문이다. 그리고 은하를 비롯하여 눈에 보이는 물질의 평균 밀도는 임계 밀도의 1 %밖에 되지 않는다.

빅뱅의 난점과 암흑 물질

지난 몇십 년 동안 빅뱅 이론은 우주의 탄생을 설명하는 이론으로서 매우 훌륭했다. 우주 배경 복사 온도가 발견되었고, 일부 가벼운 원소가 풍부하다는 사실이 이를 뒷받침했다. 그러나 빅뱅 이론에 대해 여러 가지 의문점들이 제기되었다. 그중 하나는 1969년에 로버트 디키가 제기한 우주의 평평도 문제flatness problem였다. 로버트 디키는 우주가 평평해야 한다고 주장했다. 그 이유는 우주가 임계 밀도와 동일한 밀도를 가지지 않으면 이미 오래전에 수축하여 붕괴했거나 아니면 빠른 속도로 팽창할 수밖에 없다는 결론에 이르기 때문이었다.

두 번째 문제점은 지평선 문제horizon problem였다. 이것은 메릴랜드 대학교의 찰스 마이즈너Charles Misner가 제기한 것으로, 그는 우주의 양 끝이 서로 같은 곳에서 출발했다고 하기에는 너무나 멀리 떨어져 있다고 주장했다. 우주 한쪽 끝의 온도가 3 K일 때, 다른 쪽 끝의 온도도 3 K이라는 사실은 불가능해 보였다. 그리고 세 번째 문제점은 은하의 구조 문제였다. 이는 은하들이 형성된 방법, 우주의 전체적인 구조에서 은하계에 거대한 구멍large holes과 거품bubbles들이 분포하고 있다는 점 때문에 제기되었다.

인플레이션 이론 빅뱅 이론에서 제기된 의문점들은 1980년 매사추세츠 공과대학교의 앨런 구스Alan Guth, 1947- 가 제시한 아이디어로 해결될 수 있었다. 구스는 빅뱅 폭발 직후에 인플레이션, 즉 팽창 속도가 아주 빠르게 증가했다고 가정하면 많은 문제점들을 해결할 수 있다고 주장했

위 나선 은하 M31이다. 이 은하는 우리 은하와 가장 가까이에 있는 은하 중의 하나이다. 이 은하를 비롯하여 많은 은하들은 암흑 물질로 가득 차 있다.
아래 미국 우주학자 앨런 구스. 그는 인플레이션 이론(일반적 폭발보다 더 빠른 폭발이 발생)을 제기했다.

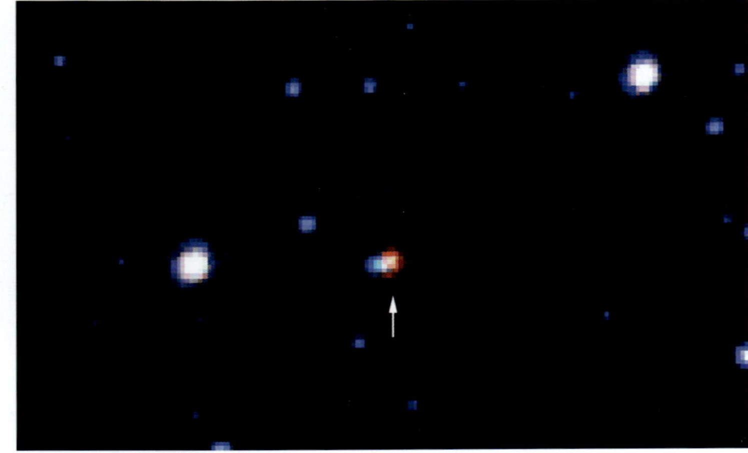

허블 망원경으로 암흑 물질을 찍은 것이다. 화살표가 가리키는 것은 적색 왜성이다.

다. 구체적으로, 그의 이론은 우주 평평도 문제와 지평선 문제를 해결하고, 은하의 구조 문제를 어느 정도 설명할 수 있었다. 또한 그의 이론은 팽창에 필요한 에너지가 어디서 생겼는지를 설명할 수 있었다. 구스의 이론은 다음 해에 수정되었지만 모든 문제를 완벽하게 해결하지 못했기 때문에 아직도 정설로는 받아들여지지 않는다. 이 이론의 핵심은 우주가 평평하다는 것이다.

암흑 물질 우주가 평평해지기 위해 필요한 밀도 중에서 눈에 보이는 물질의 질량을 모두 합한 값이 차지하는 비율은 우주 전체 질량의 1 %도 되지 않는다. 그런데 앨런 구스는 어떻게 우주가 평평하다고 주장할 수 있었을까? 여러 해에 걸쳐 과학자들은 중력을 통해 그 존재를 입증할 수 있었지만 직접적으로 관찰할 수 없는 질량이 우주에 상당히 많다는 것을 알아내었다. 오늘날 이런 물질을 암흑 물질dark matter이라고 한다. 만약에 우주가 평평하고, 1 %의

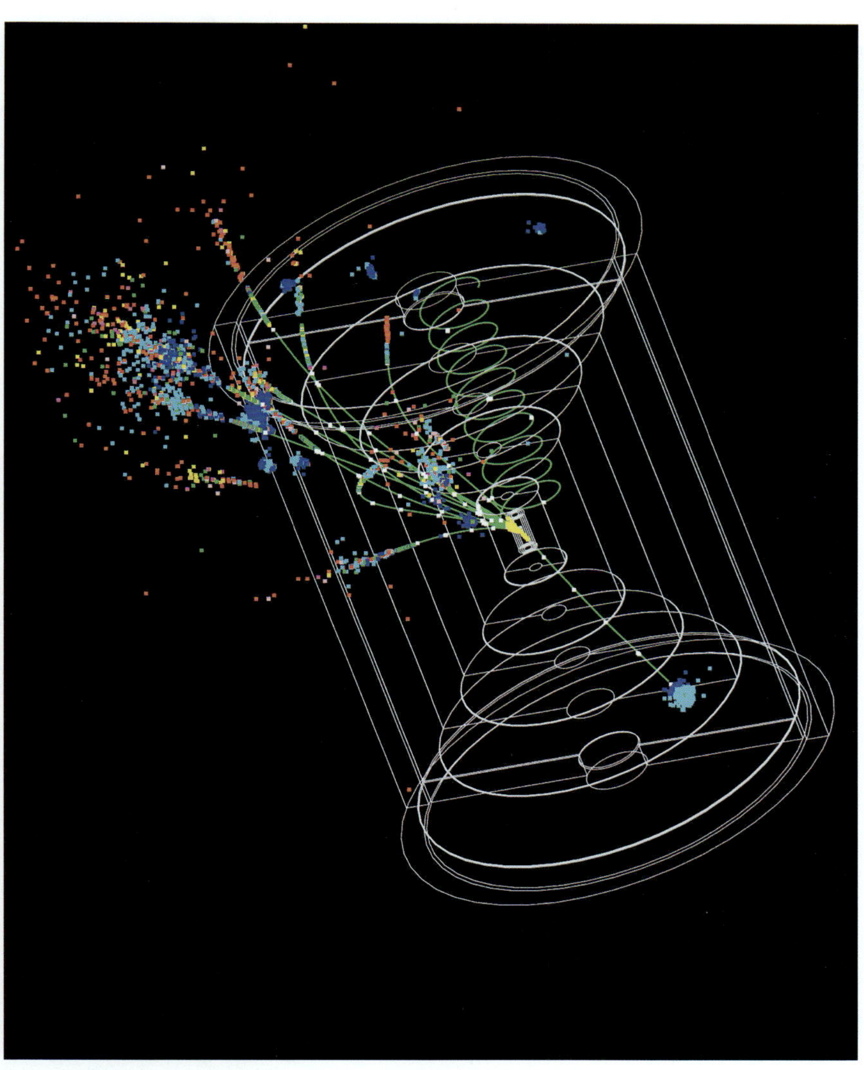

암흑 물질에 대한 후보로 여러 종류의 입자들이 제시되었다. 그중 하나는 초중성소자(neutralino)이다. 그림은 초중성소자가 감지기에서 벗어날 것으로 예상되는 경로를 시뮬레이션한 것이다.

질량을 볼 수 있다면 나머지 99 %는 암흑 물질이라는 것이다. 또한 오랜 논쟁을 통해 밝혀진 바에 의하면 일반적인 물질은 임계 밀도의 10 %로만 구성될 수 있다.

가속 중인 우주와 암흑 에너지 여러 해 동안 우주학자들은 우주의 팽창 속도가 감속되고 있다고 주장했다. 이것은 우주의 물질 사이에 중력이 작용하고 있다는 생각 위에 세워진 가설이었다. 각 은하 사이에는 중력이 작용하는데, 은하들이 서로 멀어지는 속도는 이와 같은 상호 간의 인력에 의해 느려진다는 것이었다.

그러나 놀랍게도, 1990년대 말에 이루어진 관측에 의하면 은하들이 감속되고 있는 것이 아니라 오히려 가속되고 있었다. 이것은 이론적으로 불가능해 보였지만 여러 연구들이 이 사실을 지지했고 곧 일반적으로 받아들여지게 되었다.

우주의 팽창이 가속도를 얻고 있다면 이 가속도의 원인은 무엇일까? 우주학자들은 그 원인을 '암흑 에너지dark energy'에서 찾는다. 그리고 우주학자들은 각 은하의 에너지 70 % 이상이 이런 형태로 존재한다고 믿고 있다.

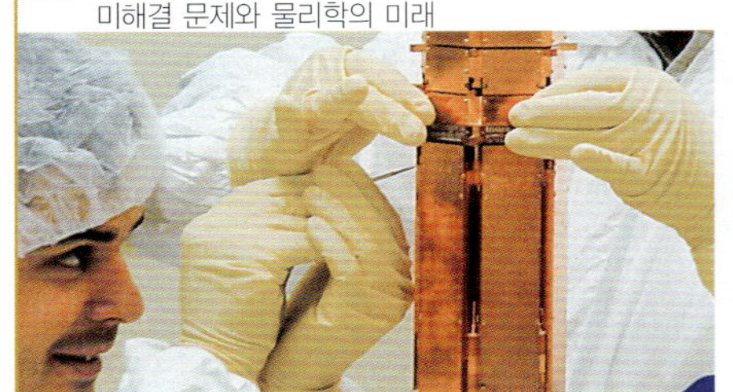

통일장 이론

1916년 아인슈타인이 일반 상대성 이론을 완성시켰을 당시에는 중력장과 전자기장 두 가지의 기본적인 힘이 자연에 존재하고 있었다. 아인슈타인의 이론은 주로 중력장을 다루었지만, 그는 중력장과 전자기장 사이에 연결 고리가 있다고 확신했다. 그래서 그는 일반 상대성 이론을 확장하여 두 장을 모두 설명할 수 있을 것이라고 생각했다. 그리고 이를 이용하여 보다 근본적인 방식으로 소립자를 설명할 수 있을 것이라고 생각했다. 오늘날 이것을 통일장 이론이라고 한다.

1929년에 아인슈타인은 통일장 이론을 발표했다. 당시에는 새로운 이론에 대한 관심으로 기자들이 그의 집 앞에 줄을 섰다. 하지만 그는 곧 자신이 세운 이론에서 문제점들을 발견하고 그 이론을 폐기했다.

증가된 복잡성

아인슈타인은 통일장 이론을 찾기 위해 30년 동안을 헤맸으나 성공하지 못했다. 그가 통일장 이론을 연구하는 동안에 많은 것이 새롭게 발견되었다. 아인슈타인이 연구를 시작했을 때는 전자기장과 중력장만 발견되었고, 전자와 양성자 두 가지 소립자만 발견된 상태였다. 하지만 그 후 몇 년 동안 두 가지 기본적인 장이 추가적으로 발견되었고, 소립자의 수는 극적으로 증가하였다.

위 약 2 km 밑에 있는 지하 실험실에서 과학자들이 암흑 물질에 대한 증거를 찾고 있다. 암흑 물질을 찾는 작업은 우주 광선과 같은 입자들의 간섭을 피하기 위해 지하 깊은 곳의 실험실에서 하고 있다.
아래 아인슈타인이 칠판 앞에 서 있다. 그는 세상을 떠나기 전까지 약 30년 동안을 통일장 이론 연구에 힘썼지만 성공하지 못했다.

1920년대 말 양자 역학이 발견된 후로는 일반 상대성 이론을 기반으로 한 통일장 이론에 양자 역학이 어떻게 적용될지 상당히 불확실했다. 왜냐하면 두 이론은 완전히 달랐기 때문이다. 그래서 과학자들은 두 이론을 하나로 통합하기 위해서 일반 상대성 이론을 양자화시키는 노력을 해야 했다. 그러나 그 후로 몇 년 동안 성공적인 결과를 내지 못했다.

해결할 수 없는 문제인가? 통일장 이론이 성공하기 위해서는 자연의 4가지 기본적인 힘인 중력, 전자기장, 강한 핵력, 약한 핵력을 통합해야 한다. 중력이 나머지 셋과 너무나 달랐기 때문에 물리학자들은 우선 그 나머지 세 가지 장을 통합할 수 있는 가능성에 주목하기 시작했다. MIT의 스티븐 바인베르크Steven Weinberg, 1933- 와 파키스탄 압두스 살람Abdus Salam, 1926-1996은 각자 독자적으로 약한 핵력을 전자기장 이론과 통합하여, 전기약력electroweak, 또는 EW 이론이라는 새로운 개념을 만들었다. 그 다음으로 해야 할 일은 강한 핵력과 EW 이론을 통합하는 것이었다. 이 일은 하버드 대학교의 하워드 게오르기Howard Georgi, 1947- 와 셸던 글라쇼Sheldon Glashow, 1932- 가 최초로 시도했다. 그리고 그들은 1973년에 대통일장 이론을 발표했다. 이 이론은 5차원적인 이론으로 5가지 소립자3가지 쿼크, 전자, 그리고 양전자를 다루었다. 여기에 또 X입자라는 새로운

파키스탄 물리학자 압두스 살람은 자기장과 약한 핵력을 통합한 공로로 노벨상을 수상했다.

미국 물리학자 셸던 글라쇼는 전자기력과 약한 핵력을 통일하는 작업에 참여했고, 훗날 양자 색역학(QCD) 이론을 제시했다.

입자를 제시했는데 이것은 경입자를 쿼크로 바꾸고 반대로 쿼크를 경입자로 변화시키는 것이었다. 게오르기-글라쇼 이론은 오늘날 정설로 인정받지 못하고 있다. 그들 이후에도 여러 학자들에 의해 다양한 대통일장 이론들GUT이 제시되었다. 하지만 현재까지 성공적으로 대통일장 이론을 설명할 수 있는 학자가 없다.

초끈 이론

진정한 통일장 이론, 또는 만물 이론을 만들기 위해서는 중력장을 포함해야 한다. 하지만 중력은 나머지 장들과 너무 다르기 때문에 이를 통일하려면 상당히 어렵다. 그래서 많은 물리학자들이 새로운 접근법을 찾기 시작했고, 1970년대 초에 이런 움직임이 본격적으로 일어났다.

이때 제기되기 시작한 개념은 입자들이 작은 끈으로 구성되어 있다는 것이었다. 근본적으로 점이 아닌 끈이 우주의 기본 단위라는 것이다. 이 이론이 처음 제기되었을 때는 너무나 파격적으로 보였기 때문에 많은 과학자들이 큰 관심을 가지지 않았다.

1979년, 캘리포니아 공과대학교의 존 슈워츠John Schwarz, 1941- 와 퀸메리 대학교의 마이클 그린Michael Green, 1946- 이 끈 이론을 공동으로 연구하였다. 당시의 끈 이론에는 여러 가지 심각한 문제들이 있었는데, 1981년 무렵에 대부분의 문제를 극복하고, 중력까지 포함한 자연의 네 가지 기본적인 장 모두를 통합했다. 그리고 소립자들을 예측하기도 했다. 하지만 아직 해결하지 못한 문제점은 여전히 남아있었다. 그리하여 1984년에 그들은 끈 이론을 10차원까지 확장하였고, 이를 초끈 이론이라 불렀다. 그런데 초끈 이론에서는 끈의 크기가 매우 작아졌다. 초기의 끈 이론에서 끈은 약 10^{-13} cm로 양성자와 길이가 비슷했던 반면에 이제는 길이가 10^{-33} cm로 핵보다 1,000해 배나 작아진 것이다.

위 입자 가속기는 전자와 반전자를 빛의 속도로 가속시킨다. 세계에서 가장 긴 선형 가속기는 캘리포니아에 있는 스탠퍼드 선형 가속기로 길이가 3 km에 이른다.

아래 찬드라 인공위성이 멀리 떨어진 발원지에서 오는 X선을 감지하여 지구의 전파 망원경에 정보를 보내는 장면을 표현한 그림이다.

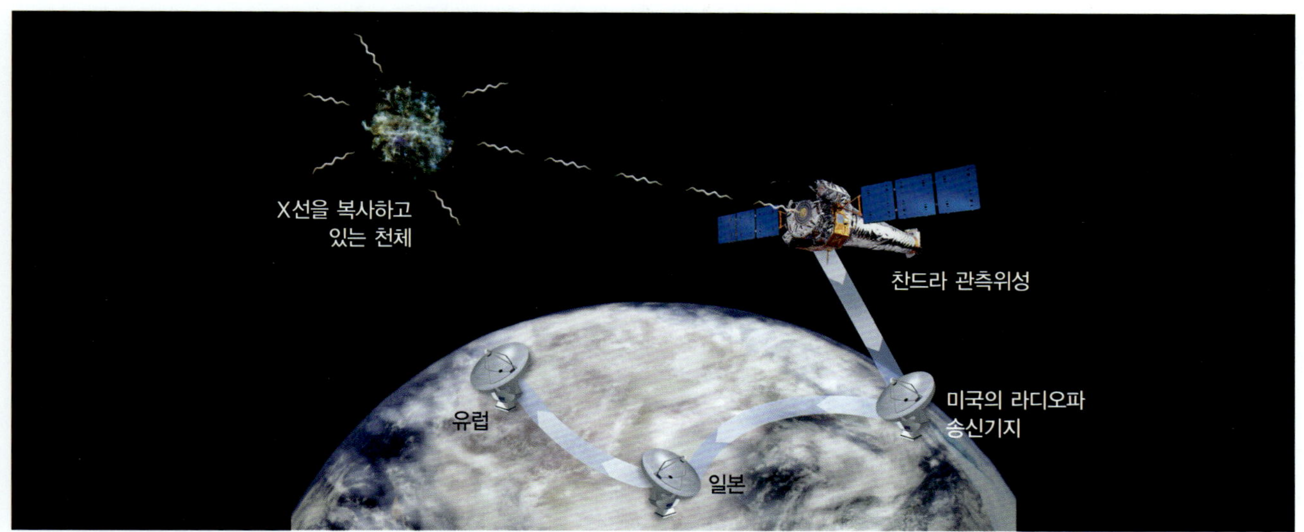

어떤 화가가 음에너지를 사용하는 이론적인 우주선을 그렸다. 이 우주선은 엄청난 속도를 낼 수 있기 때문에 언젠가는 멀리 떨어진 별을 방문할 수 있게 될 것이다.

복수 이론 새로운 이론은 주목을 받았고, 이에 대한 수백 개의 논문이 발표되었다. 끈은 그 자체로 열려 있거나 닫혀 있을 수 있으며, 다양한 주파수로 진동한다고 가정되었다. 일부 경우에는 끈과 함께 파동이 나타나고, 또 다른 경우에서는 이것이 고정 파동이기도 했다. 이런 파동들은 바이올린의 현에서 발생하는 것과 유사한 것이다.

1980년대에 들어와 초끈 이론에 대한 연구가 상당히 진행되었지만, 1990년대 초에 들어서 5개의 독자적인 초끈 이론이 등장했다. 이로 인해 초끈 이론가들은 딜레마에 빠지게 되었다. 이 중 어떤 이론이 옳은지 알 수 없었지만 5개 이론을 조합한 것이 답이 아니라는 것은 쉽게 알 수 있었다. 오로지 5개 중 한 개의 이론이 옳고 나머지 넷이 틀렸거나, 또는 다섯 개 이론 모두가 동등한 경우로 생각되기도 했다.

그런데 1995년에 에드워드 위튼Edward Witten, 1951- 이 5개 이론이 서로 연결되어 있다는 사실을 밝혔다. 이들은 실질적으로 동일한 물리를 표현하는 각각 다른 5개의 방식이었던 것이다. 위튼은 이 이론을 M 이론이라고 불렀지만, M이 무엇을 의미하는지 정확히 아는 사람은 없다. 사람들이 추정하는 바로로 '어머니 이론mother theory', '멤브레인막 이론membrane theory', '행렬 이론matrix theory' 등이 있다. 위튼은 M 이론을 개발할 때 새로운 차원을 추가하여 총 11개의 차원을 가지고 있다.

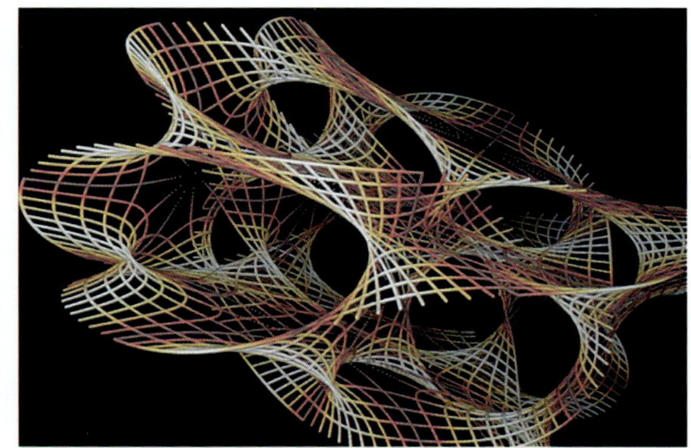

다차원적인 시공간에 있는 초끈을 컴퓨터로 표현한 그림이다.

브레인

에드워드 위튼의 이론에 따르면 초끈 이론의 1차원적 끈은 2차원적인 멤브레인(membrane)을 형성할 수 있다. 물리학자들은 보다 높은 차원의 멤브레인을 형성할 수 있는지 궁금했다. 케임브리지의 폴 타운센드(Paul Townsend)는 이러한 멤브레인을 '브레인'이라는 용어로 표현했는데, 브레인은 9개 차원 중에서 어떤 하나를 나타낸다. 그는 이들을 p-멤브레인이라고 불렀는데, 여기서 p가 차원을 나타낸다. 간단하게 말하자면 브레인은 끈을 더 높은 차원으로 확장시킨 개념이다. 이들을 하나로 모으면, 브레인을 통해 '브레인 세계' 이론을 유도할 수 있는데, 이는 자연의 3가지 힘이 브레인 안에 담겨있다는 것이다. 이 이론에서 네 번째 힘인 중력은 브레인 주변 지역을 자유롭게 이동한다.

용어 풀이

ㄱ

감마선(gamma ray)

에너지와 주파수가 가장 높은 전자기 복사

관성(inertia)

운동 상태 변화에 대한 저항

굴절(refraction)

빛의 밀도가 더 높거나 낮은 반투명 물질을 관통할 때 휘어지는 현상

궤도(orbit)

물체가 중력의 영향 아래에 있을 경우, 공전 할 때 이동하는 경로

ㄷ

도플러 효과(Doppler effect)

파동을 방출하는 물체가 관찰자에게 가까워지거나 멀어질 때 파장이 변하는 현상

동위 원소(isotope)

어떤 화학 원소가 가지는 다수의 형태 중 하나로, 핵 내의 양성자 수는 같지만 중성자 수가 달라 원자량도 변하게 된다.

ㄹ

레이저(laser)

동일한 파장의 빛을 방출하는 장치

ㅁ

무게 중심(center of gravity)

두 개 이상의 질량이거나 하나의 질량일 때 그 질량 내의 균형점

미적분학(calculus)

수학의 한 갈래로 위치, 속도, 시간 등과 같은 작은 변화를 다룬다.

ㅂ

반감기(half-life)

방사성 물질이 절반으로 분해되는 데에 걸리는 시간

방사능(radioactivity)

높은 에너지의 복사나 입자를 방출하면서 원자량이 분해되는 현상

ㅂㅔㅋㅌㅓ

벡터(vector)

크기와 방향을 모두 가진 물리량

복사(radiation)

파동의 형태로 에너지가 방출되는 것. 또한 방사성 물질에서 입자들이 방출될 수도 있다.

분산(dispersion)

빛이 여러 가지 색으로 퍼지는 것

분자(molecule)

원자의 조합이며, 전자기력으로 형태가 유지된다. 화합물의 가장 기본적인 단위를 이룬다.

블랙홀(black hole)

천체 중의 하나로 빛도 빠져나가지 못할 만큼 강력한 중력장을 가진다.

빅뱅(big bang)

우주가 거대한 폭발로 시작되었다는 우주학 이론

ㅅ

소립자(elementary particle)

기본적인 입자로, 다른 모든 입자나 물질을 만드는 구성원

속도(velocity)

속력과 방향이 관계되어 있으며, 시간에 대한 위치 변화율의 척도

스칼라(scalar)

온도나 부피와 같이 방향이 없고 크기만 존재하는 물리량

스펙트럼(spectrum)

파장에 따라 분산된 전자기 복사의 배열

ㅇ

암흑 물질(dark matter)

우주에 있는 물질 중에서 직접적인 관찰로 확인되지 않고 중력 등으로 존재가 확인되는 물질

양성자(proton)

원자핵 내에 있는 소립자

양자(quantum)

물리량의 '다발', 혹은 구별 가능한 양

양자 번호(quantum number)

어떤 계의 상태를 나타내는 정수나 반수로, 예를 들어 원자 내의 전자를 들 수 있다.

양자 이론(quantum theory)

양자에 대한 개념을 근본으로 하여, 에너지가 매우 작은 단위로 존재한다는 이론

양전자(positron)

양전하를 가진 전자로, 전자의 반입자이다.

X선(X-ray)

감마선과 자외선 사이에 있는, 에너지가 높은 복사선

엔트로피(entropy)

한 계 내의 무질서에 대한 척도

역행 운동(retrograde motion)

행성이 평소의 패턴이나 태양계 대부분의 다른 행성들과 반대로 이동하는 것

우주 배경 복사(cosmic background radiation)

우주에 스며든 열적 흑체 복사로, 온도가 2.7 K

운동량(momentum)

물체의 질량과 속도를 곱한 값

원일점(aphelion)

천체의 궤도상에서 태양으로부터 가장 먼 지점

웜홀(wormhole)

블랙홀과 관계된 시공간 터널

은하(galaxy)

별들이 모인 거대한 시스템으로, 흔히 수백만에서 수천 억 개의 별들을 포함한다. 여기에는 여러 기체와 먼지도 함께 존재한다.

이상 기체(ideal gas)

이론적인 기체로, 모든 온도와 압력에서 기체의 법칙을 완벽하게 적용시킬 수 있다고 가정된다.

이온(ion)

양전하나 음전하를 가진 입자

ㅈ

전기장(electric field)

양전하나 음전하의 영향력이 미치는 공간

전도(conduction)

인접한 분자가 접촉으로 인해 열이 전달되는 것

전자기학(electromagnetism)

전기와 자기의 통합적인 효과를 연구하는 분야

절대 온도(absolute temperature)

이론적으로 $0°$를 가장 낮은 온도로 상정한 온도계. $0°$는 현실적으로 $-273\ ℃$이다.

정전기학(electrostatics)

물리학의 한 갈래로 정지 상태에 있는 전하의 성질을 다룬다.

중성자(neutron)

원자핵에서 전하가 중성인 입자

진동수, 주파수(frequency)

1초에 한 지점을 지나는 파동의 수

진폭(amplitude)

평형 위치과 마루 및 골 사이의 거리

질량(mass)

물체에서 물질의 양을 나타내는 척도

ㅍ

파장(wavelength)

파동의 평형 위치 사이의 거리. 예를 들어 골과 골 사이나 마루와 마루 사이를 말한다.

ㅎ

핵(nucleus)

원자의 중심부로, 그 안에 양성자와 중성자가 있다.

핵력(nuclear force)

핵의 입자들을 유지시켜 주는 힘

핵반응(nuclear reaction)

핵입자와 관련된 반응

핵분열(fission)

핵을 두 개 이상의 조각으로 쪼개는 작업

회절(diffraction)

광선이 불투명한 물체나 작은 입구를 통과할 때 살짝 휘는 현상

흑체(blackbody)

이론적인 물체로 모든 복사를 흡수하고 방출한다.

더 읽을거리

도서

Aczel, Amir. *God's Equation*. New York: Four Walls Eight Windows, 1999.

Asimov, Isaac. *The History of Physics*. New York: Walker & Co., 1966.

Bodanis, David. *E = me²*. New York: Berkley Books, 2000.

Boorstin, Daniel. *The Discoverers*. New York: Random House, 1983.

Brian, Denis. *Einstein: A Life*. New York: Wiley, 1986.

Christianson, Gale. *In the Presence of the Creator: Isaac Newton and His Times*. New York: Free Press, 1984.

Crease, Robert, and Charles Mann. *The Second creation*. New York: McMillan, 1986.

——. *The Whole Shebang*. New York: Simon and Schuster, 1997.

Ferris, Timothy. *Coming of Age in the Milky Way*. New York: Doubleday, 1988.

Gardiner, Martin. *The Relativity Explosion*. New York: Vintage Books, 1976.

Gilmore, Robert. *The Wizard of Quarks*. New York: Copernicus Books, 2001.

Greene, Brian. *The Elegant Universe*. New York: W. W. Norton, 1999.

Gribbin, John. *Almost Everyone's Guide to Science: The Universe, Life and Everything*. New Haven, CT: Yale University Press, 1998.

Hawking, Stephen. *A Brief History of Time*. New York: Bantam, 1988.

Hewitt, Paul. *Conceptual Physics*. Boston: Addison Wesley, 2005.

March, Robert. *Physics for Poets*. New York: McGraw-Hill, 1978.

Overbye, Dennis. *Einstein in Love*. New York: Penguin, 2001.

Parker, Barry. *Albert Einstein's Vision: Remarkable Discoveries that Shaped Modern Science*. Amherst, NY: Prometheus Books, 2004.

——. *Einstein's Brainchild: Relativity Made Relatively Easy*. Amherst, N.Y.: Prometheus Books, 2000.

——. *Einstein: The Passions of a Scientist*. Amherst, NY: Prometheus Books, 2003.

——. *Search for a Supertheory*. New York: Plenum, 1987.

Rhodes, Richard. *The Making of the Atomic Bomb*. New York: Simon & Schuster, 1986.

Trefil, James. *Physics as a Liberal Art*. New York: Pergamon Press, 1978.

Wolf, Fred. *Taking the Quantum Leap*. San Francisco: Harper & Row, 1981.

웹 사이트

American Physical Society
www.aps.org

American Scientist Online
www.americanscientist.org

Boston Museum of Science/ Inventor's Toolbox
www.mos.org/sln/Leonardo/ lnventorsToolbox.html

Einstein's Big Idea
www.pbs.org/wgbh/nova/einstein

Georgia State University Department of Physics and Astronomy
hyperphysics.phy-astr.gsu.edu/hbase/hframe.html

Physics Central
www.physicscentral.com

The Physics Classroom
www.physicsclassroom.com

Physics to Go
www.physicstogo.org

A Science Odyssey: People and Discoveries
www.pbs.org/wgbh/aso

스미스소니언에서

스미스소니언 연구소는 세계 곳곳에서 우주 물리학과 행성 물리학에 관련된 여러 개의 프로젝트를 진행하고 있다.

그리고 워싱턴 D.C.에 있는 미국 국립 항공 우주 박물관은 세계에서 가장 큰 전시실을 보유하고 있다. 그리고 행성 과학, 지형 지리학, 지리 물리학 등과 함께 항공과 우주 비행 등을 연구한다.

온라인 관람은 www.nasm.si.edu/exhibitions으로 할 수 있다. 이곳에서는 라이트 형제에서 GPS까지의 발전상을 볼 수 있으며, 새로운 별자리, 물리학이 우리 삶에 끼치는 영향에 대해서도 알아볼 수 있다.

지구와 행성 연구 센터

지구와 행성 연구 센터center for earth and planetary studies, CEPS는 미국 국립 항공 우주 박물관에 있는 연구 기관이다.

지구와 행성 연구 센터의 과학자들은 행성 과학, 지리학, 지리 물리학 등의 분야를 연구하고, 전시품을 관리하며 대외 홍보를 수행한다.

아인슈타인 천문관

워싱턴 D.C.에 있으며, 디지털 기술로 운영된다. 천문관에서 중점적으로 사용하는 차이스 프로젝터는 세계에서 가장 뛰어난 프로젝터 중 하나다. 이 장치를 통해 우주 사이를 자유롭게 날고, 별들과 은하계의 한가운데를 경험할 수 있다.

천문관에서 시행하는 태양계 투어 중 은하수를 지나 우주의 끝자락까지 갔다오는 프로그램이 추가되었다.

스미스소니언 천문대

스미스소니언 천문대SAO는 하버드 대학교와 공동으로 운영된다. 이 시설의 모#시설은 매사추세츠에 있는 케임브리지 대학교의 하버드-스미스소니언 우주 물리학 센터이다.

세계 곳곳의 시설에서는 300명 이상의 과학자들이 천문학, 우주 물리학, 지구, 우주 과학, 과학 교육 등에 대해 연구하고 있다.

찬드라 관측 위성

찬드라 X선 관측 위성은 1999년 7월 23일에 발사되었다. 원래 이 위성의 이름은 고급 X선 천문학 위성AXAF이었지만, 유명한 천체물리학자 수브라마니안 찬드라세카르에게 경의를 표하는 의미에서 개명되었다.

이 관측 위성의 주된 임무는 우주의 X선을 관측하는 것이다. 인공위성의 통제 센터는 매사추세츠 케임브리지에 있다.

찬드라 위성이 촬영한 이미지 http://chandra.harvard.edu/resources/misc/special_features.html에서 볼 수 있다.

남극 서브밀리미터 망원경

남극은 춥고 대기가 건조하기 때문에, 서브밀리미터 관측을 하기에 매우 좋다.

스미스소니언 망원경은 아문센–스콧 남극 기지에 설치되어 있으며, 현재 우리 은하를 비롯한 여러 은하에서 서브밀리미터 단위로 방출되는 가스 구름들을 관측하는 데에 주력하고 있다.

휘플 천문대

휘플 천문대는 애리조나 주에 위치해 있으며, 주요 관측 도구는 멀티플 미러 망원경multiple mirror telescope, MMT이다. 이는 스미스소니언과 애리조나 대학교의 합작 투자로 만들어졌다.

멀티플 미러 망원경은 길이가 6.5 m에 달하며 태양계 밖에 있는 행성들, 별의 운동 및 은하계 등을 연구하는 데에 사용된다.

베리타스 감마선은 최근 천문학자들에게 상당한 관심거리이다. 베리타스very energetic radiation imaging telescope array system, VERITAS는 감마선을 연구하기 위해 설계되었다. 이 장치는 길이가 12 m인 반사체 4개와 망원경 이미지 시스템 1개로 구성되며, 초신성과 활동성 은하핵active galactic nuclei을 연구하는 데에 쓰일 예정이다.

NASA는 2007년에 감마선 인공위성을 발사할 예정이며, 베리타스는 이 위성과 연계되어 사용될 것이다.

베리타스는 스미스소니언과 10개 상위 대학들의 공동 프로젝트이다.

찾아보기

감사의 글 및 사진 출처

우선 조지 워싱턴 대학교(George Washington University) 물리학과에 근무하는 John Balbach에게 감사드린다. 그리고 국립 항공 우주 박물관에서 지구와 행성을 연구하는 Lynn Carter에 감사드린다. 또 스미스소니언 비즈니스 벤처스(Smithsonian Business Ventures)의 Katie Mann, Carolyn Gleason과 수석 브랜드 매니저 Ellen Nanney와 콜린스 레퍼런스(Collins Reference)의 편집 주간 Donna Sanzone, 편집자 Lisa Hacken, 편집 보조 Stephanie Meyers께 감사드린다.

그리고 히드라 출판사(Hydra Publishing)의 대표 Sean Moore와 출판 디렉터 Karen Prince, 교정교열 담당 Glenn Novak, 편집 디렉터 Aaron Murray, 아트 디렉터 Brian MacMullen, 디자이너 Erika Lubowwicki, Ken Crossland, Eunho Lee, Pleum Chenaphun, La Tricia Watford, 편집자 Marcel Brousseau, Ward Calhoun, Suzanne Lander, Rachael Lanicci, Michael Smith, Liz Mechem, Amber Rose에게 감사드리고, 그림 자료 검색 담당 Ben DeWalt, 색인 담당 Jessi Shiers에게 감사드린다. 또한 내셔널 지오그래픽 협회의 Wendy Glassmire, 포토 리서처스(Photo Researchers, Inc.)의 Harriet Mendlowitz께 감사드린다.

사진 출처

사진을 제공한 기관의 약자와 원래 이름은 다음과 같다.

The following abbreviations are used: PR–Photo Researchers, Inc.; SPL–Science Photo Library; JI–© 2006 Jupiterimages Corporation; SS–Shutterstock; IO–Index Open; IS–iStockphoto.com; BS–Big Stock Photos; NSF–National Science Foundation; NASA–National Aeronautics and Space Administration; GSFC–Goddard Space Flight Center; MSFC–Marshall Space Flight Center; JPL–Jet Propulsion Laboratory; STScI–Space Telescope Science Intitution; SLAC–Stanford Linear Accelerator Center; SIL–Smithsonian Institute Libraries; AP–Associated Press; LOC–Library of Congress; NGIC–National Geographic Image Collection; FS–Fotosearch; AIP–American Institute of Physics

(t=맨 위, b=맨 아래, l=왼쪽, r=오른쪽, c=중간)

도입부

iv SS/Jurgen Ziewe vi SS/Tom Hirtreiter 1t SS/Andrea Danti lb IO 2 SS/Kubilay Tanrikulu 3tl SS/David Brimm 3br SS/Edward A. Fink

Chapter 1 뉴턴, 운동 그리고 고전 역학

4 SS/Cody DeLong 5t JI 5b IS 6tl SIL 6bl IS /Lewis Wright 7tl SS/Alex James Bramwell 7br LOC 8tl IS/David Elfstrom 8bl SIL 9tr PR/John Howard 10tl IO/Vstock, LLC 10bl AbleStock 12tr SS/Dennis Sabo 12tr JI 13bl IS 14tl SPL/NASA 14b1 JI 15tl 15r SS/Jeff Thrower 16tl IO/FogStock 16bl IO 17 SPL/TRL, Ltd. 18tl 18r NASA 18bl SS/Tiburon Studios 19 JI 20tl JI 20br SS/Yuri Acurs 21tl IS/Stan Rohrer 2ltr SS/Suzanne Tucker 22tl SPL/Andrew Lambert Photography 23tl IS/HooRoo Graphics 23bl SS/Andre Nantel 23tr SS/Ulrike Hammerich 24tl JI 24bl JI 24br SS/VisualField 25tr AP/Alberto Ramella 26tl JI 26br SS/Ron Hilton 27 JI

Chapter 2 물리학과 천체

28 JI 29t SS/Risteski Goce 29b IO/FogStock 30tl SIL/John Pendleton 30b NGIC/P. Stattmayer 31tl SPL/Mark Bond 31bl NGIC/Kenneth Garrett 32tl SS/Sebastian Laulitzki 32bl PR/Sheila Terry 33tl PR/Mary Evans 33tr SPL 33br SPL/David A. Hardy 34tl SIL 35 WI 36tl SS/Marilyn Barbone 36b SPL/David Hardy 37 SPL/Mary Evans

Chapter 3 파동

38 SS/Anette Linnea Rasmussen 39t SS/Soundsnape 39b JI 40tl SPL/Andrew Lambert 41l SPL/Andrew Lambert 41r JI 42tl SS/Eric Bechtold 42b IS/Inozemtcev Konstantin 43 SPL 44tl SS/Naomi Hasegawa 44b JI 45bl JI 45tr SS/Eric Gevaert 46tl JI 47 IS/Ted Denson 48tl SS/Arlene Jean Gee 48cr SPL/Edward Kinsman 48b SPL/Andrew Lambert 49 SPL/Andrew Lambert

Chapter 4 물질과 에너지

50 SPL/Mike Agliolo 51t IS/Andy Greene 51b JI 52tl SS/J. Helgason 52r SS/R 53tl SS/Michael Thompson 53br SPL/Sheil SS/Ta Terry 54tl IS/Amanda Rohde 54bl SS/Terrie L. Zeller 54tr SIL/J. Caldwell 55 SIL/Cook 56tl IS 56bl SS/Popi Dimakou 56bc SS/Milos Jokic 57 SS/Kaleb Timberlake 58tl SS/SF Photography 58bl JI 58bc IO/Photolibrary.com 59 JI 60tl JI 60bl JI 6lr PR/David R. Frazier 62tl SPL/Andrew Lambert 62b SPL 63tr JI 63bl SPL/Andrew Lambert 64tl SS/Petur Asgeirsson 64l SPL 65 SPL 66tl IS 66b SPL/Mark Burnett 67 SS/Peter Weber 68tl JI 68bl JI 68tr SS/Eric Gustafson 69 JI

Chapter 5 열역학

70 NASA–MSFC 71t JI 71b SS/Dan Briski 72tl SS/Merlin 72bl SS/Roman Milert 73tr SS/Natthawat Wongrat 73br SS/J.T. Lewis 74tl SS/Carsten Medom Madsen 76tl SS/R 77tl SS/Oystein Litleskare 77tr PR/New York Public Library 78tl SS/Robert Pernell 78b LOC 79cl LOC 79cr SS/Kirsty Pargeter 80tl SS/Suzanne Tucker 80bl SS/Mark Plumley 81tl PR/SPL 81r PR/Science Source 82tl SS/G. Tibbetts 82bl SIL 82br SIL 84tl SS/Ron Hilton 84r SIL 85 PR

Chapter 6 빛과 광학

86 SS/David Brim 87t SS/Michael Thompson 87b JI 88tl NASA 88tr SIL 89 SPL 90tl SPL/Andrew Lambert 90bl SIL 92tl SS/Peter Baxter 92b SS/Jostein Hauge 93t SPL/Richard Menga 93br SS/Elena Elisseeva 94tl SS/Alan Heartfield 94bl PR/Mary Evans 94tr SS/Litwin Photography 95 PR/SPL 96tl IS/Marcin Balcerzak 97t SPL/David Parker 97br SPL 98tl SS/Marino 99 SS/Semen Lixodeev

Chapter 7 전기와 자기

100 JI 101t SS/Nir Levy 101b SS/Falk Kienas 102tl IS/Kelly Borshiem 102bl PR/David Taylor 103tr PR/SPL 103br IS/Arturo Limon 104tl NASA–MSFC 105bl WI 105tr SPL/Emilio Segre/Visual Archives American Institute of Physics 106tl SS/Arturo Limon 106tr SS/Leonid Nishko 106br SS/Dewayne Flowers 107 PR/Mark Burnett 108tl SS 108bl PR/Sinclair Stammers 108br SS/Thomas Mounsey 109 PR/Russ Lappa 110tl SPL 110bl LOC 110tr IS 111 PR/NY Public Library 112tl IS/Gregg Harris 112cl PR/Sheila Terry 112br PR/Andrew Lambert 114tl SS/4uphoto.pt 114bl SS/LaNae Chrsitenson 115bl SS/Robert J. Beyers 116tl SPL/Andrew Lambert 116bl PR/SPL 117 IS/Roman Krochuk 118tl SPL/Adam Hart-Davis 118bl SIL–Dibner 119bl SS/Alan Heartfield 119tr SS/Chris Galbraith 120tl JI 120br SI/Laurie Minor-Penland 121bl SPL 12ltr SPL 122tl SS/Bill McKelvie 123tl SS/Cora Reed 123br NASA KSC

읽을거리

124tc LOC 124bc WI 125tl LOC 126 SXC 127 SXC 128cl IO 128bl SS/Amy Walters 128tr IO/Photos.com Select 128br SS/Manuel Fernandes 129tr JI 129cr SS/Falk Kienas 129br IO/ImageDJ

Chapter 8 방사성과 초기 원자 이론

130 SS/Anita 131t IS/Brendon De Suza 131b Matjaz Boncia 132tl PR/Astrid & Hanns-Frieder Michler 132bl PR/Library of Congress 132tr PR 133 LOC 134tl IS/Johanna Goodyear 134cl SS/Robert Pernell 134bl SS/Scott Rothstein 135 SPL 136tl SPL/Frances Evelegh 136bl LOC 137 SS/

Ali Mazraie **138**tl NASA/Andrew Fruchter **139**cl
SPL/Frances Evelegh **139**tr SPL/Prof. Peter
Fowler **140**tl PR/Jon Lomberg **141**tr SPL/James
King−Holmes **141**br NASA

Chapter 9 양자 물리학
142 SS/John Teate **143**t SS/Dario Diament **143**b
SS/Johann Helgason **144**l SPL **146**tl SS/Jyothi
Joshi **146**bl PR **147** SS/Handy Widiyanto **149**tl
SPL **149**br SPL/Emilio Segre Visual Archives−
AIP **150**l SPL **152**tl SPL/Andrew Lambert **152**bl
SIL **153**t SPL/AIP **154**tl PR/AIP **154**b SPL/
Volker Steger **155**tl SPL/Erik Heller **156**tl SS/
Steve Simzer **157** SS/George Michael Warnock
158 SS/PhotosLB **159** SS/Scott Milless

Chapter 10 아인슈타인과 상대성 이론
160 LOC **161**t JI **161**b SS/Alexis Puentes **162**tl
LOC **162**bl LOC **162**tr SIL **163** PR/Sanford Roth
164tl SIL **166**tl SS/Jenny Solomon **166**b NASA
167bl PR/Detlev van Ravenswaay **167**tr SS/
Graphyx **168** WI **169**bl SS/Photomedia.com **169**tr
NASA

Chapter 11 핵융합, 핵분열 그리고 핵폭탄
170 SS/Sebastian Kaulitzki **171**t IO/Photolibrary.
com **171**b PR/AIP **172**tl PR/Michael Gilbert **173**
SPL−AIP/University of Chicago **174**tl IO/
AbleStock **176**tl PR/NASA

Chapter 12 표준 모델
178 ⓒ 2006 Interactions.org **179**t Brookhaven
National Laboratory Historic Image Library **179**b
ⓒ 2006 Interactions.org **180**tl PR−AIP/Physics
Today **181**bl PR/CERN **182**tl NASA **184**tl
ⓒ 2006 Interactions.org **184**b ⓒ 2006
Interactions.org **185**tl BNL

Chapter 13 현대 우주학
186 NASA−JPL−Caltech/W. Reach **187**t
NASA/JPL−Caltech **187**b NASA and The Hubble
Heritage Team/C.Conselice University of
Wisconsin STScl **188**tl NGIC/P. Stattmayer **188**bl
AP **188**tr NASA−GSFC **189** NASA−GRIN **190**tl
NASA **190**bl SPL−AIP/Emilio Segre Visual
Archives **191** NASA−STScI **192**tl NASA−MSFC
192bl NASA, ESA, H. Bond, STScI, & M.
Barstow University of Leicester **193**tl LOC **193**br
NASA, ESA, and H. Richer University of British
Columbia **194**tl NASA **194**bl PR−AIP/Emilio
Segre Visual Archives **195**tr WI **195**bl NASA
196tl NASA/JPL−Caltech **196**bl PR/Victor
Habbick Visons **197** NASA−GSFC

Chapter 14 미해결 문제와 물리학의 미래
198 NASA/JPL−Caltech **199**t NASA/JPL−
Caltech/STScI/Vassar **199**b Chandre−Harvard
200tl NASA/L. Ferrarese of Johns Hopkins
University **201** NASA, ESA, A. M. Koekemoer,
STScI, M. Dickinson and The GOODS Team
202tl Courtesy of SLAC and Nicolle Rager;
ⓒ 2006 Interactions.org **202**b CERN/
interactions.org **203** NASA−GSFC **204**tl
interactions.org/Sloan Digital Sky Survey **204**bl
SPL/David Parker **204**br SLAC **205**
interactions.org/Norman Graf **206**tl Courtesy of
Fermilab Visual Media Services **206**r PR/Science
Source **207**bl SPL/CERN **207**tr SPL/CERN **208**tl
Courtesy of the Stanford Linear Accelerator
Center **208**bl NASA/Les Bossinas **209**t Chandra−
Harvard **209**cr interactions. com/Jean−Francois
Colonna

표지
앞 SPL/Cordelia Molloy 배경 Jupiter
Images/Steve Allen.

사이언스 101 물리학

지은이 • Barry Parker
옮긴이 • 손영운
펴낸이 • 조승식
펴낸곳 • 도서출판 이치 SCIENCE
등록 • 제9-128호
주소 • 01043 서울시 강북구 한천로 153길 17
www.bookshill.com
E-mail • bookshill@bookshill.com
전화 • 02-994-0583
팩스 • 02-994-0073

2010년 5월 10일 1판 1쇄 발행
2018년 2월 10일 1판 4쇄 발행

값 14,000원
ISBN 978-89-91215-15-3
978-89-91215-14-6 (세트)

＊잘못된 책은 구입하신 서점에서 바꿔드립니다.
＊이 도서는 (주)도서출판 북스힐에서 기획하여 도서출판 이치사이언스에서
출판된 책으로 (주)도서출판 북스힐에서 공급합니다.
01043 서울시 강북구 한천로 153길 17
전화 • 02-994-0071 팩스 • 02-994-0073